面向数字化时代高等学校计算机系列教材

数据结构与算法

C++语言版

耿祥义 张跃平 主编

清華大學出版社

北京

内 容 简 介

本书面向有一定 C++语言基础的读者，重点讲解数据结构和相关算法以及经典算法思想。本书不仅注重讲解每种数据结构的特点，还特别注重结合例子讲解如何正确使用每种数据结构和相关的算法，强调使用数据结构和算法解决相应的问题。本书精选了一些经典和实用性强的算法思想，并通过解决一些经典的问题体现这些算法思想的精髓。全书共 14 章，分别是数据结构概述、算法复杂度、递归算法、数组、链表与 list 类、顺序表与 vector 类、栈与 stack 类、队列与 deque 类、二叉树与 set 类、散列表与 unordered_map 类、集合与 unordered_set 类、常用算法与 algorithm 库、图论和经典算法思想。本书注重体现 C++的特色，特别是 C++ 11 版本的一些新功能，除前 3 章外，各章的大部分代码都体现了 C++的特色和优势。

本书可作为计算机相关专业"数据结构与算法"课程教材，也可作为软件开发等专业人员的参考用书。

版权所有，侵权必究。举报：010-62782989，beiqinquan@tup.tsinghua.edu.cn。

图书在版编目（CIP）数据

数据结构与算法：C++语言版 / 耿祥义，张跃平主编. -- 北京：清华大学出版社，2025. 5.
（面向数字化时代高等学校计算机系列教材）. -- ISBN 978-7-302-68744-3

Ⅰ. TP311.12；TP312.8

中国国家版本馆 CIP 数据核字第 2025292FJ7 号

策划编辑：魏江江
责任编辑：王冰飞　薛　阳
封面设计：刘　键
责任校对：时翠兰
责任印制：沈　露

出版发行：清华大学出版社
网　　址：https://www.tup.com.cn，https://www.wqxuetang.com
地　　址：北京清华大学学研大厦 A 座　　**邮　　编**：100084
社 总 机：010-83470000　　**邮　　购**：010-62786544
投稿与读者服务：010-62776969，c-service@tup.tsinghua.edu.cn
质量反馈：010-62772015，zhiliang@tup.tsinghua.edu.cn
课件下载：https://www.tup.com.cn，010-83470236
印 装 者：北京鑫海金澳胶印有限公司
经　　销：全国新华书店
开　　本：185mm×260mm　　**印　　张**：15.75　　**字　　数**：405 千字
版　　次：2025 年 6 月第 1 版　　**印　　次**：2025 年 6 月第1 次印刷
印　　数：1～1500
定　　价：59.80 元

产品编号：107271-01

前言

党的二十大报告指出：教育、科技、人才是全面建设社会主义现代化国家的基础性、战略性支撑。必须坚持科技是第一生产力、人才是第一资源、创新是第一动力，深入实施科教兴国战略、人才强国战略、创新驱动发展战略，开辟发展新领域新赛道，不断塑造发展新动能新优势。高等教育与经济社会发展紧密相连，对促进就业创业、助力经济社会发展、增进人民福祉具有重要意义。

数据结构和算法是计算机科学的核心领域，是计算机程序的基础。能否正确、恰当地使用数据结构和相应的算法决定了程序的性能和效率。"数据结构与算法"一直是计算机科学与技术、软件工程等专业的一门重要的必修课程。

本书面向有一定 C++语言基础的读者，重点讲解重要的数据结构和相关算法以及重要的基础算法和经典算法思想。全书共 14 章，分别是数据结构概述、算法复杂度、递归算法、数组、链表与 list 类、顺序表与 vector 类、栈与 stack 类、队列与 deque 类、二叉树与 set 类、散列表与 unordered_map 类、集合与 unordered_set 类、常用算法与 algorithm 库、图论和经典算法思想。

本书具有以下主要特色。

1. 注重夯实基础

注重讲解每种数据结构的特点，并结合例子讲解如何正确使用相应的数据结构和算法，特别强调分析基础算法的特点，以便读者通透理解和正确使用这些基础算法。

2. 关注实用性

数据结构和算法与计算机科学紧密关联，常应用于解决现实中的问题。本书注重结合经典问题和实际问题，使读者在学习数据结构和算法后能加深对实际问题的理解，并提高解决实际问题的能力。

3. 强调培养能力

本书强调"数据结构与算法"课程的重要性和意义不仅仅在于学习数据结构和算法本身，而是应该同时注重训练、提高学习者的编程能力。书中精选了一些经典和实用性强的算法思想，并结合一些经典的问题体现这些算法思想的精髓，有利于帮助读者掌握如何设计和实现高效、优秀的算法。

4. 体现语言特色

本书特别注重体现 C++语言的特色，除前 3 章外，各章的大部分代码都体现了 C++的特色和 C++在算法实现方面的优势。全书提供了丰富的例子和习题，例子中的全部代码都是用 C++语言编写的完整代码。所有的例子都有详细的解释，都是可以运行的，同时也给出了运行效果图，这非常有利于读者理解代码、提高编程能力。

本书以中国美丽的二十四节气开始，以经典的八皇后问题结束。本书的全部示例由作者编写并在 DEV-C++环境下调试完成(需要支持 C++ 11 的编译器)。

为便于教学，本书提供丰富的配套资源，包括教学大纲、教学课件、电子教案、程序源码、在线作业和习题答案。

资源下载提示

课件等资源:扫描封底的“图书资源”二维码,在公众号“书圈”下载。

素材(源码)等资源:扫描目录上方的二维码下载。

在线自测题:扫描封底的作业系统二维码,再扫描自测题二维码,可以在线做题及查看答案。

本书示例代码及相关内容仅供学习使用,不得以任何方式抄袭出版。

希望本书能对读者学习数据结构和算法有所帮助,并恳请读者批评指正。

编　者

2025年1月

目录

扫一扫

源码下载

第 1 章 数据结构概述

第 2 章 算法复杂度

第 3 章 递归算法

第 4 章 数组

第 5 章 链表与 list 类

第 6 章 顺序表与 vector 类

第 10 章　散列表与 unordered_map 类

第 11 章　集合与 unordered_set 类

第 12 章　常用算法与 algorithm 库

第 13 章 图论

第 14 章 经典算法思想

附录 A 运算符重载、模板类和 std::string

参考文献

第13章 图

第14章 [illegible]

附录A [illegible]

参考文献

第 1 章 数据结构概述

本章主要内容

- 逻辑结构；
- 物理结构；
- 算法与结构。

数据结构涉及数据的逻辑结构、物理结构(也称存储结构)以及相应的算法。本章简单介绍数据结构的相关知识点,后续章节会在逻辑结构、物理结构以及相应的算法方面有更多、更深入的学习和讨论。

本章为了后续知识点的需要,用节点(线性结构)、结点(树状结构)、顶点(图)或元素(集合)表示一种数据。一个节点(结点、顶点、元素)里可以包含具体的数据,比如 int 型整数或 string 对象等。本章简要介绍有限多个节点(结点,顶点,元素)可以形成的逻辑结构以及存储结构,暂不涉及与其结构有关的算法。

1.1 逻辑结构

逻辑结构是指有限多个节点(结点,顶点,元素)之间的逻辑关系,不涉及节点(结点,顶点,元素)在计算机中的存储位置。主要的逻辑结构有线性结构,树状结构,图结构和集合这四种结构。以下分四部分介绍这四种逻辑结构。

1. 线性结构

在实际生活中,大家经常遇到具有线性结构的一组数据,例如,中国农历的二十四节气就是具有线性结构的一组数据:立春、雨水、惊蛰、春分、清明、谷雨、立夏、小满、芒种、夏至、小暑、大暑、立秋、处暑、白露、秋分、寒露、霜降、立冬、小雪、大雪、冬至、小寒、大寒。

其特点如下。

(1) 二十四节气的第 1 个节气是立春(也称头节气),最后 1 个节气是大寒(也称尾节气)。人们常说“一年之计在于春,一日之计在于晨”,即立春节气是一年四季的第 1 个节气,意指农耕从春季开始,并强调了立春节气在一年四季中所占的重要位置。不能说立春的前一个节气或上一个节气是大寒,因为立春节气是当前四季的第 1 个节气。人们也常说“大寒到极点,日后天渐暖”,意思是大寒节气是一年四季的最后一个节气。不能说大寒节气的后一个节气或下一个节气是立春节气,因为大寒节气是本四季的最后一个节气。

(2) 除了立春节气和大寒节气(除了头节气和尾节气),其他每个节气有且只有一个前驱节气和后继节气,例如,雨水节气的后继节气是惊蛰节气、前驱节气是立春节气。

有限多个节点 $a_0, a_1, \cdots, a_{n-1}$ 形成了线性结构($n \geqslant 2$),线性结构规定了节点之间的“前后”关系:规定 a_i 是 a_{i+1} 的前驱节点,a_{i+1} 是 a_i 的后继节点($0 \leqslant i < n-1$);规定 a_0 只有后继节点且没有前驱节点,称作头节点;规定 a_{n-1} 只有前驱节点且没有后继节点,称作尾节点。

如果 n 个节点 $a_0, a_1, \cdots, a_{n-1}$ 形成了线性结构,可以简单记作:

$$a_0a_1\cdots a_{n-1}$$

其中，a_0 是头节点，a_{n-1} 是尾节点。例如，7 个节点的线性结构：$a_0a_1a_2a_3a_4a_5a_6$，如果这 7 个节点依次包含的数据是下列字符序列：

星期一，星期二，星期三，星期四，星期五，星期六，星期日

那么这些字符序列之间就形成了线性结构，该线性结构符合中国人的习惯，因为中国人认为一个星期有 7 天，这 7 天的第 1 天是星期一，最后一天是星期日。

如果 7 个节点中依次包含的数据是下列字符序列：

Sunday,Monday,Tuesday,Wednesday,Thursday,Friday,Saturday

那么这些字符序列之间就形成了一个线性结构，该线性结构符合美国人的习惯，因为美国人认为一个星期有 7 天，这 7 天的第 1 天是 Sunday，最后一天是 Saturday。

再如，5 个节点的线性结构：$a_0a_1a_2a_3a_4$，如果这 5 个节点依次包含的数据是以下正整数：

1,2,3,1,5

那么这 5 个数就形成了线性结构：

12315

习惯上读成一万两千三百一十五。

如果这 5 个节点依次包含的数据是以下正整数：

5,2,8,8,9

那么这 5 个数就形成了线性结构：

52889

习惯上读成五万两千八百八十九。

我们可以用数学方式准确地描述数据的结构。将有限多个节点记作一个集合，比如集合 A。称 $A\times A$（集合 A 的笛卡儿积）的一个子集为 A 上的一个关系。如果取 $A\times A$ 的某个子集，例如 R，作为集合 A 上的一个关系，那么集合 A 的元素之间就有了关系 R，称 R 是 A 的节点的逻辑结构，或 A 用 R 作为自己的逻辑结构，记作 (A,R)。

集合 A 的节点个数大于或等于 2，如果 A 中的节点 a，b 满足 $(a,b)\in R$，称 a 和 b 满足关系 R，简称 a 和 b 有 R 关系。

对于集合 A，当 R 满足下列 3 个条件时，称 R 是 A 上的线性关系。R 是线性关系时，如果 a 和 b 满足关系 R，称 a 是 b 的前驱节点，b 是 a 的后继节点。

(1) A 中有且只有一个节点，例如 p 有唯一的后继节点，并且没有前驱节点，称这个节点 p 是头节点。即对于头节点 p，A 中存在唯一的一个其他节点 t，使得 $(p,t)\in R$，并且对于 A 中任何一个节点 t，$(t,p)\notin R$。

(2) A 中有且只有一个尾节点，比如 q 只有唯一的一个前驱节点，并且没有后继节点，称这个节点 q 是尾节点。即对于尾节点 q，A 中存在唯一的一个其他节点 t，使得 $(t,q)\in R$，并且对于 A 中任何一个节点 t，$(q,t)\notin R$。

(3) A 中不是头节点的节点 a 有唯一的一个前驱节点，即 A 中存在唯一的其他节点 t，使得 $(t,a)\in R$。A 中不是尾节点的节点 a 有唯一的一个后继节点，即 A 中存在唯一的一个其他节点 t，使得 $(a,t)\in R$。

集合 A 使用线性关系 R 作为自己上的一种关系，记作 $L=(A,R)$。由于 R 是线性关系，所以称 A 中的节点具有线性结构，也称 L 是一个线性表（习惯用符号 L 表示线性表），或简称

A 是一个线性表。通常用序列表示一个线性表(一目了然),例如,对于有限多个节点的线性表 A,可如下示意其线性结构:

$$a_0 a_1 a_2 \cdots a_{n-1}$$

其中,a_0 是头节点,a_{n-1} 是尾节点。

线性结构 $L=(A,R)$(线性表)属于简单的结构,特点是,除了头节点,每个节点有且只有一个前驱节点,除了尾节点,每个节点有且只有一个后继节点。线性表就像线段中的有限多个点(离散点),线段的左端点是头,右端点是尾。

注意: 在描述线性结构时使用"节点"或"结点"一词都不影响理解或学习(尽管英语中都是用 node),这里之所以采用"节点",主要是因为汉字的"节"字能够形象地描述线性结构,例如鱼贯而过的节节车厢、雨后竹笋节节高。

关于线性结构的算法会在第 4~8 章讲解。

2. 树结构

在实际生活中,经常遇到具有树状结构的一组数据,例如,某小学的五年级共有 3 个班级,1 班,2 班和 3 班。1 班进行了分组,分成 1 组和 2 组。2 班进行了分队,分成 1 队和 2 队。3 班没有分组或分队。其示意图如图 1.1 所示。

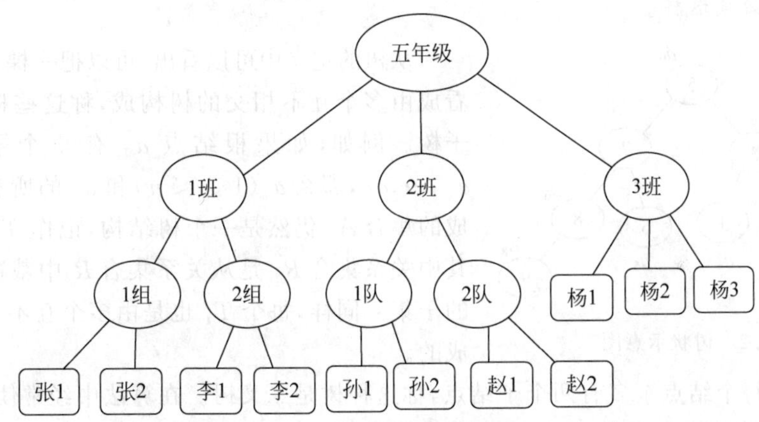

图 1.1　五年级的树状结构

在五年级的结构中,使用结点一词描述其特点,具体如下。

(1) 根结点:称五年级是根结点。

(2) 子结点:1 班、2 班和 3 班为根结点的子结点。1 组、2 组为 1 班的子结点;1 队、2 队为 2 班的子结点;杨 1、杨 2、杨 3 为 3 班的子结点。张 1、张 2 为 1 组的子结点;李 1、李 2 为 2 组的子结点;孙 1、孙 2 为 1 队的子结点;赵 1、赵 2 为 2 队的子结点。

(3) 父结点:根结点是 1 班、2 班、3 班的父结点。1 班是 1 组、2 组的父结点;2 班是 1 队、2 队的父结点;3 班是杨 1、杨 2、杨 3 的父结点;1 组是张 1、张 2 的父结点;2 组是李 1、李 2 的父结点;1 队是孙 1、孙 2 的父结点;2 队是赵 1、赵 2 的父结点。

(4) 叶结点:张 1、张 2、李 1、李 2、孙 1、孙 2、杨 1、杨 2、杨 3 是叶结点。

以下给出树结构的定义。

对于集合 A,当 R 满足下列条件时,称 R 是 A 上的树关系。R 是集合 A 上的一个树关系时,如果 a 和 b 满足关系 R,即 $(a,b)\in R$,称 a 是 b 的父结点,b 是 a 的子结点。

(1) A 中有且只有一个结点没有父结点,称这个结点是根结点,即存在唯一的一个结点

r,使得 A 中任何一个其他结点 a,都有 $(a,r)\notin R$,称 r 为根结点。r 可以有多个子结点或没有任何子结点。

(2) 除了根结点 r,A 中的其他结点有且只有一个父结点,但可以有多个子结点或没有任何子结点。

称没有子结点的结点为叶结点。称一个结点的子结点的子结点为该结点的子孙结点。

集合 A 使用树关系 R 作为自己上的一个关系,用符号 T 表示,记作 $T=(A,R)$,即 R 是 A 的结点的逻辑结构,由于 R 是树关系,所以称 A 中的结点具有树状结构,称 T 是一棵树,或简称 A 是一棵树。经常用倒置的树状示意一棵树(一目了然),例如,对于

$$T=(A,R)$$

有:

$$A=\{a_0,a_1,a_2,a_3,a_4,a_5,a_6a_7,a_8\}$$

$$R=\{(a_0,a_1),(a_0,a_2),(a_1,a_3),(a_1,a_4),(a_2,a_5),(a_2,a_6),(a_3,a_7),(a_6,a_8)\}$$

其中,a_0 是根结点,a_4,a_5,a_7 和 a_8 是叶结点。如果结点 a_0、a_1、a_2、a_3、a_4、a_5、a_6、a_7、a_8 包含的数据依次是 5、3、7、2、4、6、8、1、9,那么树状示意如图 1.2 所示。

注意:*在示意树结构时,为了强调一个结点是叶结点,用矩形示意一个叶结点(如图 1.1 所示),但不是必须这样。*

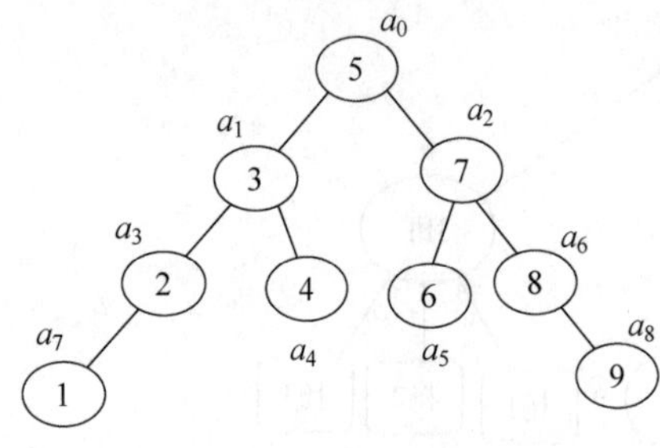

图 1.2 树状示意图

从树的定义中可以看出,可以把一棵树 $T=(A,R)$ 看成由多个互不相交的树构成,称这些树为当前树的子树。例如,如果根结点 a_0 有 n 个子孙结点 a_1,a_2,…,a_n,那么 $a_i(1\leqslant i\leqslant n)$ 和 a_i 的所有子孙结点构成的集合 A_i 仍然是一个树结构,记作 $T_i=(A_i,R_i)$,其中关系集合 R_i 是从关系集合 R 中裁剪出的一个 R 的子集。同样,每个 T_i 也是由多个互不相交的子树构成的。

如果树的每个结点至多有两个子结点,称这种树是二叉树。在算法中经常使用二叉树,例如,图 1.2 所示的就是一棵二叉查询树,特点是每个结点上的值都大于它的左子树上的结点的值,并小于或等于右子树上的结点的值。如果随机得到一个 1～9 的数 m,然后猜测这个 m 是哪一个数,那么首先猜 m 是上面的二叉树的根结点中的数,如果猜测错误,并告知你猜测的数大于根结点中的数,那就继续猜测这个数是当前节点的右子结点,如果告知你猜测的数小于根结点中的数,那就继续猜测这个数是当前结点的左子结点,以此类推,就可以较快地猜测到这个数。

树结构通常是非线性结构(属于比较复杂的一种结构),极端情况可退化为线性结构,例如,当每个非叶结点都有且只有一个子结点时就退化为线性结构。树结构的特点是,根结点没有父结点,非根、非叶结点有且只有一个父结点,但有一个或多个子结点,叶结点有且只有一个父结点,但没有子结点。根据树结构的这个特点,可以把树的结点按层次分类,从根开始定义,根为第 0 层,根的子结点为第 1 层,以此类推。每一层(除了第 0 层)上的结点只能和上一层中的一个结点有关系,但可能和下一层的 0 个或多个结点有关系。

另外,一棵树也可以仅仅只有一个根结点,再无其他任何结点。说一个空集合是一棵树也是正确的,这样的树称为空树。

注意：描述树状结构时使用“节点”或“结点”都不影响理解或学习（尽管英语中都是用node），这里之所以使用“结点”，主要是汉字的“结”字能够形象地描述树状结构，例如，一棵苹果树上有不少分枝，分枝上结了很多苹果。另外，结点也有交叉点的意思。

关于二叉树的更多的术语和算法，会在第9章讲解。

3. 图结构

在实际生活中，大家经常遇到具有图结构的一组数据，例如，用钢筋焊接的平面架中的焊点 a,b,c,d,e，如图1.3所示。

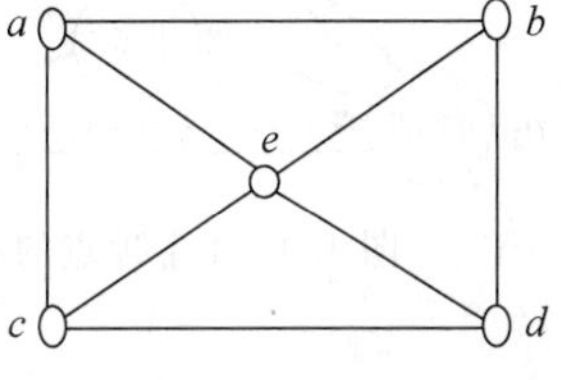

图1.3 焊点形成的图结构

把图1.3中的焊点 a、b、c、d、e 称作顶点（Vertex），将这些顶点组成的集合记作 V，集合 V 是所要描述的数据。图结构是比线性结构和树结构更复杂的结构，在图结构中，顶点之间不再是前驱或后继关系，也不是父子关系，而是“边”的关系。对于图1.3这种用钢筋焊接起来的平面架，用图结构的术语描述如下。

(1) 集合 V 由5个顶点 a、b、c、d 和 e 构成。

(2) 一个顶点可以和0个或多个其他顶点用边建立联系，例如顶点 a 用边 ab 和顶点 b 建立联系，把这个边记作 (a,b)。在这个图结构中，人们规定 (a,b) 和 (b,a) 是一样的边（都代表同一根钢筋），即 (a,b) 和 (b,a) 都是没有方向的“标量”边，这样的图结构称作无向图（否则称为有向图，见稍后的图结构的定义）。

可以将边集合记作 E（Edge单词的首字母），例如，图1.3中的边集合是

$$E=\{(a,b),(a,c),(a,e),(b,e),(b,d),(d,e),(d,c),(e,c)\}$$

集合 E 中共有8条边。

对于无向图，如果 $(a,b)\in E$，那么默认 $(b,a)\in E$，因此不必再显式地将 (b,a) 写在 E 中。

下面给出图结构的定义。

对于由有限多个顶点构成的集合 V，当 $V\times V$ 的子集 E 满足下列条件时，称 E 是 V 上的图关系，记作 $G=(V,E)$。当 E 是集合 V 上的一个图关系时，如果顶点 a 和顶点 b 满足关系 E，即 $(a,b)\in E$，称 (a,b) 是一条边。

(1) V 的顶点里，不能有自己到自己的边，即对任何顶点 v，(v,v) 不属于 E。

(2) 对于 V 中一个顶点 v，v 可以和其他任何顶点之间没有边，即对于任何顶点 a，(a,v) 和 (v,a) 都不属于 E，也可以和其他一个或多个顶点之间有边。即存在多个顶点 $a_1,a_2,\cdots,a_m$ 和 $b_1,b_2,\cdots,b_n$ 使得 $(v,a_1),(v,a_2,),\cdots,(v,a_m)$ 属于 E，以及 $(b_1,v),(b_2,v),\cdots,(b_n,v)$ 属于 E。

对于 $G=(V,E)$，如果 (a,b) 是边，那么默认 (b,a) 也就是边，并规定 (a,b) 边等于 (b,a) 边，这样规定的 $G=(V,E)$ 是无向图，简称 V 是无向图，即无向图的边是没有方向的。

如果 (a,b)，(b,a) 都是边，并规定 (a,b) 边不等于 (b,a) 边，这样规定的 $G=(V,E)$ 是有向图，简称 V 是有向图，即有向图的边是有方向的。

在图的结构中，有时会赋给边一个权值（也称权重），称这样的图为一个网络。例如在图1.3所示的无向图中，可以将钢筋的质量或长度作为边的权值。

我们经常用直线或弧绘制顶点之间的边来表示图，如果是有向图，边的终点用方向箭头表示（一目了然）。例如，4个顶点的有向图 $G=(V,E)$：

$$V=\{v_0,v_1,v_2,v_3\}$$

$$E=\{(v_0,v_1),(v_0,v_2),(v_0,v_3),(v_1,v_0),(v_1,v_2),(v_1,v_3),$$

$(v_2,v_0),(v_2,v_1),(v_2,v_3),(v_3,v_0),(v_3,v_1),(v_3,v_2)\}$

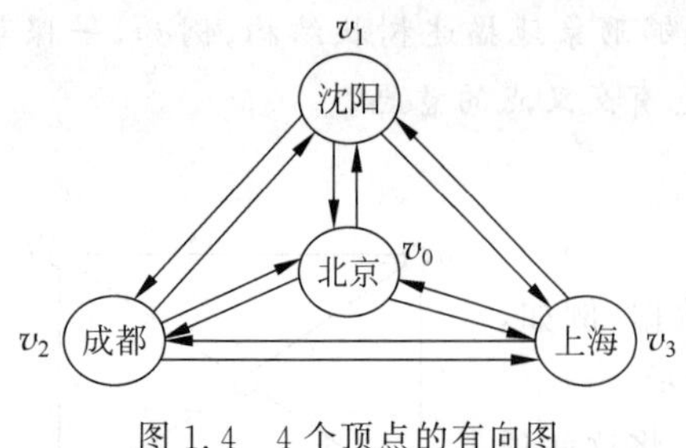

图 1.4　4 个顶点的有向图

如果有向图 $G=(V,E)$的 4 个顶点中存放的是 4 个城市的名字,例如分别是北京、沈阳、成都和上海,那么这 4 个城市就形成了一个有向图,如图 1.4 所示。其中 4 个城市之间的高速公路可以对应边集合 E 中的边,因为高速公路是有方向的(双向高速公路)。可以给 $G=(V,E)$的边赋予权值,使之成为一个有向网络,例如,边的权值可以是高速费或路长,或二者的组合。

注意:树是一种特殊的图。描述图结构时应使用"顶点"一词,因为图论是数学的一个经典分支,"顶点(vertex)"一词是图论里的原始用词。

关于图的更多的术语和算法会在第 13 章讲解。

4. 集合

集合 A 中的元素除了同属一个集合外,无其他任何关系,即关系集合是空集合,可表示为$(A,\varnothing)$($\varnothing$是 $A\times A$ 的空子集)。

关于集合的更多的术语和算法会在第 11 章讲解。

1.2 物理结构

通过前面的学习大家已经知道,节点(结点,顶点,元素)构成的集合 A,数据的逻辑结构是指 A 的节点(结点,顶点,元素)之间的关系 R(R 是 $A\times A$ 的子集),称 R 是 A 的节点(结点,顶点,元素)的逻辑结构,记作(A,R),人们习惯称 A 的节点(结点,顶点,元素)按照关系 R 形成了一种逻辑结构,比如线性结构,树结构,图结构等,即 A 是具有结构的集合。

对于(A,R),计算机程序在存储空间中存放集合 A 的节点(结点,顶点,元素)的形式,称为 A 的节点(结点,顶点,元素)的物理结构,也称为 A 的存储结构。对于具有某种逻辑结构的集合,其节点(结点,顶点,元素)的存储可以对应不同的存储结构(根据需要而定),比如,对于一个线性表,可根据需要采用顺序存储(节点的物理地址是依次相邻的)或链式存储(节点的物理地址不必是相邻的)。常用的存储结构有顺序存储、链式存储和哈希存储等,有关细节见第 4~11 章。

1.3 算法与结构

在后续的章节,大家会注意到算法的设计取决于数据的逻辑结构,而算法的实现依赖于数据的存储结构。一个实施于集合上的算法,在其执行完毕后,必须保持集合的逻辑结构不变,比如,对于线性表,实施了增加或删除节点的操作后,要保证新的节点构成的集合仍然是线性结构,否则算法必须对当前的线性表的节点进行调整,使得当前线性表在逻辑上仍然是一个线性结构。再如,对于平衡二叉树,实施了增加或删除节点的操作后,要保证新的结点构成的集合仍然是平衡二叉树,否则算法必须对当前的集合的结点进行调整,使得当前集合在逻辑上仍然是一棵平衡二叉树。算法与结构的有关细节见第 4~11 章。

1.4　C++版本的说明

本书有很多例子需要 C++编译器版本是 C++ 11,例如需要 C++ 11 新增的 Lambda 表达式的功能。本书使用的是 Dev C++,需要让其支持 C++ 11。C++ 11 是 C++语言的一个重要更新,引入了许多新的特性和改进,包括自动类型推导、增强的 for 循环、lambda 表达式等(本教材均用到了这些更新内容)。

运行 Dev C++之后,单击“工具”菜单显示该菜单的菜单项,如图 1.5 所示。

在图 1.5 所示界面中单击“工具”→“编译选项”菜单项(第一个菜单项),弹出“设定编译器配置”对话框,该对话框中的“编译时加入以下命令”选择框的默认状态是没有被选中,选择框里是空白。在“设定编译器配置”对话框中的“编译时加入以下命令”选择框中输入:-std=c++ 11,清除“在连接器命令行加入以下命令”选择框中的默认内容-static-libgcc,并重新输入-std=c++ 11。然后选中两个选择框,单击对话框下方的“确定”按钮,如图 1.6 所示。

图 1.5　“工具”菜单及其菜单项

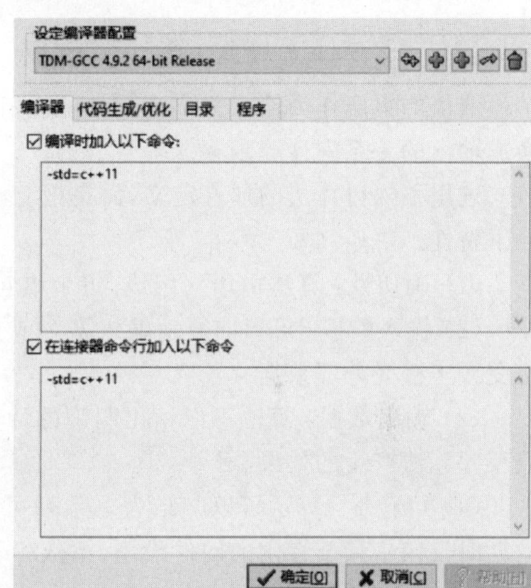

图 1.6　“设定编译器配置”对话框

注意:也有许多支持 C++ 11 的在线编译器,例如:
https://www.onlinegdb.com/online_c++_compiler

习题 1

扫一扫

习题

扫一扫

自测题

第 2 章 算法复杂度

本章主要内容

- 算法；
- 算法的复杂度；
- 常见的复杂度。

本章通过讲解常见的复杂度，介绍计算算法时间复杂度和空间复杂度的基本方法。

2.1 算法

经典算法教材《算法导论》认为：算法(algorithm)就是一个正确的计算过程，该过程取某个值或值的集合作为输入并产生某个值或值的集合作为输出。简单来说，算法就是把输入转换成输出的一系列计算步骤。

这里不探讨算法的形式定义，而是把 C++语言中定义的函数看成一个算法，那么算法具有如下特性。

(1) 确切性：算法由语句组成，每个语句的功能是确切的。

(2) 输入数据：可以向算法输入多个或 0 个数据(函数可以有参数或无参数)，即算法可以接受或不接受外部数据。

(3) 输出数据：算法可以给出明确的计算结果(函数的返回值)或输出若干数据到客户端以反映算法产生的效果。

(4) 可行性：算法可以归结为一系列可执行的基本操作(计算步骤)，程序执行基本操作的耗时仅仅依赖于特定的硬件设施，不依赖于一个正整数，即不会随之增大而增大。

2.2 算法的复杂度

一个函数，即算法，从执行到结束涉及两个度量：一个是执行函数所消耗的时间，另一个是执行函数所需要的内存空间。

在这里首先明确一点，如果一个算法不能在有限的时间内结束，就不属于算法复杂度研究的范畴，例如一条算法里出现的无限循环，就不再属于算法复杂度的研究范畴了。

1. 基本操作

一个基本操作是一条语句或一个运算表达式，而且必须是在有限时间内能被完成的计算步骤。

函数里声明的局部变量，包括参数都不归类到基本操作，即不是基本操作，而是归类到数据的声明。对于一个算法，局部变量的数目一定是固定的，因此在计算时间复杂度时，忽略数据的声明。

在计算空间复杂度时，需要计算声明的变量所占用的内存空间，因为这样才可以计算出算法占用的存储空间的大小，例如对于数组，数组的元素的个数可能会依赖于一个正整数 n，即数组占用的存储空间会随着 n 的增大而增大。

2. 时间复杂度

算法的时间复杂度是用来度量一个算法在执行期间所用的时间。不同的计算机执行相同的算法所消耗的时间是不同的，这依赖于硬件执行指令的速度，因此，算法的时间复杂度不是给出一个算法所用的准确时间，而是给出算法执行的基本操作的总数。

在计算复杂度之前，需要先列出算法中的基本操作，有些基本操作可能会被反复执行多次，例如逻辑比较、关系比较、赋值等基本操作。

总次数是依赖于一个正整数 n 的函数，可将该函数记作 $T(n)$。一个计算机执行每个基本操作的平均时间是 t，那么它执行算法的耗时就是 $tT(n)$，其中 t 是与 n 无关的常量。

算法的复杂度主要度量 $T(n)$ 值随着 n 的增大而变化的趋势（忽略计算机执行每个基本操作的平均时间 t）。例如：

$$T(n)=n^2+n+1$$

如果存在一个 n 的函数 $f(n)$，使得

$$T(n)/f(n)\quad(n=1,2,\cdots)$$

的极限是大于 0 的数，则称 $f(n)$ 是算法时间复杂度的渐进时间复杂度，简称算法的时间复杂度，记作 $O(f(n))$。时间复杂度的这种记法称作大 O（大写英文字母 O）记法。例如：

$$T(n)/n^2=(n^2+n+1)/n^2\quad(n=1,2,\cdots)$$

的极限是大于 0 的数，那么算法的渐进时间复杂度就是 n^2，记作 $O(n^2)$。

注意：在计算算法执行的基本操作总次数时，要针对最坏的情况，即在某种条件下执行基本操作的总次数是最多的情况。

3. 空间复杂度

空间复杂度用来度量一个算法在执行期间占用的存储空间。计算一个算法的空间复杂度时，需要考虑在运行时算法中的局部变量所占用的内存空间以及调用函数所占用的内存空间（函数地址被压栈的操作）。当一个算法占用的内存空间为一个常量时，将空间复杂度记为 $O(1)$；当一个算法占用的存储空间与一个正整数 n 成线性比例关系时，将空间复杂度记为 $O(n)$。算法在执行期间，一些变量占用内存后，可能会很快地释放所占用的空间，例如算法调用函数结束后会释放函数占用的内存空间（弹栈操作）。空间复杂度是指在某一时刻算法所占用的内存空间的最大值。计算时间复杂度时，若一个操作被重复两次，次数是需要累加的，理由是时间需要累加。例如，一个赋值语句被重复两次，就相当于执行了两个基本操作，即时间需要累加两次，但是占用的内存空间都是该变量占用的内存，内存空间不累加计算。再如，一个函数被重复调用两次，占用的内存空间是不累加的，理由是第一次调用结束后就释放了函数占用的内存空间。除非连续调用一个函数 n 次后再依次释放内存空间，那么连续调用 n 次后，算法所占用的内存空间就与一个正整数 n 有关（见第 3 章的递归调用）。

注意：在计算算法占用内存大小时，要针对最坏的情况，即在某种条件下或某个时刻占用内存最多的情况。

4. 复杂度比较

假设有 $O(f(n))$ 和 $O(g(n))$，如果 $f(n)/g(n)(n=1,2,\cdots)$ 的极限是正数，称 $O(f(n))$ 和 $O(g(n))$ 是相同的复杂度；如果 $f(n)/g(n)(n=1,2,\cdots)$ 的极限是 0，称 $O(f(n))$ 复杂度

低于 $O(g(n))$的复杂度；如果 $f(n)/g(n)(n=1,2,\cdots)$的极限是无穷大，称 $O(f(n))$复杂度高于 $O(g(n))$复杂度或 $O(g(n))$复杂度低于 $O(f(n))$复杂度。

注意： 学习复杂度时，一定要记住时间累加，空间不累加。

2.3 常见的复杂度

计算复杂度的关键在于统计出算法(函数)中的基本操作被执行的总次数。有些基本操作可能没有被重复执行，有些可能被反复执行。那些没被重复执行的基本操作不会影响算法的时间复杂度，因此在计算时间复杂度时可以忽略这些基本操作。

前面已经强调，函数中声明的局部变量，包括参数，都不能归类到基本操作，而是归类到数据的声明。因此在计算时间复杂度时忽略数据的声明；在计算空间复杂度时需要计算声明的变量占用的内存空间。

1. $O(1)$复杂度

如果算法中的基本操作被执行的总次数是一个常量，即不依赖一个正整数 n、不会随着 n 的增大而增大，那么将算法的时间复杂度记作 $O(1)$。算法中变量所占用的内存是一个常量，即所占内存不依赖一个正整数 n、不会随着 n 的增大而增大，那么将算法的空间复杂度记作 $O(1)$。

例 2-1 计算最大值。

本例的 max.cpp 中的 max(int a,int b)函数返回两个整数 a 和 b 的最大值，其时间和空间复杂度都是 $O(1)$。

max.cpp

```
int max(int a,int b) {
    if(a > b)
        return a;
    else
        return b;
}
```

max.cpp 中的 max(int a,int b)函数中的基本操作包括关系表达式和 return 语句。

return 语句被执行一次，关系表达式 $a>b$ 被执行一次。那么算法中的基本操作被执行的总次数是 2，是一个常量，因此时间复杂度是 $O(1)$。

算法中只有两个局部变量(两个参数)，而两个变量占用内存的大小都是固定的，因此空间复杂度是 $O(1)$。

本例的 ch2_1.cpp 使用 max.cpp 中的 max(int a,int b)函数求几个整数的最大值，运行效果如图 2.1 所示。

```
12,67,89,10的最大值:89
```

图 2.1 求最大值

ch2_1.cpp

```
#include <iostream>
int max(int,int);
int main(){
   int a  = 12,b = 67,c = 89,d = 10;
   std::cout << a <<","<< b <<","<< c <<","<< d <<"的最大值:"
   << max(max(max(a,b),c),d)<< std::endl;
}
```

例 2-2 计算 1～100 的连续和。

本例的 sum.cpp 中的 sum()函数计算 1～100 的连续和，其时间和空间复杂度都是 $O(1)$。

sum. cpp

```
int sum() {
    int sum = 0 ;
    for(int i =1;i <= 100; i++) {
          sum += i;
    }
    return sum;
}
```

sum()函数中 return 语句被执行了一次，关系表达式 i<=100 被重复执行了 101 次，算术表达式 i++被重复了 101 次，赋值语句“sum+=i;”重复了 100 次。那么算法中的基本操作被执行的总数是 302，是一个常量，因此时间复杂度是 $O(1)$。

sum()函数中有两个局部变量 sum 和 i，而这两个变量占用内存的大小都是固定的，因此空间复杂度是 $O(1)$。

本例的 ch2_2. cpp 中使用 sum. cpp 中的 sum()函数来计算 1～100 的连续和，运行效果如图 2.2 所示。

1~100的连续和是5050

图 2.2　计算 1～100 的连续和

ch2_2. cpp

```
#include <iostream>
int sum();
int main(){
    std::cout <<"1～100 的连续和是"<< sum()<< std::endl;
    return 0;
}
```

2. $O(n)$复杂度

如果算法中的基本操作被执行的总次数 $T(n)$依赖于一个正整数 n，并随着 n 的增大而线性增大，那么将算法的时间复杂度记作 $O(n)$。$O(n)$复杂度也称为线性复杂度，即 $T(n)$是 n 的一个线性函数：$T(n)=an+b(a\neq 0)$。线性复杂度大于 $O(1)$复杂度。

例 2-3　计算 1～n 的连续和。

本例的 sum_mult. cpp 中的 sum(int n)函数计算 1～n 的连续和，其时间复杂度是 $O(n)$，空间复杂度是 $O(1)$；mult(int n)函数计算 n 的阶乘，其时间复杂度是 $O(n)$，空间复杂度是 $O(1)$。

sum_mult. cpp

```
int sum(int n) {
    int sum = 0 ;
    for(int i = 1;i <= n;i++) {
        sum += i;
    }
    return sum;
}
int mult(int n) {
    int result = 1 ;
    for(int i = 1;i <= n;i++) {
        result * = i;
    }
    return result;
}
```

sum(int n)函数中的基本操作包括关系表达式、算术表达式、赋值语句和 return 语句。

return 语句被执行了一次，关系表达式 i<=n 被重复执行了 $n+1$ 次，算术表达式 i++被重复了 $n+1$ 次，赋值语句“sum+=i;”被重复了 n 次，那么算法中的基本操作被执行的总次

数 $T(n)=3n+2$，是一个依赖正整数 n 的函数。对于函数 $f(n)=n$，有

$$T(n)/f(n)=(3n+2)/n \quad (n=1,2,\cdots)$$

的极限是 3，因此时间复杂度是 $O(n)$。

在 sum(int n)函数中有 3 个局部变量 sum，i 和 n，这 3 个局部变量占用内存的大小都是固定的，因此算法的空间复杂度是 $O(1)$。

计算 mult(int n)函数的复杂度与计算 sum(int n)函数的复杂度类似，时间复杂度是 $O(n)$，空间复杂度是 $O(1)$。

```
1~8888的连续和39502716
1000~8888的连续和39003216
6的阶乘是720
10的阶乘是3628800
```

图 2.3　计算和以及阶乘

本例中的 ch2_3.cpp 使用 sum_mult.cpp 中的 sum(int n)函数计算 1～8888 的连续和以及 1000～8888 的连续和，使用 mult(int n)函数计算 6 的阶乘和 10 的阶乘，运行效果如图 2.3 所示。

ch2_3.cpp

```
#include <iostream>
int sum(int);
int mult(int);
int main(){
   int n = 8888;
   int m = 1000;
   std::cout <<"1～"<< n <<"的连续和"<< sum(n)<< std::endl;
   int sub = sum(n) - sum(m - 1);
   std::cout << m <<"～"<< n <<"的连续和"<< sub << std::endl;
   n = 6;
   std::cout << n <<"的阶乘是"<< mult(n)<< std::endl;
   n = 10;
   std::cout << n <<"的阶乘是"<< mult(n)<< std::endl;
   return 0;
}
```

例 2-4　求数组元素的最大值。

本例的 array_max.cpp 中的 array_max(int a[],int n)函数返回数组 a 的元素值的最大值，时间复杂度是 $O(n)$、空间复杂度是 $O(n)$。

array_max.cpp

```
int array_max(int a[],int n) {
      int max = a[0];
      for(int i = 0; i < n; i++) {
         if(a[i] > max) {
            max = a[i];
         }
      }
      return max;
}
```

array_max(int a[],int n)函数中的基本操作包括关系表达式、算术表达式、赋值语句和 return 语句。return 语句被执行了一次，关系表达式 i<n 被重复执行了 $n+1$ 次，算术表达式 i++ 被重复了 $n+1$ 次，关系表达式 a[i]>max 被重复执行了 n 次，赋值语句“max=a[i];”有可能被重复执行 n 次，那么算法中的基本操作被执行的总次数 $T(n)=4n+2$ 是一个依赖于正整数 n 的函数。对于函数 $f(n)=n$，有

$$T(n)/f(n)=(4n+2)/n \quad (n=1,2,\cdots)$$

的极限是 4，因此算法时间复杂度是 $O(n)$。

在 array_max(int a[],int n)函数中有 3 个局部变量 max，n，a，其中 n 是数组 a 的长度。

max 和 n 占用的内存大小都是固定的，而 a 是一个数组，数组占用内存的大小 $V(n)$将是依赖于 n 的一个函数 $V(n)=cn$，其中 c 是数组单元占用内存空间的大小，是一个正整数常量。对于函数 $f(n)=n$，有

$$V(n)/f(n)=cn/n \quad (n=1,2,\cdots)$$

的极限是 c，因此空间复杂度是 $O(n)$。

本例的 ch2_4. cpp 使用 array_max. cpp 中的 array_max (int []a,int n)函数计算两个数组的元素值的最大值，运行效果如图 2.4 所示。

```
数组a的最大值:45, 数组b的最大值:-2
```

图 2.4　计算数组元素值的最大值

ch2_4. cpp

```
#include<iostream>
int array_max(int []);
int main(){
   int a[] = {23,45,100,200,987,600};
   int b[] = {-2,-5,-100,-20,-37,-6};
   std::cout<<"数组 a 的最大值:"<<array_max(a)
   <<",数组 b 的最大值:"<<array_max(b)<<std::endl;
   return 0;
}
```

例 2-5　寻找缺失的一个自然数。

去掉 1～n 中的某个自然数后，将剩余的自然数放入一个数组的元素中(不要求排序)，然后给出数组中缺失的那个自然数。本例有三个给出缺失自然数的函数，find_miss_number. cpp 中的 int find_lost_number(int a[],int length)和 int find_missing_number(int a[],int length)函数都返回数组中缺失的某个自然数，两者的时间复杂度和空间复杂度都是 $O(n)$；而 find_number(int a[],int length)函数返回数组中缺失的某个自然数，时间复杂度是 $O(n^2)$，空间复杂度都是 $O(n)$。

find_miss_number. cpp

```
int find_lost_number(int a[],int length) {                    //数组 a 和它的长度 length
   int sum_array = 0;                                          //存放数组中的数字之和
   int sum = 0;                                                //存放 1 至 n 的连续和
   for(int i=0;i<length;i++){                                  //数组单元中的数字和
         sum_array += a[i];
   }
   for(int i=1;i<=length+1;i++) { //1 至 n 的连续和(数组缺失了一个数,长度 length 是 n-1)
         sum += i;
   }
   return sum - sum_array;                                     //sum - sum_array 就是缺失的数
}
int find_missing_number(int a[],int length) { //数组 a 和它的长度 length
   int result_array = 0;                                       //存放数组中的数字"异或"运算结果
   int result = 0;                                             //存放 1～n 的数字"异或"运算结果
   for(int i=0;i<length;i++){
      result_array^ = a[i];                                    //数组中的数字"异或"运算
   }
   for(int i=1;i<=length+1;i++) {                              // 1～n 的数字"异或"运算
      result^ = i;
}
      return result_array^result;                              //result_array^result 就是缺失的数
}
int find_number(int a[], int length) {
   for (int j = 1; j<=length+1; j++) {
```

```
        int found = 0;
        for (int i = 0; i < length; i++) {
            if (j == a[i] ) {
                found = 1;
                break;
            }
        }
       if(found == 0)
          return j;
    }
    return -1;
}
```

find_lost_number(int a[],int length)的算法很简单,即首先计算原始的数字之和,比如1,2,3,4,5,6,7,8,9的和是45,然后再计算缺失一个数字之后的一组数字的和,例如缺失数字3后的一组数据1,2,4,5,6,7,8,9的和是42,两个值的差刚好是缺失的数3。假设缺失一个数字后的数组的长度是length,那么length的值是$n-1$,其中n是未缺失数字之前的数组中最大的自然数。

find_lost_number(int a[],int length)函数中的第1个for循环语句

```
for(int i = 0;i < length;i++){                        //数组单元中的数字和
    sum_array += a[i];
}
```

中的i<length和i++表达式会被重复执行$n-1$次,"sum_array += a[i];"语句被重复执行$n-2$次。

第2个for循环语句

```
for(int i = 1; i <= length + 1;i++) {         //1~n的连续和(数组缺失了一个数字,length是n-1)
    sum += i;
}
```

中的i<=length+1和i++表达式会被重复执行$n+1$次,"sum+=i;"语句被重复执行n次。总次数$T(n)=6n-2$,因此算法复杂度是$O(n)$。数组中的自然数越多,数组的长度n就越大,所以空间复杂度是$O(n)$。

find_missing_number(int a[],int length)算法中的基本操作不是加法和减法,而是使用了异或^运算。

两个整型数据a,b按位进行运算,运算结果是一个整型数据c。运算法则是:如果a,b两个数据对应位相同,则c的该位是0,否则是1。异或运算满足交换律。

由"异或"运算法则可知$a\hat{}a=0$,$a\hat{}0=a$,即异或运算有一个特点:一个整数和0的"异或"结果仍然是该整数,一个整数和自身的"异或"结果是0。利用"异或"运算的这个特点,能够很容易地找出一组整数中缺失的数。首先计算原始数字的"异或"运算结果,比如$a\hat{}b\hat{}c\hat{}d$,然后计算缺失了一个数之后的一组数字的"异或"运算结果,如缺失数字b后的一组数据a,c,d的"异或"运算结果是$a\hat{}c\hat{}d$。两者(即两个结果)再次"异或"运算的结果刚好是缺失的数:

$$a\hat{}b\hat{}c\hat{}d\hat{}a\hat{}c\hat{}d=a\hat{}b\hat{}c\hat{}d\hat{}a\hat{}c\hat{}d=a\hat{}a\hat{}b\hat{}c\hat{}c\hat{}d\hat{}d=b$$

尽管find_missing_number()和find_lost_number()函数的时间复杂度相同,都是$O(n)$,但find_missing_number()的基本操作是"异或"运算,find_lost_number()是"加减"运算。从理论上而言,同一台计算机,执行"异或"运算要比"加减"运算快。所以,对于同一个算法,在复杂度相同的情况下,尽量使用速度快的基本操作,使用这样的基本操作能使代码更简练、阅读

性更好。

find_number(int a[],int length)的算法和前面两者不同,使用的是穷举法,算法中的 for 语句里嵌套了 for 语句形成的双层循环,不难验证其时间复杂度是 $O(n^2)$。

本例 ch2_5. cpp 分别使用 find_miss_number. cpp 中的 find_lost_number(int a[],int length)、find_missing_number(int a[],int length)和 find_number(int a[],int length)函数返回数组中缺失的自然数,并比较了 $O(n)$时间复杂度和 $O(n^2)$的实际耗时,运行效果如图 2.5 所示。

```
数组a:12 10 6 5 4 7 8 9 2 11 1 缺失的数字:3
数组b:1 2 3 4 5 6 7 8 10 11 12 缺失的数字:9
线性复杂度算法找出缺失的50001耗时（毫秒）:0
多项式复杂度找出缺失的50001耗时（毫秒）:2189
```

图 2.5　寻找缺失的数字

ch2_5. cpp

```
#include <iostream>
#include <time.h>
int find_lost_number(int [],int);
int find_missing_number(int [],int);
int find_number(int [],int);
int main(){
    int a[] = {12,10,6,5,4,7,8,9,2,11,1};                       //缺失 3
    int b[] = {1,2,3,4,5,6,7,8,10,11,12};                       //缺失 9
    int length = sizeof(a) / sizeof(int);
    std::cout <<"数组 a:";
    for(int i = 0;i < length;i++) {
        std::cout << a[i]<<" ";
    }
    std::cout <<"缺失的数字:"<< find_lost_number(a,length)<< std::endl;
    std::cout <<"数组 b:";
    for(int i = 0;i < length;i++) {
        std::cout << b[i]<<" ";
    }
    length = sizeof(b) / sizeof(int);
    std::cout <<"缺失的数字:"<< find_missing_number(b,length)<< std::endl;
    int c[100000];
    for(int i = 0;i < 50000;i++){
      c[i] = i + 1;
    }
    for(int i = 50000;i < 100000;i++){
      c[i] = i + 2;                                              //让数组中缺失的数是 50001
    }
    int start = clock(); // 开始执行的时间点
    length = sizeof(c) / sizeof(int);
    int number = find_lost_number(c,length);
    int end = clock();
    std::cout <<"线性复杂度算法找出缺失的"<< number <<"耗时(毫秒):"<< end - start << std::endl;
    start = clock();                                             // 开始执行的时间点
    number = find_number(c,length);
    end = clock();
    std::cout <<"多项式复杂度找出缺失的"<< number <<"耗时(毫秒):"<< end - start << std::endl;
    return 0;
}
```

3. $O(n^2)$复杂度

如果算法中的基本操作被执行的总次数 $T(n)$依赖于一个正整数 n,会随着 n 的增大以 n 的 k 次多项式增大,那么将算法的时间复杂度记作 $O(n^k)(k\geqslant 2)$。$O(n^k)(k\geqslant 2)$复杂度也称多项式复杂度,即 $T(n)$是 n 的多项式函数:$T(n)=a_kn^k+a_{k-1}n^{k-1}+\cdots+a_1n+a_0$,其中 a_m $(0\leqslant m\leqslant k,k\geqslant 2)$是常数,并且 $a_k\neq 0$。多项式复杂度大于线性复杂度。$O(n^2)$和 $O(n^3)$是常

见的复杂度。

例 2-6 输出乘积表。

本例的 multi.cpp 中的 multi(int n)函数输出：

1×1 = 1

1×2 =2　　2×2 =4

1×3 =3　　2×3=6　　3×3 = 9

……

multi(int n)函数的时间复杂度是 $O(n^2)$、空间复杂度是 $O(1)$。

multi.cpp

```
#include <iostream>
void multi(int n) {
    for(int i = 1;i <= n;i++) {
        for(int j = 1;j <= i;j++) {
            std::cout << " " << j << " × " << i << " = " << j * i;
        }
        std::cout << std::endl;
    }
}
```

multi.cpp 中的 multi(int n)函数里 for 语句中嵌套了 for 语句，形成双层循环。

外循环中的关系表达式 i<=n 和算术表达式 i++都被重复执行了 $n+1$ 次。内循环中的关系表达式 j<=i 和算术表达式 j++都被重复执行了

$$1+2+\cdots+(n+1)=n^2/2+3n/2+3/2$$

次，语句“std::cout << j << " × " << i << " = " << j * i;”被重复执行了

$$1+2+\cdots+n=n^2/2+n$$

次。算法中被重复执行的基本操作总次数是一个依赖于 n 的一个二次多项式：

$$3n^2/2+5n+5$$

所以时间复杂度是 $O(n^2)$。

算法中有两个局部变量 i,j，一个调用输出流的语句“std::cout << j << " × " << i << " = " << j * i;”执行完毕就释放内存，因此算法空间复杂度是 $O(1)$。

本例的 ch2_6.cpp 使用 multi.cpp 中的 multi(int n)函数输出了小九九乘法表，运行效果如图 2.6 所示。

```
1×1 = 1
1×2 = 2 2×2 = 4
1×3 = 3 2×3 = 6 3×3 = 9
1×4 = 4 2×4 = 8 3×4 = 12 4×4 = 16
1×5 = 5 2×5 = 10 3×5 = 15 4×5 = 20 5×5 = 25
1×6 = 6 2×6 = 12 3×6 = 18 4×6 = 24 5×6 = 30 6×6 = 36
1×7 = 7 2×7 = 14 3×7 = 21 4×7 = 28 5×7 = 35 6×7 = 42 7×7 = 49
1×8 = 8 2×8 = 16 3×8 = 24 4×8 = 32 5×8 = 40 6×8 = 48 7×8 = 56 8×8 = 64
1×9 = 9 2×9 = 18 3×9 = 27 4×9 = 36 5×9 = 45 6×9 = 54 7×9 = 63 8×9 = 72 9×9 = 81
```

图 2.6　输出乘法表

ch2_6.cpp

```
#include <iostream>
void multi(int);
int main(){
    multi(9);
    return 0;
}
```

例 2-7　起泡法排序。

本例的 bubble_sort. cpp 中的起泡排序函数 void sort(int a[],int n)的时间复杂度是 $O(n^2)$,空间复杂度是 $O(n)$。

bubble_sort. cpp

```
void sort(int a[],int n){
   for(int m = 0; m < n - 1;m++) {                    //起泡法
       for(int i = 0;i < n - 1 - m;i++){
           if(a[i]> a[i + 1]){
               int t = a[i + 1];
               a[i + 1] = a[i];
               a[i] = t;
           }
       }
   }
}
```

bubble_sort. cpp 中的 sort(int a[ ],int n)函数里的 for 语句中又嵌套了 for 语句,形成循环嵌套。

外循环中的关系表达式 m<n−1 和算术表达式 m++都被重复执行了 n 次(n 是数组 a 的长度)。内循环中的关系表达式 i<n−1−m 和算术表达式 i++都被重复执行了

$$n + n - 1 + \cdots + 1 = n^2/2 + n/2$$

次。if 分支语句中的表达式 a[i]>a[i+1]被重复执行了

$$n + n - 1 + \cdots + 1 = n^2/2 + n/2$$

次。这里可以忽略分支语句中语句的执行次数,不影响算法的复杂度。

sort(int a[ ],int n)算法中被重复执行的基本操作的总次数是一个依赖于 n 的二次多项式:

$$n^2 + 3n + 2$$

所以时间复杂度是 $O(n^2)$。

在算法中有 4 个局部变量和一个数组 a,数组 a 的长度是 n,因此算法空间复杂度是 $O(n)$。

```
排序前:
5 6 12 3 56 1 16
排序后:
1 3 5 6 12 16 56
```

图 2.7　起泡法排序

本例的 ch2_7. cpp 中使用 bubble_sort. cpp 中的 sort(int a[ ],int n)函数排序数组,运行效果如图 2.7 所示。

ch2_7. cpp

```
#include < iostream >
void sort(int [], int);
int main(){
   int a[] = {5,6,12,3,56,1,16};
   int length = sizeof(a)/sizeof(int);
   std::cout <<"排序前:\n";
   for(int i = 0;i < length;i++) {
      std::cout << a[i]<<" ";
   }
   sort(a,length);
   std::cout <<"\n 排序后:\n";
   for(int i = 0;i < length;i++) {
      std::cout << a[i]<<" ";
   }
   std::cout <<"\n";
```

```
    return 0;
}
```

4. $O(2^n)$复杂度

如果算法中的基本操作被执行的总次数 $T(n)$依赖一个正整数 n，会随着 n 的增大以 2 的指数式增大，那么将算法的时间复杂度记作 $O(2^n)$。$O(2^n)$复杂度也称指数复杂度。指数复杂度大于多项式复杂度。时间复杂度是指数复杂度 $O(2^n)$的某些算法会在一些递归算法中出现（见例 3-2、例 3-11）。

例 2-8 输出 $1\sim 2^n$ 的整数。

本例 out_put_number. cpp 中的 out_put(int n)函数输出 $1\sim 2^n$ 的整数，时间复杂度是 $O(2^n)$，空间复杂度是 $O(1)$。

out_put_number. cpp

```
#include < iostream >
void out_put(int n){
    long m = 2;
    for(int i = 0;i < n - 1;i++) {
        m = m<<1 ;
    } //循环结束后 m 的值是 2 的 n 次幂
    for(int i = 1; i < = m;i++) {
        std::cout << i <<"    ";
    }
    std::cout << std::endl;
}
```

第 1 个 for 语句的关系表达式 i<n−1 和算术表达式 i++被重复执行了 n 次。赋值语句“m=m << 1;”被重复执行了 $n-1$ 次，使得 m 的值是 2 的 n 次幂。第 2 个 for 语句的关系表达式 i<=m 和算术表达式 i++被重复执行了 $m+1$ 次，即 2^n+1 次。语句”std::cout <<"i <<";”被重复执行了 m 次，即 2^n 次。

算法中被执行的基本操作总数

$$T(n)=3\times 2^n+3\times n+1$$

中含有一个依赖于 n 的幂函数，因此算法的时间复杂度是 $O(2^n)$。

在算法中有 3 个局部变量 n、m 和 i，一个语句“std::cout << i <<"   "”；执行完毕就释放内存，因此算法空间复杂度是 $O(1)$。

例 2-8 的 ch2_8. cpp 中使用 out_put_number. cpp 中的 out_put(int n)函数输出了 $1\sim 2^8$ 的数，运行效果如图 2.8 所示。

```
1  2  3  4  5  6  7  8  9  10  11  12  13  14  15  16  17  18  19  20  21  22  23  24  25  26  27  28  29  30  31  32  3
3  34  35  36  37  38  39  40  41  42  43  44  45  46  47  48  49  50  51  52  53  54  55  56  57  58  59  60  61  62  6
3  64  65  66  67  68  69  70  71  72  73  74  75  76  77  78  79  80  81  82  83  84  85  86  87  88  89  90  91  92  9
3  94  95  96  97  98  99  100  101  102  103  104  105  106  107  108  109  110  111  112  113  114  115  116  117  118
  119  120  121  122  123  124  125  126  127  128  129  130  131  132  133  134  135  136  137  138  139  140  141  142
  143  144  145  146  147  148  149  150  151  152  153  154  155  156  157  158  159  160  161  162  163  164  165  166
  167  168  169  170  171  172  173  174  175  176  177  178  179  180  181  182  183  184  185  186  187  188  189  190
  191  192  193  194  195  196  197  198  199  200  201  202  203  204  205  206  207  208  209  210  211  212  213  214
  215  216  217  218  219  220  221  222  223  224  225  226  227  228  229  230  231  232  233  234  235  236  237  238
  239  240  241  242  243  244  245  246  247  248  249  250  251  252  253  254  255  256  Press any key to continue
```

图 2.8 输出 $1\sim 2^8$ 的数

ch2_8. cpp

```
void out_put(int);
int main(){
    out_put(8);
    return 0;
}
```

5. $O(\log_2 n)$复杂度

如果算法中的基本操作被执行的总次数 $T(n)$依赖一个正整数 n，会随着 n 的增大以对数式增大，那么将算法的时间复杂度记作 $O(\log_2 n)$。$O(\log_2 n)$复杂度也称对数复杂度(以 2 为底的对数)。对数复杂度大于 $O(1)$复杂度，小于 $O(n)$复杂度。

例 2-9　二分法。

本例 find_number. cpp 中的 binary_search(int array[],int n,int number)函数是经典的二分法，其时间复杂度是 $O(\log_2 n)$、空间复杂度是 $O(n)$。

find_number. cpp

```
int binary_search(int array[ ], int n, int number) {
   int start = 0,
   end = n;                          //n 是数组 array 的长度
   while(start <= end) {
        int mid = (start + end)/2;
        int mid_value = array[mid];
        if(number < mid_value){
             end = mid - 1;
        }
        else if(number > mid_value){
             start = mid + 1;
        }
        else {
             return mid;             //number 在数组中,返回索引值
        }
    }
    return - (start + 1);            //number 不在数组中,返回的是负数
}
```

判断一个数 number 是否在长度是 n 的有序数组(升序)中，二分法(也称折半法)采用的思想是：判断 number 是否是数组中间元素的值，如果是中间元素的值，算法结束，否则在数组的后半部分或前半部分组成的数组中继续判断 number 是否是中间元素的值，如此反复，就会判断出 number 是否是最初数组的某个元素值。

二分法的特点是，处理的数据量每次减少一半，即第 k 次是判断 number 是否是长度为 $n/2^k(k\geqslant 0)$的数组中的元素值。

k 的最大可能取值就是使得数组的长度为 1。也就是说，当 $n/2^k=1$ 时一定能判断出 number 是否是数组中的元素值。因此 while 循环的体循环被执行的次数 k 满足 $n/2^k=1$，即 $k=\log_2 n$。

循环体中的基本操作是有限多个，比如 m 个。依据上面的分析，那么基本操作总数为：

$$T(n)=m\log_2 n$$

其中 m 是常量。所以 binary_search(int array[],int n,int number)(二分法)的时间复杂度是 $O(\log_2 n)$。

算法中影响空间复杂度的是一维数组 array 的长度 n，因此空间复杂度是 $O(n)$。

本例的 ch2_9. cpp 使用 find_number. cpp 中的 binary_search(int array[],int n,int number)函数，判断某个数是否是数组的元素值。为了排序数组，ch2_9. cpp 使用了例 2-7 的 bubble_sort. cpp 中的起泡排序函数 void sort(int a[],int n)，运行效果如图 2.9 所示。

ch2_9. cpp

```
#include <iostream>
void sort(int [], int );                         //例 2 - 7 的 bubble_sort.cpp 中的函数
```

```
int binary_search(int [],int ,int );
int main(){
   int number[] = {-11,128,11,129,289};
   int a[] = {128,129,199,200,289,-11,1,12,56,89,100,128};
   int length = sizeof(a)/sizeof(int);
   sort(a,length);
   for(int i=0;i<length;i++)
        std::cout << a[i]<<"   ";
   int m = sizeof(number)/sizeof(int);
   for(int i=0;i<m;i++) {
      int index = binary_search(a,length,number[i]);
      if(index < 0 )
         std::cout <<"\n"<< number[i]<<"不在数组中."<< std::endl;
      else
          std::cout <<"\n"<< number[i]<<"在数组中,索引位置是"<< index <<"."<< std::endl;
   }
   return 0;
}
```

```
-11   1   12   56   89   100   128   128   129   199   200   289
-11在数组中,索引位置是0.

128在数组中,索引位置是6.

11不在数组中.

129在数组中,索引位置是8.

289在数组中,索引位置是11.
```

图 2.9　使用二分法查找数据

例 2-10　欧几里得算法。

本例 euclidean. cpp 中的 int gcd(int n,int m)函数返回两个正整数 m 和 n 的最大公约数，是经典的欧几里得算法，又称辗转相除算法，其时间复杂度是 $O(\log_2 n)$，空间复杂度是 $O(1)$。

euclidean. cpp

```
#include <math.h>
int gcd(int n,int m){
    n = abs(n);
    m = abs(m);
    int r = 0;                        //存放余数
    while(n % m != 0 ){
        r = n%m;
        n = m;
        m = r;
    }
    return m;
}
```

影响 int gcd(int m,int n)复杂度的主要代码是下列的 while 语句中的基本语句：

```
while(n % m != 0 ){
    r = n%m;
    n = m;
    m = r;
}
```

由于 $n\%m$ 小于 $n/2$，即辗转相除都会使得 n 的值至少减少一半，那么计算复杂度就类似例 2-9 中的二分法。while 循环的循环体被执行的次数不会超过 k，其中 k 满足 $n/2^k=1$，即 $k=\log_2 n$。循环体中的基本操作只有 4 个，关系表达式 $n\%m!=0$ 和 3 个赋值语句，因此，while 循环中基本操作被执行的总次数小于或等于 $4\times\log_2 n$。所以 int gcd(int m,int n)函数

（即欧几里得算法）的时间复杂度是 $O(\log_2 n)$。

int gcd(int m,int n)函数中只有 3 个局部变量，所占内存不依赖于一个正整数，所以空间复杂度是 $O(1)$。

本例的 ch2_10.cpp 中使用欧几里得算法 int gcd(int m,int n) 输出两个正整数的最大公约数，并输出了一个小数的分数表示，运行效果如图 2.10 所示。

```
6,12的最大公约数:6
63,42的最大公约数:21
0.0125的分数表示: 1/80
```

图 2.10 求最大公约数

ch2_10.cpp

```
#include <iostream>
#include <string.h>
#include <math.h>
int gcd(int ,int);
int main(){
    int a =6,b =12;
    std::cout << a <<","<< b <<"的最大公约数:"<< gcd(a,b)<< std::endl;
    a = 63;
    b = 42;
    std::cout << a <<","<< b <<"的最大公约数:"<< gcd(a,b)<< std::endl;
    std::string str = "0.0125";
    std::string fraction_part = str.substr(str.find('.') + 1);        //得到小数部分
    int m = fraction_part.length(); //m 是小数部分的位数(长度)
    char char_array[10000];
    //strcpy 将 string 中的字符复制到 char 数组中:
    strcpy(char_array, fraction_part.c_str());
    b = atoi(char_array); //分子,atoi()函数将字符转化为一个 int 型整数
    a = (int)pow(10,m);                                               //分母
    int number = gcd(a,b);                                            //最大公约数
    b = b/number;                                                     //约分后的分子
    a = a/number;                                                     //约分后的分母
    std::cout << str <<"的分数表示:"<< b <<"/"<< a << std::endl;
    return 0;
}
```

注意：std::string 的 c_str()函数返回一个指向以空字符结尾的字符数组的指针，该字符数组包含了 std::string 对象中的内容。这个函数通常用于将 std::string 对象转换为以空字符结尾的字符数组。

6. $O(n\log_2 n)$复杂度

如果算法中的基本操作被执行的总次数 $T(n,m)$依赖两个正整数 m,n，并且会随着 m,n 的增大以对数和线性乘积的形式增大，那么将算法的时间复杂度记作 $O(n\log_2 m)$。由于 m 和 n 都是要趋于无穷大的正整数，所以 $O(n\log_2 m)$也记作 $O(n\log_2 n)$。

如果一个函数里又调用了其他函数，即一个算法又包含另外一个算法，那么该函数的复杂度和它包含的函数复杂度相关，需要合并考查复杂度。如果调用这个函数的执行时间和所占内存的大小都不依赖于正整数 n，即所包含的函数的时间复杂度和空间复杂度是 $O(1)$，那么可以认为这个函数的调用是一个基本操作，例如 std::cout <<"hello"属于基本操作。

例 2-11 使用二分法查找一个数组在另一个数组中的值。

本例 data_in_array.cpp 中的 void find_data_in_array(int a[],int m,int b[],int n)函数使用二分法查找数组 b 中哪些元素值在数组 a 中，并输出这些数组元素的值，其时间复杂度是 $O(n\log_2 n)$，空间复杂度是 $O(n)$（n 是数组的长度）。

data_in_array. cpp

```
#include <iostream>
int binary_search(int[],int,int);    //例 2-9 中的 binary_search(int [],int,int)
void find_data_in_array(int a[],int m,int b[],int n){
    for(int i = 0;i < n;i++){
        int index = binary_search(a,m,b[i]);
        if(index >= 0)
            std::cout <<" "<< b[i];
    }
    std::cout << std::endl;
}
```

影响算法复杂度的主要操作是 binary_search(a,m,b[i]),所以必须把该操作与当前函数合并一起来计算复杂度。binary_search(a,m,b[i])的复杂度是 $O(\log_2 n)$(n 是数组 a 的长度,见例 2-9),那么不难计算出 void find_data_in_array(int a[],int m,int b[],int n)的时间复杂度是 $O(n\log_2 n)$,空间复杂度是 $O(n)$(n 是数组的长度)。

本例的 ch2_11. cpp 输出了数组 b 在数组 a 中的元素值,运行效果如图 2.11 所示。

```
数组a:33 12 90 6 26 -9 100 88
数组b:12 33 100 28 26 3 7 -9 80
数组b在数组a中的元素值:
 12  33  100  26  -9
```

图 2.11　数组 b 在数组 a 中的元素值

ch2_11. cpp

```
#include <iostream>
void find_data_in_array(int[],int,int[],int);
void sort(int [],int);                          //例 2-7 的 sort()函数
int main(){
    int a[] = {33,12,90,6,26,-9,100,88};
    int b[] = {12,33,100,28,26,3,7,-9,80};
    std::cout <<"数组 a:";
    int a_length = sizeof(a)/sizeof(int);
    int b_length = sizeof(b)/sizeof(int);
    for(int i =0;i < a_length;i++){
        std::cout << a[i]<<" ";
    }
    std::cout <<"\n 数组 b:";
    for(int i =0;i < b_length;i++){
        std::cout << b[i]<<" ";
    }
    std::cout <<"\n 数组 b 在数组 a 中的元素值:\n";
    sort(a,a_length);                           //见例 2-7 的 sort()函数
    find_data_in_array(a,a_length,b,b_length);
    std::cout << std::endl;
    return 0;
}
```

例 2-12　数组所有元素值的最大公约数。

本例的 gcd_in_array. cpp 中的 gcd_in_array(int a[],int n)函数,返回数组 a 的所有元素值的最大公约数,其时间复杂度是 $O(n\log_2 n)$,空间复杂度是 $O(n)$。

gcd_in_array. cpp

```
int gcd(int,int);                           //例 2-10 中的求最大公约数的函数
int gcd_in_array(int a[],int n) {           //返回 a 的所有元素值的最大公约数
    int m = a[0];
    for(int i = 0;i < n;i++){
        m = gcd(m,a[i]);
    }
```

```
    return m;
}
```

影响算法复杂度的主要操作是 gcd(m,a[i]),所以必须把该操作与当前函数合并一起来计算复杂度。gcd(m,a[i])的复杂度是 $O(\log_2 n)$(见例 2-10),那么不难计算出 gcd_in_array(int a[],int n)的时间复杂度是 $O(n\log_2 n)$。数组的长度是 n,所以空间复杂度是 $O(n)$。

本例的 ch2_12.cpp 中使用 gcd_in_array(int a[],int n)函数以及起泡排序函数 sort()(见例 2-7)输出包含多个互不相同的正整数的最短等差数列,运行效果如图 2.12 所示。

```
包含:
6 12 20 26 30 36
的最短等差数列:6  8  10  12  14  16  18  20  22  24  26  28  30  32  34  36
等差数列的项数:16
```

图 2.12 包含多个正整数的最短等差数列

ch2_12.cpp

```
#include <iostream>
void sort(int [],int);                                    //见例 2-7
int gcd_in_array(int [],int);
int main(){
    int number[] = {6,30,36,20,26,12};
    sort(number,6);
    int sub[5];
    for(int i = 0;i < 5;i++) {
            sub[i] = number[i+1] - number[i];
    }
    int common_difference = gcd_in_array(sub,5);
    int item_amount = (number[5] - number[0])/common_difference + 1;
    std::cout <<"包含:\n";
    for(int i = 0;i < 6;i++){
      std::cout << number[i]<<" ";
    }
    std::cout <<"\n 的最短等差数列:";
    for(int i = 0;i < item_amount;i++) {
       int item = number[0] + i * common_difference;
       std::cout << item <<" ";
    }
    std::cout <<"\n 等差数列的项数:"<< item_amount << std::endl;
    return 0;
}
```

7. 复杂度比较

按照复杂度的比较规则(见 2.2 节):

如果 $f(n)/g(n)(n=1,2\cdots)$的极限是正数,$O(f(n))$和 $O(g(n))$是相同的复杂度。

如果 $f(n)/g(n)(n=1,2\cdots)$的极限是 0, $O(f(n))$的复杂度低于 $O(g(n))$的复杂度。

如果 $f(n)/g(n)(n=1,2\cdots)$的极限是无穷大,$O(f(n))$的复杂度高于 $O(g(n))$的复杂度。

复杂度从小到大的顺序是:

$$O(1),O(\log_2 n),O(n),O(n\log_2 n),O(n^2),O(n^3),O(2^n)$$

程序中大部分算法都是这些复杂度中之一,除非特别需要,后续章节不再给出每个函数的复杂度。

习题 2

扫一扫

习题

扫一扫

自测题

第 3 章 递归算法

本章主要内容

- 递归算法简介；
- 线性递归与非线性递归；
- 问题与子问题；
- 递归与迭代；
- 多重递归；
- 经典递归；
- 优化递归。

递归算法是非常重要的算法，是很多算法的基础。递归算法不仅能使代码优美简练，容易理解解决问题的思路或发现数据的内部逻辑规律，而且具有很好的可读性。递归算法是分治算法思想的重要体现，或者说分治算法思想来源于递归：将规模大的问题逐步分解成规模小的问题，最终解决整个问题。与排序算法不同，许多经典的排序算法已经日臻完善，在许多应用中只需选择一种排序算法直接使用即可(见第 4 章和第 12 章)，而对于递归算法，只有真正理解递归算法内部运作机制的细节，才能针对实际问题写出正确的递归算法。所以本书单独设一章讲解递归算法。

3.1 递归算法简介

一个函数在执行过程中又调用了自身，形成了递归调用，这样的函数被称为递归函数或递归算法。递归函数是一个递归过程，函数调用自身一次、就是一次递归。每一次递归又导致函数调用自身一次，形成下一次递归。结束递归需要条件，当这个条件满足时递归过程会立刻结束，即在某次递归中函数不再调用自身，结束递归。如果在某次递归中函数不再调用自身，那么此次递归就是函数最后一次调用自身，从递归开始到函数最后一次调用自身，函数被调用的总数记作 $R(n)$，那么 $R(n)$是依赖于一个正整数 n 的函数。

假设函数名是 f，下面进一步说明递归过程中的压栈和弹栈的细节。

递归函数 f 的递归过程是这样的：第 k 次调用 f 需要等待第 $k+1$ 次调用 f 结束执行后才能结束本次调用的执行。那么第 $R(n)$次(最后一次)调用 f 结束执行后，就会依次使得第 k 次调用 f 结束执行($k=R(n)-1, R(n)-2, \cdots, 1$)，如图 3.1 所示。

函数被调用时，函数的(入口)地址会被压入栈(栈是一种先进后出的结构)中，称为压栈操作，同时函数的局部变量被分配内存空间。函数调用结束，会进行弹栈，称为弹栈操作，同时释放函数的局部变量所占的内存。递归过程的压栈操作会导致栈的长度不断变大，而弹栈操作会导致栈的长度不断变小，最终使栈的长度为 0，如图 3.2 所示，其中用函数的名字 f，表示函数的地址。

1. 时间复杂度

递归函数是一个递归过程，从递归开始到递归结束，函数被调用的总数 $R(n)$是依赖于一

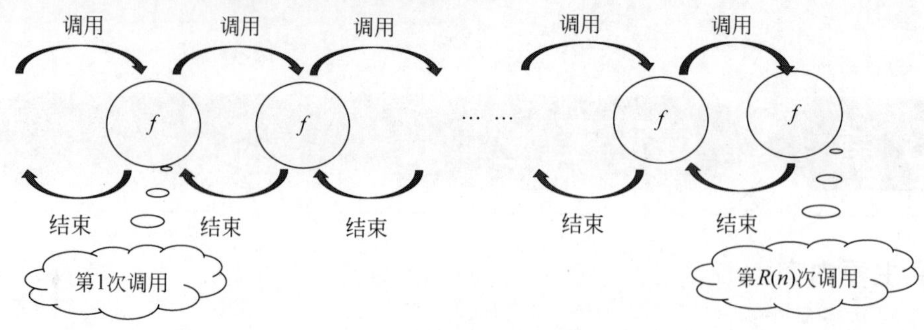

图 3.1　递归执行过程

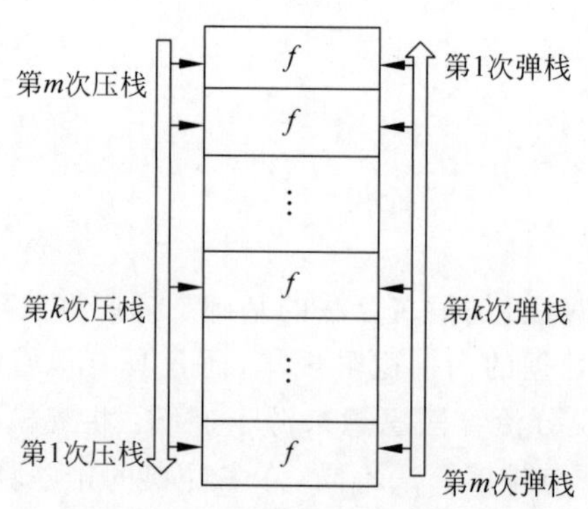

图 3.2　递归过程中的压栈、弹栈

个正整数 n 的函数。那么递归函数中基本操作被执行的总次数 $T(n)$就依赖于递归的总次数 $R(n)$和每次递归时基本操作被执行的总次数。因此要针对具体的递归函数计算其时间复杂度。

2. 空间复杂度

递归过程的压栈操作增加栈的长度，而弹栈操作减小栈的长度。需要注意的是，递归过程中压栈操作和弹栈操作可能交替地进行，直到栈的长度为 0（见例 3-2），所以需要计算出递归过程中某一时刻（某一次递归）栈出现的最大长度和每次递归中函数的局部变量所占的内存空间，即计算出栈的最大长度以及局部变量所占的全部内存空间，明确它们与依赖的正整数之间的关系，才能知道空间复杂度。大部分递归的空间复杂度通常是 $O(n)$，但也有的递归是 $\log_2 n$（见例 3-7）。

注意：递归会让栈的长度不断发生变化，如果栈的长度较大可能导致栈溢出，使得进程（运行的程序）被操作系统终止。

3.2　线性递归与非线性递归

3.2.1　线性递归

线性递归是指每次递归时函数调用自身一次。

例 3-1　判断一年的第 n 天是星期几。

为了知道一年的第 n 天是星期几，需要知道第 $n-1$ 天是星期几。本例中 week.cpp 中的函数 f(int n)是一个递归函数，即 $f(n)$需要等待 $f(n-1)$返回的值，才能计算出自己的返回值，即才会知道第 n 天是星期几，这就形成了递归调用。f(int n)函数可以返回一年的第 n 天是星期几,其中返回值是 0 表示星期日,返回值是 1 表示星期一,……,返回值是 6 表示星期六。

week. cpp

```
int f(int n, int startWeekDay) {
   if(n == 1){                              //n的值是1,代表元旦
       return startWeekDay;                 //元旦的星期数
   }
   else {
       return (f(n - 1,startWeekDay) + 1) % 7;
   }
}
```

递归函数 f(int n)递归过程中的示意图如图 3.3 所示,向下方向的弧箭头表示函数被调用,向上方向的直箭头表示函数调用结束。图 3.4 示意了递归过程中压栈、弹栈操作产生的最长的栈。

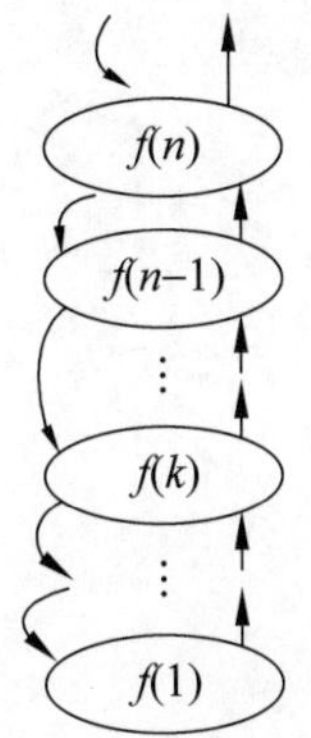

图 3.3 递归过程中函数的调用和结束

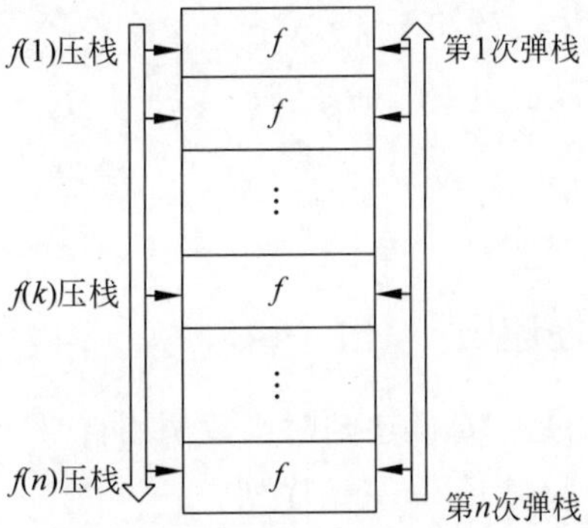

f(1)压栈 f 第1次弹栈
f
⋮
f(k)压栈 f
⋮
f(n)压栈 f 第n次弹栈

图 3.4 递归过程中最长栈的长度是 n

递归函数 f(int n)的递归的总次数:

$$R(n)=n$$

每次递归只有两个基本操作,一个是关系表达式 n==1,另一个是 return 语句,所以递归函数 f(int n)执行的基本操作总数是 $2\times n$,即递归结束后,执行的基本操作总数是 $2\times n$,因此 f(int n)时间复杂度是 $O(n)$。

在递归的压栈操作过程中得到的栈的最大长度是 $R(n)=n$,每次递归只有两个局部变量:参数 n 和 startWeekDay,所占用的总内存是一个常量,例如 C,因此递归过程中占用的最大内存是 $C\times n$,所以空间复杂度是 $O(n)$。

可以把本例的递归算法类比为,如果你忘记了今天是星期几,就需要知道昨天是星期几,如此这般地向前翻日历,使得手中的日历越来越厚(相当于递归中的压栈,导致栈的长度在增加),直到翻到了某个日历页上显示了星期几,就结束翻阅日历(相当于结束压栈),然后一页一页地撕掉日历(相当于弹栈),撕掉日历的过程中,日历上出现了星期数,例如星期日、星期五等,即函数依次计算出自己的返回值。不断地撕掉日历退回到今天,就知道了今天是星期几。

如果元旦是星期一.
第168天是星期日.

图 3.5 使用递归算法输出星期

本例的 ch3_1. cpp 中,假设元旦是星期一,输出这一年的第 168 天是星期日,运行效果如图 3.5 所示。

ch3_1. cpp

```
#include < iostream >
int f(int n, int startWeekDay);
```

```
int main() {
    int day = 168;                              //第 168 天
    int m = f(day,1);                           //1 表示星期一,即设元旦是星期一
    std::cout <<"\n 如果元旦是星期一.";
    switch(m){
        case 0: std::cout <<"\n 第"<< day <<"天是星期日."<< std::endl;
                break;
        case 1: std::cout <<"\n 第"<< day <<"天是星期一."<< std::endl;
                break;
        case 2: std::cout <<"\n 第"<< day <<"天是星期二."<< std::endl;
                break;
        case 3: std::cout <<"\n 第"<< day <<"天是星期三."<< std::endl;
                break;
        case 4: std::cout <<"\n 第"<< day <<"天是星期四."<< std::endl;
                break;
        case 5: std::cout <<"\n 第"<< day <<"天是星期五."<< std::endl;
                break;
        case 6: std::cout <<"\n 第"<< day <<"天是星期六."<< std::endl;
                break;
        default: std::cout << std::endl;
    }
    return 0;
}
```

3.2.2 非线性递归

非线性递归是指每次递归时函数调用自身 2 次或 2 次以上。

例 3-2 递归与 Fibonacci 序列。

Fibonacci 序列的特点是，前 2 项的值都是 1，从第 3 项开始，每项的值是前两项值的和。Fibonacci 序列如下：

1，1，2，3，5，8，13，21，…

本例 fibonacci.cpp 中的函数 f(long n)返回参数 n 指定的 Fibonacci 序列第 n 项的值。$f(n)$需要知道第 $n-1$ 项的值和第 $n-2$ 项的值，即需要 $f(n-1)$和 $f(n-2)$的返回值，这就形成了递归调用，即 f(long n)是一个递归函数。

fibonacci.cpp

```
long f(long n){
    long result = -1;
    if(n==1||n==2) {
        result = 1;
    }
    else if(n>=3){
        result = f(n-1) + f(n-2);
    }
    return result;
}
```

递归过程中，每次递归时函数调用自身两次，使得每次递归出现了两个递归“分支”，然后选择一个分支，继续递归，直到该分支递归结束，再沿着下一分支继续递归，当两个分支都递归结束，递归过程才结束，而且递归过程交替地进行压栈和弹栈操作，直至栈的长度为 0。

递归过程可以用一个二叉树来刻画，二叉树的结点数目恰好是递归总数，如图 3.6 所示。该二叉树至少有 2^k-1 个结点($k<n$)，k 随着 n 的增大而增大。例如，参数 n 的值是 6 时(即求第 6 项的值时)，调用函数的总次数(即递归的总次数)是 $2^4-1(n=6,k=4)$。在递归过程

中 f(long n)被调用(压栈)和结束执行(弹栈),其中向下方向的弧箭头表示函数被调用(压栈),向上方向的直箭头表示函数结束(弹栈)。

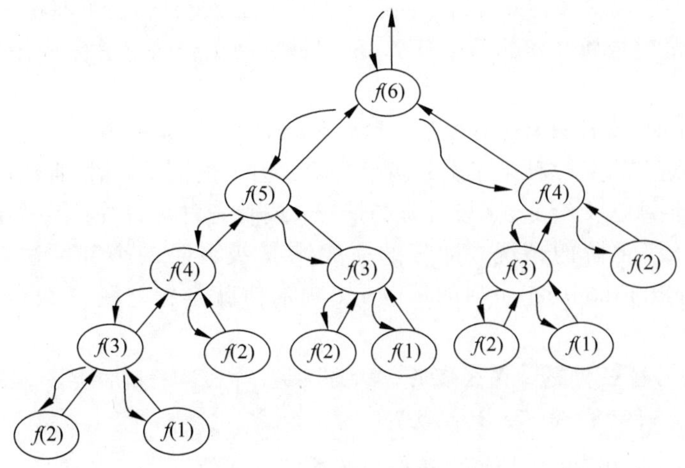

图 3.6 递归过程的二叉树示意图

k 随着 n 的增大而增大,在计算时间复杂度时可以设 $R(n)=2^n-1$,而每次递归的基本操作只有一个加法操作和一个"return"语句,即每次递归有两个基本操作,因此 f(long n)的执行过程(即递归过程)产生的基本操作的总次数 $T(n)$ 为

$$T(n)=R(n)=2\times(2^n-1)=2^{n+1}-2$$

所以 f(long n)的时间复杂度是 $O(2^n)$。

递归过程是按照两个"分支"分别进行的,一个分支的递归结束(压栈、弹栈结束),再进行另一个分支的递归。递归形成的二叉树至少有 2^k-1 个结点($k<n$),那么树的高度(或叫深度)至少是 k(这是二叉树的简单规律)。递归过程中交替进行压栈和弹栈操作,因此递归过程中栈的最大长度大于 k 小于 n,由于 k 随着 n 的增大而增大,因此 f(long n)的空间复杂度是 $O(n)$。图 3.6 中左侧的递归分支产生的压栈过程得到的最长栈如图 3.7 所示。

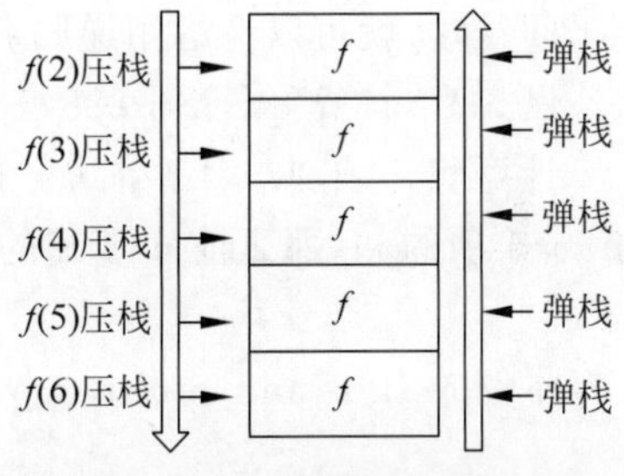

图 3.7 递归过程中的最长栈

注意:图 3.7 中 $f(2)$ 弹栈后,$f(3)$ 不马上弹栈,而是将 $f(1)$ 压栈,即 $f(1)$ 入栈。压栈和弹栈如此交替进行,直到递归结束。

Fibonacci序列第22项是17711
黄金分割近似值:0.618(保留3位小数)

图 3.8 计算 Fibonacci 的某一项

本例的 ch3_2. cpp 中使用 fibonacci. cpp 中的递归函数 f(long n)输出 Fibonacci 序列的第 22 项,并计算了黄金分割的近似值,运行效果如图 3.8 所示。

ch3_2. java

```
#include <iostream>
long f(long);                               //fibonacci.cpp 中的递归函数 f(long n)
int main() {
   long item = 22;
   printf("Fibonacci 序列第 %d 项是 %d\n",item,f(item));
   printf("黄金分割近似值: %.3f(保留 3 位小数)\n",(double)f(19)/f(20));
```

```
    return 0;
}
```

Fibonacci 序列可以解释青蛙跳台阶问题。假设有 n 级台阶,青蛙每次只可以跳一个台阶或两个台阶,问青蛙完成跳 n 级台阶的任务(跳到最后一个台阶上算完成任务)一共有多少种跳法?

当 n 的值是 1 时,青蛙只有 1 种跳法,即跳一个台阶。当 n 的值是 2 时,青蛙有 2 种跳法:一种是每次跳一个台阶,另一种是每次跳两个台阶。当 n 的值是 3 时,青蛙可以选择先跳一个台阶,剩下的可能性跳法交给 $n-1$ 级台阶的情况;或者青蛙可以先跳两个台阶,剩下的可能性跳法交给 $n-2$ 级台阶的情况。即青蛙完成跳 n 级台阶的全部跳法总数($n \geqslant 3$)满足 Fibonacci 序列,所以 Fibonacci 序列的第 $n+1$ 项的值就是青蛙跳 n 级台阶的全部跳法的总数。

注意:青蛙跳台阶使用递归是合理的,理由是跳台阶的各种可能性和起始方式有关,比如跳 4 级台阶。1,1,2 和 2,2 是不同的跳法。

从 Fibonacci 序列中还可以计算出黄金分割数的近似值:

$$f(n)/f(n+1) \quad (n=1,2,\cdots)$$

的极限是黄金分割数(0.618…,一个无理数)。

3.3 问题与子问题

一个问题的子问题就是数据规模比此问题的规模更小的问题。当一个问题可以分解成许多子问题时,就可以考虑用递归算法来解决这个问题。

例 3-3 计算 8+88+888+8888+…的前 n 项。

计算前 n 项和与计算前 $n-1$ 和就是问题和子问题的关系。如果解决了子问题,即算出了前 $n-1$ 项的和,那么前 n 项和的问题就解决了:前 n 项和等于前 $n-1$ 项的和乘以 10 再加上 $8\times n$。

本例的 sum_and_multi.cpp 中的递归函数 long sum(long a,int n)返回形如

$$a+aa+aaa+aaaa+\cdots$$

的前 n 项和(a 是 1~9 中的某个数字)。递归函数 long multi(long n)返回 n!(n 的阶乘)。

sum_and_multi.cpp

```
long sum(long a, int n){
    long result = 0;
    if(n == 1) {
       result = a;
    }
    else if(n >= 2) {
       result = sum(a,n-1) * 10 + n * a;
    }
    return result;
}
long multi(int n){
    long result = -1;
    if(n == 1) {
       result = 1;
    }
    else if(n >= 2) {
       result = multi(n-1) * n;
```

```
    }
    return result;
}
```

不难计算出 sum(long a,int n)和 multi(int n)的时间复杂度都是 $O(n)$。

本例的 ch3_3. cpp 使用 sum_and_multi. cpp 中的递归函数计算了 8+88+888+…的前 5 项的连续和以及 10!(10 的阶乘),运行效果如图 3.9 所示。

```
8+88+888+...+前5项和是98760
10的阶乘是3628800
```

图 3.9　计算连续和与阶乘

ch3_3. cpp

```
#include <iostream>
long sum(long,int);
long multi(int);
int main() {
    int a = 8,
    n = 5;
    int m = 10;
    printf("%d+%d%d+%d%d%d+...前%d项和是%d\n",
           a,a,a,a,a,a,n,sum(a,n));
    printf("%d的阶乘是%d\n",m,multi(m));
    return 0;
}
```

例 3-4　反转(倒置)字符序列。

本例中 reverse. cpp 中的递归函数 reverseString(const std::string& s)返回参数 s 中的反转(倒置)字符序列。倒置长度为 n 的字符序列 $s_1s_2\cdots s_n$,这一问题的子问题是反转长度为 $n-1$ 的字符序列:$s_2s_3\cdots s_n$,将字符 s_1 放在反转后的字符序列 $s_ns_{n-1}\cdots s_2$ 的后面,变成 $s_ns_{n-1}\cdots s_1$,就解决了反转长度为 n 的字符序列问题。这一问题的子问题也可以是反转长度为 $n-1$ 的字符序列:$s_1s_2\cdots s_{n-1}$,将字符 s_n 放在反转后的字符序列 $s_{n-1}s_{n-2}\cdots s_1$ 的前面变成 $s_ns_{n-1}\cdots s_1$,就解决了反转长度为 n 的字符序列问题。

reverse. cpp

```
#include <string>
std::string reverseString(const std::string& s){
    std::string result;
    if (s.length() <= 1) {
        result = s;
    }
    else {
        result = reverseString(s.substr(1)) + s[0];
    }
    return result;
}
```

不难计算出 reverseString(const std::string& s)的时间复杂度和空间复杂度都是 $O(n)$。

```
ABCDEFG
GFEDCBA
racecar是回文单词.
```

图 3.10　反转字符序列

本例的 ch3_4. cpp 使用 reverse. cpp 中的 reverseString (const std::string& s)得到一个字符序列的反转(倒置),并判断一个英文单词是否是回文单词(回文单词和它的反转相同),运行效果如图 3.10 所示。

ch3_4. cpp

```
#include <iostream>
#include <string>
```

```
std::string reverseString(const std::string&);
int main() {
    std::string str = "ABCDEFG";
    std::string reverse = reverseString(str);
    std::cout << str <<"\n"<< reverse << std::endl;
    str = "racecar";
    reverse = reverseString(str);
    if(str.compare(reverse) == 0){
        std::cout << str <<"是回文单词."<< std::endl;
    }
    else{
        std::cout << str <<"不是回文单词."<< std::endl;
    }
    return 0;
}
```

3.4 递归与迭代

递归的思想是根据上一次操作的结果来确定当前操作的结果,比如当前结果与上一次结果相同或需要根据上一次结果来确定本次操作的结果。迭代的思想是根据当前操作的结果来确定下一次操作的结果。对于解决相同的问题,递归代码简练,容易理解解决问题的思路或发现数据的内部逻辑规律,具有很好的可读性。迭代代码可能比较复杂,处理数据的过程也可能比较复杂,所以迭代代码不如递归简练。对于递归算法能解决的问题,也可以用迭代算法解决。由于迭代不涉及函数的递归调用,所以通常情况下递归算法的空间复杂度会大于迭代的复杂度,当递归过程的递归总数较大时会导致栈溢出。

例 3-5 计算圆周率的近似值。

下列无穷级数的和是圆周率的 1/4。

$$1-\frac{1}{3}+\frac{1}{5}-\frac{1}{7}+\cdots$$

本例的 computePI.cpp 中的 recursionMethod(int n)函数和 iterationMethod(int n)函数都用来返回圆周率的近似值。recursionMethod(int n)函数使用的是递归,iterationMethod(int n)函数使用的是迭代。

computePI.cpp

```
double recursionMethod(int n) {                         //递归函数
    double sum = 0;
    if(n == 1)
        sum = 1;
    else if(n % 2 == 0) {
        sum = recursionMethod(n - 1) - 1.0/(2 * n - 1);
    }
    else {
        sum = recursionMethod(n - 1) + 1.0/(2 * n - 1);
    }
    return sum;
}
double iterationMethod(int n) {                         //迭代函数
    double sum = 0;
    for(int i = 1;i <= n;i++){
        if(i % 2 == 0){
            sum = sum - 1.0/(2 * i - 1);
```

```
        }
        else {
            sum = sum + 1.0/(2 * i - 1);
        }
    }
    return sum;
}
```

不难计算出基于递归的 recursionMethod(int n)函数的时间复杂度和空间复杂度都是 $O(n)$。基于迭代的 iterationMethod(int n)函数的时间复杂度是 $O(n)$，空间复杂度是 $O(1)$。

```
递归计算圆周率(保留6位小数):3.141705
迭代计算圆周率(保留6位小数):3.141705
```

图 3.11　计算圆周率的近似值

本例的 ch3_5. cpp 使用 computePI. cpp 中的函数计算圆周率的近似值，运行效果如图 3.11 所示。

ch3_5. cpp

```
#include <iostream>
double recursionMethod(int);                              //递归函数
double iterationMethod(int);                              //迭代函数
int main() {
    int n = 8887;
    double pi = recursionMethod(n) * 4;
    printf("递归计算圆周率(保留 6 位小数): %.6f\n",pi);
    pi = iterationMethod(n) * 4;
    printf("迭代计算圆周率(保留 6 位小数): %.6f\n",pi);
    return 0;
}
```

注意：递归算法可能导致栈溢出，在 ch2_3. cpp 中，当 n 的值较大时递归算法会导致栈溢出。

例 3-6　判断某个数是否是数组的元素值。

例 2-9 的 find_number. cpp 中的 binary_search(int array[],int n,int number)函数使用迭代法判断 number 是否是数组 array 的元素值。本例的 search_number. cpp 中的 binary_search(int array[],int start,int end,int number)使用递归判断 number 是否是数组 array 的元素值，递归的时间复杂度是 $O(\log_2 n)$，空间复杂度是 $O(n)$（时间复杂度和空间复杂度和例 2-9 中的迭代函数 binary_search(int array[],int n,int number)的相同）。

search_number. cpp

```
int binary_search(int array[],int start,int end ,int number) {
    int mid = -1;
    int index = -1;
    mid = (start + end)/2;
    int midValue = array[mid];
    if(start > end){
       index = -1;
    }
    else if(number == midValue) {
       index = mid;
    }
    else if(number < midValue){
       end = mid - 1;
       index = binary_search(array,start,end,number);
    }
    else if(number > midValue){
       start = mid + 1;
```

```
        index = binary_search(array,start,end,number);
    }
    return index;
}
```

二分法在处理数据时处理的数据量每次减少一半，递归的总次数 k 的最大可能取值就是使得数组的长度是 1(见例 2-9)，即

$$\frac{n}{2^k}=1,\quad k=\log_2 n$$

所以递归的总次数 $R(n)$ 的最大取值是 $\log_2 n$。由于每次递归的基本操作总数是一个常量，例如 C，因此递归过程的基本操作的总次数

$$T(n)=C\times\log_2 n$$

所以 binary_search(int array[],int start,int end ,int number)的时间复杂度是 $O(\log_2 n)$。

算法中影响空间复杂度的是一维数组 array 的长度 n，因此空间复杂度是 $O(n)$。

本例的 ch3_6. cpp 使用 binary_search(int array[], int start,int end ,int number)函数判断一些数是否是数组 array 的元素值，运行效果如图 3.12 所示(本例 3-6 使用了例 2-7 的 bubble_sort. cpp 中的 sort(int a[],int n)函数)。

```
-11 1 12 56 89 100 128 128 129 199 200 289
-11在数组中,数组索引位置是0
128在数组中,数组索引位置是6
11不在数组中
129在数组中,数组索引位置是8
289在数组中,数组索引位置是11
```

图 3.12　判断某个数是否在数组中

ch3_6. cpp

```
#include <iostream>
void sort(int [],int);
int binary_search(int [],int,int,int);
int main() {
    int number [] = {-11,128,11,129,289};
    int a[] = {128,129,199,200,289,-11,1,12,56,89,100,128};
    int number_length = sizeof(number)/sizeof(int);
    int a_length = sizeof(a)/sizeof(int);
    sort(a,a_length);
    for(int i = 0;i < a_length;i++){
        std::cout << a[i]<<" ";
    }
    std::cout << std::endl;
    for(int i = 0;i < number_length;i++) {
        int index = binary_search(a,0,a_length,number[i]);
        if(index == -1)
          printf("%d不在数组中\n",number[i]);
        else
          printf("%d在数组中,数组索引位置是%d\n",number[i],index);
    }
    return 0;
}
```

例 3-7　求两个正整数的最大公约数。

例 2-10 的 euclidean. cpp 中的 int gcd (int n,int m)函数返回两个正整数 m 和 n 的最大公约数使用的是迭代。本例中的 euclidean. cpp 的 int gcd(int n,int m)函数使用的是递归。两者都是求两个正整数的最大公约数，但例 2-10 中的 int gcd(int n,int m)函数(迭代法)的空间复杂度是 $O(1)$，这里的递归函数 int gcd(int n,int m)的空间复杂度是 $O(\log_2 n)$。二者的时间复杂度都是 $O(\log_2 n)$。

本例的 int gcd (int n,int m)函数的代码要比例 2-10 中的函数更能简练地体现辗转相除:

如果 $n\%m(n\geqslant m)$不是 0,那么 n 和 m 的最大公约数与 m 和 $n\%m$ 的最大公约数相同。如果 $n\%m$ 等于 0,二者的最大公约数就是 m。

euclidean. cpp

```
#include <math.h>
int gcd(int n,int m){
    n = abs(n);
    m = abs(m);
    if(n % m == 0){
        return m;
    }
    else {
        return gcd(m,n % m);
    }
}
```

由于 $n\%m$ 小于 $n/2$,即辗转相除都会使得 n 的值减小至少二分之一(减少至少一半),那么,递归总次数 k 会满足:

$$\frac{n}{2^k}=1,\quad k=\log_2 n$$

即栈的最大长度是 $\log_2 n$,因此空间和时间复杂度都是 $O(\log_2 n)$。

本例的 ch3_7. cpp 使用递归函数 int gcd(int n,int m)输出两个正整数的最大公约数,运行效果如图 3.13 所示。

```
6,12的最大公约数6.
63,42的最大公约数21.
```

图 3.13　求最大公约数

ch3_7. cpp

```
#include <iostream>
int gcd(int,int);
int binary_search(int [],int,int,int);
int main() {
    int a = 6,b = 12;
    printf("%d,%d的最大公约数%d.\n",a,b,gcd(a,b));
    a = 63;
    b = 42;
    printf("%d,%d的最大公约数%d.\n",a,b,gcd(a,b));
    return 0;
}
```

3.5 多重递归

所谓多重递归,是指一个递归函数调用另一个或多个递归函数,我们称这样的递归函数为多重递归函数。

这里用一个数字问题来说明多重递归:求 n 位十进制数中含有偶数个 6 的数(即数的某位上是数字 6)的个数,但不要求输出含有偶数多个 6 的数。两位十进制数中含有偶数多个 6 的数的个数是 1 个(66 含有两个 6),含有奇数个 6 的数的个数是 17 个:

16,26,36,46,56,60,61,62,63,64,65,67,68,69,76,86,96

用 $a(n)$表示 n 位十进制数中含有偶数个 6 的数的个数,$b(n)$表示 n 位十进制数中含有奇数个 6 的数的个数。$c(n)$表示 n 位十进制数中不含有 6 的数的个数。

对于 $n>2$,有下列递推关系成立,这里的"="是数学意义的等号:

$$a(n)=9\times a(n-1)+b(n-1)$$

$$b(n)=9\times b(n-1)+a(n-1)+c(n-1)$$

$$c(n)=9\times c(n-1)$$

非常容易证明上述等式，因为对于任意一个$(n-1)$位十进制数，例如$a_1a_2\cdots a_{n-1}$，如果$a_1a_2\cdots a_{n-1}$中出现了偶数个6，那么n位十进制数$a_1a_2\cdots a_{n-1}p(p=1,2,3,4,5,7,8,9,0)$，即$p$取6以外的其他数字，都出现了偶数个6。如果$a_1a_2\cdots a_{n-1}$中出现了奇数个6，那么$n$位十进制数$a_1a_2\cdots a_{n-1}6$就出现了偶数个6。所以有

$$a(n)=9\times a(n-1)+b(n-1)$$

另外两个等式的论证道理类似。如果$a(n)$,$b(n)$对应到递归函数，那么所对应的递归函数就都是多重递归函数。

例 3-8 求n位十进制数中含有偶数个6、奇数个6以及不含有6的数的个数。

本例的doubleRecursion.cpp中的a(int n)函数和b(int n)函数是多重递归函数，不难验证二者的时间复杂度都是$O(2^n)$，空间复杂度都是$O(n)$（验证方法和例3-2类似）。

doubleRecursion.cpp

```
//返回n位十进制中出现偶数个6的数的个数
int b(int);
int c(int);
int a(int n) { //双重递归
    int result = 0;
    if(n == 1) {
        result = 0;
    }
    else if(n == 2){
        result = 1;
    }
    else if(n > 2){
        result = 9 * a(n-1) + b(n-1);
    }
    return result;
}
//返回n位十进制中出现奇数个6的数的个数
int b(int n) { //多重递归
    int result = 0;
    if(n == 1) {
        result = 1;
    }
    else if(n == 2) {
        result = 17;
    }
    else if(n > 2){
        result = 9 * b(n-1) + a(n-1) + c(n-1);
    }
    return result;
}
//返回n位十进制中未出现6的数的个数
int c(int n) { //单递归
    int result = 0;
    if(n == 1) {
        result = 9;
    }
    else if(n == 2){
        result = 72;
    }
    else {
        result = 9 * c(n-1);
```

```
    }
    return result;
}
```

本例的 ch3_8. cpp 使用 doubleRecursion. cpp 中的多重递归函数，输出 8 位十进制数中出现偶数个 6、奇数个 6 以及不含有 6 的数的个数等信息，运行效果如图 3. 14 所示。

```
8位十进制数中出现偶数个数字6的个数是14076280.
8位十进制数中出现奇数个数字6的个数是37659968.
8位十进制数中未出现数字6的个数是38263752.
8位数一共有:90000000个.
```

图 3. 14　输出数字的有关信息

ch3_8. cpp

```
#include <iostream>
int a(int);
int b(int);
int c(int);
int main() {
    int n = 8;              //8 位十进制数
    int sum = 0;
    int count = a(n);
    sum += count;
    printf("%d位十进制数中出现偶数个数字 6 的个数是%d.\n",n,count);
    count = b(n);
    sum += count;
    printf("%d位十进制数中出现奇数个数字 6 的个数是%d.\n",n,count);
    count = c(n);
    sum += count;
    printf("%d位十进制数中未出现数字 6 的个数是%d.\n",n,count);
    std::cout << n <<"位数一共有:"<< sum <<"个."<< std::endl;
    return 0;
}
```

3.6　经典递归

递归算法不仅能使得代码简练，容易理解解决问题的思路或发现数据的内部逻辑规律，而且具有很好的可读性。本节通过杨辉三角形、老鼠走迷宫和汉诺塔 3 个经典的递归进一步体会递归算法，特别是汉诺塔递归，通过其递归算法能洞悉数据规律，给出相应的迭代算法。

3.6.1　杨辉三角形

杨辉三角形形式如下：

```
1
1  1
1  2  1
1  3  3  1
1  4  6  4  1
1  5  10  10  5  1
…
```

杨辉三角形最早出现于中国南宋的数学家杨辉在 1261 年所著的《详解九章算法》中。法国数学家帕斯卡(Pascal)在 1654 年发现该三角形，因此又称帕斯卡三角形。

例 3-9　输出杨辉三角形。

按照编程语言的习惯，行、列的索引都是从 0 开始的。杨辉三角形的主要规律：杨辉三角形第 0 行有 1 个数,第 1 行有 2 个数,…… ,第 n 行有 $n+1$ 个数,第 n 行的第 0 列和最后一列的数都是 1,即第 0 列和第 n 列的数都是 1。用 $C(n,j)$表示第 n 行、第 j 列的数($j=0,\cdots,n$),那么递归如下:

$$C(n,0)=1,\quad C(n,j)=C(n-1,j-1)+C(n-1,j)(0<j<n),\quad C(n,n)=1 \tag{3-1}$$

例 3-9 中 pascal_triangle.cpp 中的 C(int n,int j)函数是依据式(3-1)的递归算法,可以计算杨辉三角形第 n 行、第 j 列上的数,即该函数返回杨辉三角形第 n 行、第 j 列上的数。

pascal_triangle.cpp

```
long C(int n,int j){
    long result = 0;
    if(j == 0||j == n){                    //每行的第 0 列和第 n 列上的数都是 1
        result = 1;
    }
    else {
        result = C(n-1,j-1) + C(n-1,j);
    }
    return result;
}
```

pascal_triangle.cpp 中的 C(int n,int j)递归算法属于非线性递归,时间复杂度是 $O(n^2)$,空间复杂度是 $O(n)$。因为杨辉三角形的前 n 行里一共有 $n(n+1)/2$ 个数,递归过程中函数被调用的总次数是 $n(n+1)/2$,C(int n,int j)的时间复杂度是 $O(n^2)$。递归过程中,根据

$$C(n,j)=C(n-1,j-1)+C(n-1,j)$$

可知,一个递归分支当栈的长度达到 n 时就会依次弹栈,返回到上一个递归分支,因此空间复杂度是 $O(n)$。

在组合数学中,对于二项式系数有一个经典的公式,即对杨辉三角的第 n 行、第 j 列($j=0,1,\cdots,n$)的数 $Y(n,j)$,有如下递归:

$$Y(n,0)=1,Y(n,j)=Y(n,j-1)\times(n-j+1)/j(j>0,j<n),\quad Y(n,n)=1 \tag{3-2}$$

本例中 yanhui_triangle.cpp 中的 Y(int n,int j)函数依据式(3-2)的递归算法,可以计算杨辉三角形第 n 行、第 j 列上的数,即该函数返回杨辉三角形第 n 行、第 j 列上的数。

yanhui_triangle.cpp

```
long Y(int n,int j){
    long result = 0;
    if(j == 0||j == n){                    //每行的第 0 列和第 n 列上的数都是 1
        result = 1;
    }
    else if(j < n&&j > 0){
        result = Y(n,j-1) * (n-j+1)/j;
    }
    return result;
}
```

yanhui_triangle.cpp 中的 Y(int n,int j)递归属于线性递归,时间复杂度是 $O(n)$,空间复杂度是 $O(n)$。因为函数被调用的总次数是 n,所以 Y(int n,int j)的时间复杂度是 $O(n)$。从递归过程可以看出压栈导致栈的长度最大是 n,因此空间复杂度是 $O(n)$。

本例的 ch3_9.cpp 输出了杨辉三角形的前 9 行,并比较了 yanhui_triangle.cpp 中的 Y(int n,int j)递归函数和 pascal_triangle.cpp 中的 C(int n,int j)递归函数计算第 n 行、第 j 列上的数的耗时。时间复杂度是 $O(n)$的耗时明显小于时间复杂度是 $O(n^2)$的耗时,运行效果如图 3.15 所示。

```
  1
  1    1
  1    2    1
  1    3    3    1
  1    4    6    4    1
  1    5   10   10    5    1
  1    6   15   20   15    6    1
  1    7   21   35   35   21    7    1
  1    8   28   56   70   56   28    8    1
线性递归求第28行,第14列40116600的耗时是0(毫秒)
非线性递归求第28行,第14列40116600的耗时是781(毫秒)
```

图 3.15 输出杨辉三角形的前 9 行,比较了两个递归的耗时

ch3_9.cpp

```
#include <iostream>
#include <time.h>
long Y(int ,int );
long C(int ,int );
int main() {
    long result = 0;
    int row = 8;
    for(int n = 0;n <= row;n++) {                        //输出杨辉三角形的前 row + 1 行
        for(int j = 0;j <= n;j++){
             result = Y(n,j);
             printf(" %5d",result);
        }
        printf("\n");
    }
    long start,end,cpu_time_used;
    int m = 28,j = m/2 ;
    start = clock();                                     // 开始执行的时间点
    result = Y(m,j);
    end = clock();                                       //结束的时间点
    cpu_time_used = end - start;
    printf("线性递归求第 %d 行,第 %d 列 %d 的耗时是 %d(毫秒)\n",
                         m,j,result,cpu_time_used);
    start = clock();                                     // 开始执行的时间点
    result = C(m,j);
    end = clock();                                       //结束的时间点
    cpu_time_used = end - start;
    printf("非线性递归求第 %d 行,第 %d 列 %d 的耗时是 %d(毫秒)\n",
                         m,j,result,cpu_time_used);
    return 0;
}
```

3.6.2 老鼠走迷宫

用二维数组模拟迷宫,二维数组元素值是 1 表示墙,0 表示路,2 表示出口。

假设老鼠走迷宫的递归函数是 int move(int(* arr)[7],int rows,int i,int j),老鼠在迷宫某点 $p=(i,j)$的递归办法是,首先从 p 点向东调用 move(),如果找到出口,move()返回 1,结束递归;如果从 p 点向东无法找到出口,返回 0 结束递归,再从 p 点向南调用 move(),如果找到出口,move()返回 1,结束递归;如果从 p 点向南无法找到出口,返回 0 结束递归,再从 p 点向西调用 move(),如果找到出口,move()返回 1,结束递归;如果从 p 点向西无法找到出口,返回 0 结束递归,再从 p 点向北调用 move(),如果找到出口,move()返回 1,结束递归,否则返回 0 结束递归。

如果 move()最后返回的值是 1,说明老鼠找到出口,否则说明迷宫没有出口。

例 3-10 模拟老鼠走迷宫。

本例的 mouse.cpp 中的 int move(int(* a)[7],int rows,int i,int j)是老鼠走迷宫的函数，该函数是一个递归函数。

mouse.cpp

```
int move(int( * a)[7],int rows,int i,int j){
    int n = 7;
    int isOut = 0;
    if(a[i][j] == 2){                                       //出口
        isOut = 1;
    }
    else if(a[i][j] == 0){
        a[i][j] = -1;                                       //标记此点已经递归过，即老鼠走过了该点
        int t = j+1<n-1?j+1:n-1;                            //东
        int roadOrOut = a[i][t] == 0||a[i][t] == 2;         //是路或出口
        if(roadOrOut&&move(a,rows,i,t)){
            isOut = 1;
            return isOut;
        }
        t = i+1<rows-1?i+1:rows-1;                          //南
        roadOrOut = a[t][j] == 0||a[t][j] == 2;
        if(roadOrOut&&move(a,rows,t,j)){
            isOut = 1;
            return isOut;
        }
        t = j-1<0?0:j-1;                                    //西
        roadOrOut = a[i][t] == 0||a[i][t] == 2;
        if(roadOrOut&&move(a,rows,i,t)){
            isOut = 1;
            return isOut;
        }
        t = i-1<0?0:i-1;                                    //北
        roadOrOut = a[t][j] == 0||a[t][j] == 2;
        if(roadOrOut&&move(a,rows,t,j)){
            isOut = 1;
            return isOut;
        }
    }
    return isOut;
}
```

不难验证 int move(int(* a)[7],int rows,int i,int j)算法的时间复杂度是 $O(n^2)$，空间复杂度也是 $O(n^2)$。

本例的 ch3_10.cpp 使用 mouse.cpp 中的 int move(int(* arr)[7],int rows,int i,int j)函数走迷宫。老鼠走过迷宫后，输出老鼠走过的路时，用 m 表示老鼠走过的路，Y 表示老鼠到达的出口，运行效果如图 3.16 所示。

```
迷宫数据:0表示路,1表示墙,2表示出口.
0  0  0  1  1  1  1
1  0  0  0  0  1  1
1  1  0  1  0  0  1
1  0  0  0  1  1  1
1  0  0  0  0  2  1

老鼠走迷宫过程:m表示走过的路,Y是到达的出口.
  m  m  m  1  1  1  1
  1  0  m  m  m  1  1
  1  1  m  1  m  m  1
  1  0  m  m  1  1  1
  1  0  0  m  m  Y  1
1
```

图 3.16 老鼠走迷宫

ch3_10.cpp

```
#include <iostream>
int move(int( * a)[7],int rows,int i,int j);
int main() {
```

```
    int a[5][7] = {{0,0,0,1,1,1,1},
                   {1,0,0,0,0,1,1},
                   {1,1,0,1,0,0,1},
                   {1,0,0,0,1,1,1},
                   {1,0,0,0,0,2,1}};
    std::cout <<"迷宫数据:0 表示路,1 表示墙,2 表示出口.\n";
    for(int i = 0;i < 5;i++){
        for(int j = 0;j < 7;j++){
            std::cout << a[i][j]<<" ";
        }
        std::cout << std::endl;
    }
    std::cout << std::endl;
    int isOut = move(a,5,0,0);
    std::cout <<"老鼠走迷宫过程:m 表示走过的路,Y 是到达的出口.\n";
    for(int i = 0;i < 5;i++){
        for(int j = 0;j < 7;j++){
            if(a[i][j] == -1)                  //-1 表示老鼠走过的路
                printf("%3c",'m');
            else if(a[i][j] == 2)              //出口
                printf("%3c",'Y');
            else
                printf("%3d",a[i][j]);
        }
        std::cout << std::endl;
    }
    std::cout << isOut << std::endl;
    return 0;
}
```

3.6.3　汉诺塔

汉诺塔(Hanoi Tower)问题是来源于印度的一个古老问题。有名字为 A、B、C 的三个塔，A 塔上有从小到大的 64 个盘子，每次搬运一个盘子，最后要把 64 个盘子搬运到 C 塔。在搬运过程中，可以把盘子暂时放在 3 个塔中的任何一个上，但不允许大盘放在小盘上面。3 个盘子的汉诺塔如图 3.17 所示。

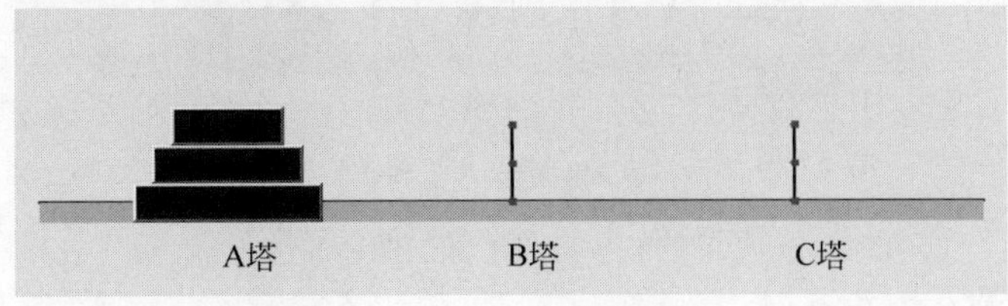

图 3.17　3 个盘子的汉诺塔

1. 汉诺塔的递归算法

递归算法如下：

(1) 如果 A 塔只有一个盘子，直接将盘子搬运到 C 塔。

(2) 如果盘子的数目 n 大于 1，首先将 $n-1$ 个盘子从 A 塔搬运到 B 塔，然后将第 n 个盘子从 A 塔搬运到 C 塔，最后将 $n-1$ 个盘子从 B 塔搬运到 C 塔。

3 个盘子的汉诺塔的搬运过程如图 3.18 所示。

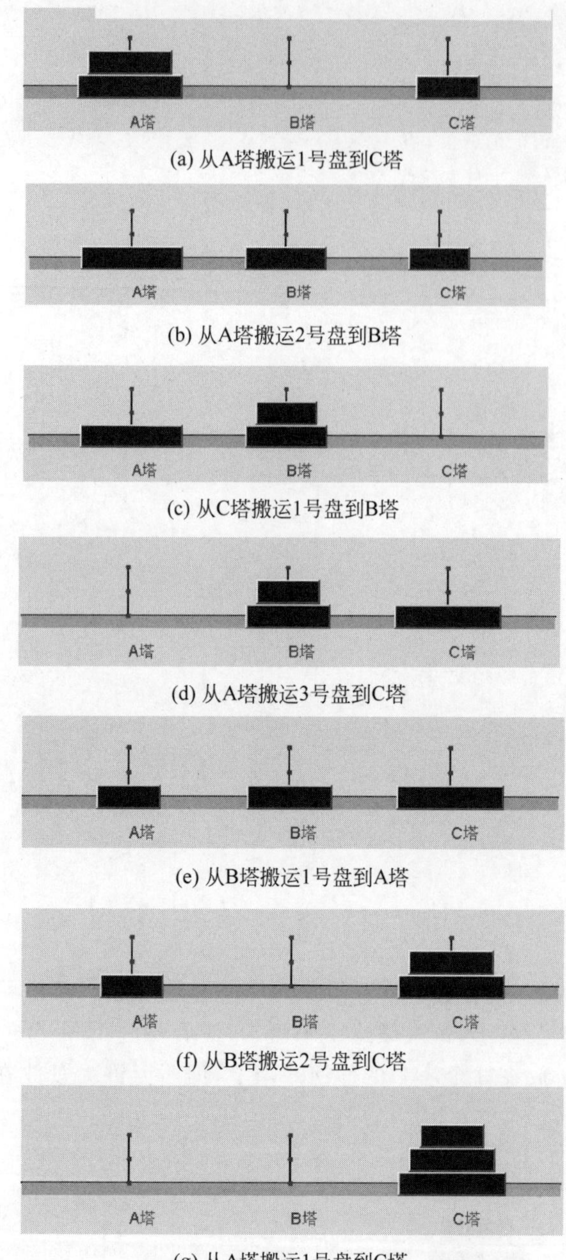

(a) 从A塔搬运1号盘到C塔

(b) 从A塔搬运2号盘到B塔

(c) 从C塔搬运1号盘到B塔

(d) 从A塔搬运3号盘到C塔

(e) 从B塔搬运1号盘到A塔

(f) 从B塔搬运2号盘到C塔

(g) 从A塔搬运1号盘到C塔

图 3.18 搬运 3 个盘子的汉诺塔

例 3-11 汉诺塔的递归算法。

本例的 hanoi_tower. cpp 中的 moveDish(int n char A, char B, char C)是搬运盘子的递归函数。

hanoi_tower. cpp

```
#include <iostream>
void moveDish(int n,char A,char B,char C){
   if(n == 1) {
       printf("从 %c 塔搬运 %d 号盘到 %c 塔\n",A,n,C);
   }
   else {
```

```
        moveDish(n-1,A,C,B);
        printf("从%c塔搬运%d号盘到%c塔\n",A,n,C);
        moveDish(n-1,B,A,C);
    }
}
```

如果汉诺塔有 n 个盘子,那么需要搬动 2^n-1 次,所以不难验证 moveDish(int n char A,char B,char C)的时间复杂度是 $O(2^n)$,空间复杂度是 $O(n)$(验证方法见例 3-2)。

本例的 ch3_11.cpp 使用 hanoi_tower.cpp 中的 moveDish(int n char A,char B,char C)函数搬运 3 个盘子的汉诺塔和 4 个盘子的汉诺塔,运行效果如图 3.19 所示。

```
汉诺塔有3个盘子
从A塔搬运1号盘到C塔
从A塔搬运2号盘到B塔
从C塔搬运1号盘到B塔
从A塔搬运3号盘到C塔
从B塔搬运1号盘到A塔
从B塔搬运2号盘到C塔
从A塔搬运1号盘到C塔
汉诺塔有4个盘子
从A塔搬运1号盘到B塔
从A塔搬运2号盘到C塔
从B塔搬运1号盘到C塔
从A塔搬运3号盘到B塔
从C塔搬运1号盘到A塔
从C塔搬运2号盘到B塔
从A塔搬运1号盘到B塔
从A塔搬运4号盘到C塔
从B塔搬运1号盘到C塔
从B塔搬运2号盘到A塔
从C塔搬运1号盘到A塔
从B塔搬运3号盘到C塔
从A塔搬运1号盘到B塔
从A塔搬运2号盘到C塔
从B塔搬运1号盘到C塔
```

图 3.19　递归法搬运盘子

ch3_11.cpp

```
#include <iostream>
void moveDish(int,char,char,char);
int main() {
    int n = 3;
    std::cout <<"汉诺塔有"<< n <<"个盘子"<< std::endl;
    moveDish(n,'A','B','C');
    n = 4;
    std::cout <<"汉诺塔有"<< n <<"个盘子"<< std::endl;
    moveDish(n,'A','B','C');
    return 0;
}
```

2. 汉诺塔的迭代算法

在 3.4 节讲过,递归的代码简练,容易理解解决问题的思路或发现数据的内部逻辑规律,具有很好的可读性。迭代的代码可能比较复杂,处理数据的过程也可能比较复杂,所以迭代的代码不如递归简练。

在给出汉诺塔的迭代算法之前,先总结一下汉诺塔问题中的一些规律。

(1) n 个盘子的汉诺塔需要搬运 2^n-1 次。

(2) 搬运的盘子的号码依次对应着 $1\sim2^{n+1}-1$ 中从小到大的偶数的二进制的尾部(低位)连续的 0 的个数。自然数的奇数的二进制的个位是 1,偶数是 0。例如盘子数目是 3,依次搬运的盘子的号码与二进制的尾部连续 0 的个数的对应关系如表 3.1 所示。

表 3.1 盘子号码与二进制尾部连续 0 的个数的对应表

依次搬运的盘子的号码	偶数的十进制	偶数的二进制	尾部连续 0 的个数
1	2	1**0**	1
2	4	1**00**	2
1	6	11**0**	1
3	8	1**000**	3
1	10	101**0**	1
2	12	11**00**	2
1	14	111**0**	1

根据表 3.1,在搬运盘子的过程中,搬运的盘号依次是(如前面图 3.18 所示):

1,2,1,3,1,2,1

(3) 二进制的尾部连续 0 的个数,每隔一次这个数目就是 1。也就是说,在搬运盘子的过程中,每隔一次就要搬动一次 1 号盘(盘号最小的盘)。

(4) 1 号盘的移动规律是:如果盘子的数目 n 是奇数,1 号盘找目标塔的规律是 CBA 的循环次序。如果 n 是偶数,1 号盘找目标塔的规律是 BCA 的循环次序。

(5) 当搬运大号盘时(盘号大于或等于 2),上一次搬运的一定是 1 号盘(理由见(3)),所以搬运大号盘的目标塔,一定不是上一次搬运 1 号盘的目标塔(大盘不能放在小盘上)。

注意:实际上,这些规律都是人们通过研究汉诺塔的递归算法发现的,也就是通过递归可以发现数据的内部逻辑规律。

一个偶数通过不断地右位移可计算出尾部连续的 0 的个数,例如 8 的二进制 1000 右位移 3 次,得到奇数,因此知道 8 的二进制尾部连续 0 的个数是 3。

例 3-12 汉诺塔的迭代算法。

根据迭代法的规律,本例给出汉诺塔的迭代算法。本例 hanoi_tower_iterator.cpp 中的 moveDish(int n)函数是迭代算法。不难验证 moveDish(int n)的时间复杂度是 $O(2^n)$,空间复杂度是 $O(1)$。

尽管本例的 moveDish(int n)的时间复杂度和例 3-11 中的递归算法相同,空间复杂度低于递归算法,但简练性和可读性远远不如递归算法。在内存允许的范围内,还是递归算法更好。

hanoi_tower_iterator.cpp

```
#include <iostream>
#include <deque>                                   //需要 std 的队列
#include <list>                                    //需要 std 的链表
#include <algorithm>                               //需要 std 的 find()算法
int getZeroCount(int n);                           //返回 n 的二进制的尾部连续 0 的个数
void moveDish(int n) {
    std::deque<char> deque_tower_name ;            //队列,存放目标塔的名字
    std::list<int> A ;                             //链表,模拟 A 塔
    std::list<int> B ;                             //链表,模拟 B 塔
    std::list<int> C ;                             //链表,模拟 C 塔
    std::list<int>::iterator itA, itB, itC;        //迭代器
    if(n % 2 != 0 ){
        deque_tower_name.push_back('C');           //入列
        deque_tower_name.push_back('B');
        deque_tower_name.push_back('A');
    }
```

```
    else{
        deque_tower_name.push_back('B');
        deque_tower_name.push_back('C');
        deque_tower_name.push_back('A');
    }
    for(int i = n;i >= 1;i -- ){ //初始状态,盘子都在 A 塔上
        A.push_back(i);
    }
    for(int i = 1;i <= (int)(pow(2,n) - 1);i++){
        int dishNumber = getZeroCount(2 * i);                  //盘号
        itA = std::find(A.begin(), A.end(), dishNumber);
        itB = std::find(B.begin(), B.end(), dishNumber);
        itC = std::find(C.begin(), C.end(), dishNumber);
        if(dishNumber == 1){
            char target = deque_tower_name.front();
            deque_tower_name.pop_front();                      //出列
            deque_tower_name.push_back(target);                //入列,以便循环使用队列里的数据
            if(itA!= A.end()){                                 //A 塔有盘子 disNumber
            printf("从 A 塔搬运 %d 号盘到 %c 塔\n",dishNumber,target);
            if(target == 'C')
                    C.push_back(A.back());
                else if(target == 'B')
                    B.push_back(A.back());
                A.pop_back();
            }
            else if(itB!= B.end()){
                printf("从 B 塔搬运 %d 号盘到 %c 塔\n",dishNumber,target);
                if(target == 'A')
                    A.push_back(B.back());
                else if(target == 'C')
                    C.push_back(B.back());
                B.pop_back();
            }
            else if(itC!= C.end()){
                printf("从 C 塔搬运 %d 号盘到 %c 塔\n",dishNumber,target);
                if(target == 'A')
                    A.push_back(C.back());
                else if(target == 'B')
                    B.push_back(C.back());
                C.pop_back();
            }
        }
        else if(dishNumber >= 2){
            char notTarget = deque_tower_name.back();          //1 号盘刚去过的塔
            if(itA!= A.end()){                                 //如果 dishNumber 是 A 塔的盘子
                if(notTarget == 'C'){ //那么目标塔只剩 B 一种可能(大盘不放小盘之上)
                    B.push_back(A.back());
                        A.pop_back();
                        printf("从 A 塔搬运 %d 号盘到 %c 塔\n",dishNumber,'B');
                    }
                else if(notTarget == 'B'){ //那么目标塔只剩 C 一种可能
                        C.push_back(A.back());
                        A.pop_back();
                        printf("从 A 塔搬运 %d 号盘到 %c 塔\n",dishNumber,'C');
                }
            }
            else if(itB!= B.end()){
                if(notTarget == 'C'){
                    A.push_back(B.back());
                    B.pop_back();
```

```
                printf("从B塔搬运%d号盘到%c塔\n",dishNumber,'A');
            }
            else if(notTarget == 'A'){
                C.push_back(B.back());
                B.pop_back();
                printf("从B塔搬运%d号盘到%c塔\n",dishNumber,'C');
            }
        }
        else if(itC!= C.end()){
            if(notTarget == 'A'){
                B.push_back(C.back());
                C.pop_back();
                printf("从C塔搬运%d号盘到%c塔\n",dishNumber,'B');
            }
            else if(notTarget == 'B'){
                A.push_back(C.back());
                C.pop_back();
                printf("从C塔搬运%d号盘到%c塔\n",dishNumber,'A');
            }
        }
    }
  }
}
int getZeroCount(int n){ //返回n的二进制的尾部连续0的个数
    int count = 0;
    if(n%2 == 0) {
        while(n%2 != 1) {
            n = n>>1;
            count++;
        }
    }
    return count;
}
```

本例的 ch3_12.cpp 使用 hanoi_tower_iterator.cpp 中的 moveDish(int n)函数搬运 3 个盘子的汉诺塔和 4 个盘子的汉诺塔，运行效果如图 3.20 所示。

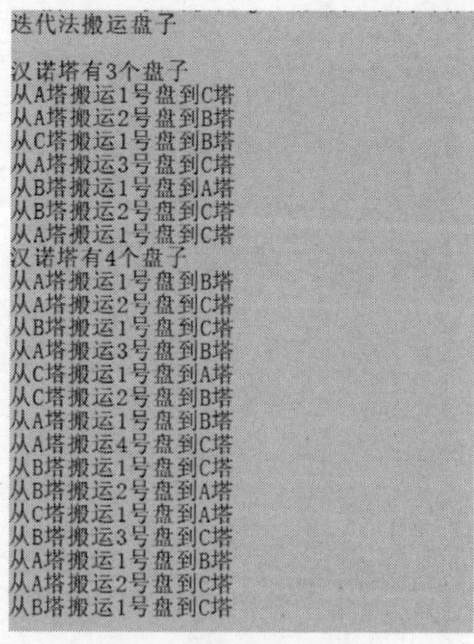

图 3.20　迭代法搬运盘子

ch3_12.cpp

```
#include <iostream>
void moveDish(int);
int main() {
```

```
    printf("迭代法搬运盘子\n");
    int n = 3;
    printf("汉诺塔有%d个盘子\n",n);
    moveDish(n);
    n = 4;
    printf("汉诺塔有%d个盘子\n",n);
    moveDish(n);
    return 0;
}
```

注意：本例用到了C++标准模板库(Standard Template Library,STL)中的list和deque类，即链表和队列(这里的用法相对简单，容易理解)，其详细知识点见第5章和第7章。

3.7 优化递归

在3.2节讲解了非线性递归，即每次递归时函数调用自身两次或两次以上。非线性递归可以形成多个递归分支，即形成多个子递归过程。例如3.2节的例3-2中fibonacci.cpp中的递归算法f(long n)(求Fibonacci序列的第n项)形成了两个递归分支：$f(n-1)$和$f(n-2)$。

为了完成$f(n)$的调用，递归过程中需要将$f(n-1)$分支进行完毕再进行$f(n-2)$分支。注意，在进行$f(n-1)$分支递归时会完成$f(n-2)$分支递归，那么再进行$f(n-2)$分支就是一个重复的递归过程。

优化递归是在每次递归开始前，首先到某个对象中(通常为散列表对象，也可以是数组)查找本次递归是否已经实施完毕，即是否已经有了递归结果。如果散列表对象中已经有了本次递归的结果，就直接使用这个结果，不再浪费时间进行本次递归，否则就执行本次递归，并将递归结果保存到散列表对象。简而言之，优化递归就是避免重复子递归。

优化递归是典型的用空间换取时间的策略(需要额外地存储某些递归结果)。优化递归通常不会改变空间的复杂度，但一定可以降低时间复杂度，甚至可以将指数复杂度降低为线性或多项式复杂度。许多非线性递归的时间复杂度都是指数复杂度，例如例3-2中计算Fibonacci序列的递归算法，其时间复杂度是$O(2^n)$。

例3-13　优化Fibonacci序列的递归算法。

本例的optimize_fibonacci.cpp给出了优化的Fibonacci序列的递归算法，使得其时间复杂度是$O(n)$，而例3-2中的计算Fibonacci序列的递归算法的时间复杂度是$O(2^n)$。本例的递归函数避免了重复子递归，那么当n的值较大时，优化递归的耗时明显小于未优化的耗时，两者的空间复杂度都是$O(n)$。

optimize_fibonacci.cpp

```
#include <iostream>
#include <unordered_map>                          //需要std的散列表
//散列表hash_map的键类型为int,值类型为long
std::unordered_map<int,long> hash_map;
long f_optimize(long n){
    long result = -1;
    if(n==1||n==2) {
        result = 1;
    }
    else if(n>=3){
        if(hash_map.count(n)) {                   //count()判断是否包含键n,时间复杂度是O(n)
            result = hash_map[n];                 //时间复杂度是O(1)
```

```
        }
        else {
            result = f_optimize(n-1) + f_optimize(n-2);
            hash_map[n] = result;              //时间复杂度是 O(1)
        }
    }
    return result;
}
```

注意：本例用到了 STL 中的 unordered_map，即散列表（这里的用法相对简单，容易理解），其详细知识点见第 10 章。

注意：optimize_fibonacci. cpp 中的散列表 hash_map 是全局变量，会不断累积子递归的结果，尽管会浪费内存空间，但会使得后面的递归速度越来越快。

本例 ch3_13. cpp 比较了例 3-2 的 fibonacci. cpp 中的函数 f(long n)和本例 optimize_fibonacci. cpp 中的 f_optimize(long n)函数的运行耗时，运行效果如图 3.21 所示。

```
优化求第35项9227465的用时是0.00000000000000000000(秒)
未优化求第35项9227465的用时是0.02997889999999999930(秒)
```

图 3.21　Fibonacci 的优化和未优化递归的耗时

ch3_13. cpp

```
#include <iostream>
#include <chrono>
long f(long n);
long f_optimize(long n);
int main() {
    long item = 35;
    long result ;
    auto start = std::chrono::high_resolution_clock::now();          // 开始执行的时间点
    result = f_optimize(item);
    auto end = std::chrono::high_resolution_clock::now();            //结束的时间点
    std::chrono::duration<double> duration = end - start;
    printf("优化求第%d项%d的用时是%1.20f(秒)\n",item,result,duration.count());
    start = std::chrono::high_resolution_clock::now();               //开始执行的时间点
    result = f(item);
    end = std::chrono::high_resolution_clock::now();                 //结束的时间点
    duration = end - start;
    printf("未优化求第%d项%d的用时是%1.20f(秒)\n",item,result,duration.count());
    return 0;
}
```

注意：代码中用到的 std::chrono::duration 是 C++ 11 中引入的模板类，它用于表示时间段。它提供了一种通用的方式来计算时间间隔、持续时间等。在 C++ 11 标准中，std::chrono::duration 为处理时间相关的操作提供了很大的便利，使得在 C++ 中处理时间变得更加方便和灵活，如果需要使用纳秒，可以把 std::chrono::duration < double >更改为 std::chrono::duration< double, std::nano >（和例 2-5 的计时方式相比较，std::chrono::duration 的计时更加精准，但例 2-5 的计时方法也适用于 C 程序，见参考文献[4]）。

例 3-14　优化杨辉三角形的递归算法。

本例中的 optimize_pascal_triangle. cpp 中的 long C_optimize(int n,int j)函数是计算杨辉三角形的优化递归算法，其时间复杂度是 $O(n)$，而例 3-9 的 pascal_triangle. cpp 中的计算杨辉三角形的 C(int n,int j)函数是未优化递归算法，其时间复杂度是 $O(n^2)$。优化递归算法的运行耗时明显小于未优化的递归算法的运行耗时，二者的空间复杂度都是 $O(n)$。

optimize_pascal_triangle.cpp

```
#include <iostream>
#include <unordered_map>                          //需要 std 的散列表
class IntPair {
private:
    int x;
    int y;
public:
    IntPair(int a, int b) : x(a), y(b) {}
    int getX() const {
        return x;
    }
    int getY() const {
        return y;
    }
    bool operator == (const IntPair& other) const {
        return (x == other.x) && (y == other.y);
    }
};
namespace std {
    template <>
    struct hash< IntPair > {                          //重载 hash()函数，有关知识点见 10.8 节
        size_t operator()(const IntPair& pair) const {
            return hash< int >()(pair.getX()) ^ hash< int >()(pair.getY());
        }
    };
}
std::unordered_map< IntPair, long > myMap;  //散列表
long C_optimize(int n, int j){
    long result = 0;
    if(j == 0||j == n){                              //每行的第 0 列和第 n 列上的数都是 1
            result = 1;
    }
    else {
        IntPair p(n, j);
        if(myMap.count(p)){
            result = myMap[p];
        }
        else {
            result = C_optimize(n-1,j-1) + C_optimize(n-1,j);
            myMap[p] = result;
        }
    }
    return result;
}
```

本例的 ch3_14.cpp 比较了例 3-9 的 pascal_triangle.cpp 中的递归函数 long C(int n,int j) 和本例的 optimize_pascal_triangle.cpp 中的递归函数 long C(int n,int j)的运行耗时，优化后的递归函数的运行耗时明显小于未优化的递归函数的运行耗时，运行效果如图 3.22 所示。

```
优化求第28行，第14列40116600的耗时是0(毫秒)
未优化求第28行，第14列40116600的耗时是160(毫秒)
```

图 3.22　杨辉三角形的优化和未优化递归的耗时

ch3_14.cpp

```
#include <iostream>
#include <time.h>
long C_optimize(int n, int j);
long C(int n, int j);
int main() {
    int n = 28, j = n/2 ;
    long result ;
    long start, end;
    start = clock();                    // 开始执行的时间点
    result = C_optimize(n, j);
    end = clock();                      //结束的时间点
    printf("优化求第%d行,第%d列%d的耗时是%d(毫秒)\n",n,j,result,end - start);
    start = clock();                    // 开始执行的时间点
    result = C(n, j);
    end = clock();                      //结束的时间点
    printf("未优化求第%d行,第%d列%d的耗时是%d(毫秒)\n",n,j,result,end - start);
    return 0;
}
```

习题 3

扫一扫

习题

扫一扫

自测题

第4章 数组

本章主要内容

- 数组与参数存值；
- 数组与排序；
- 数组的二分查找；
- 数组的复制；
- 数组的比较；
- 数组与洗牌；
- 数组与生命游戏。

数组是最常用的一种线性数据结构，数组一旦被创建，那么数组的长度（数组的元素的个数）就不可以再发生变化，即不可以对数组进行删除、添加或插入操作。关于数组的算法非常多，例如排序、复制、二分查找、动态遍历等。C++标准库中的< algorithm >算法库提供了许多和数组有关的算法，不仅可以节省时间，而且也让代码更加简练。

4.1 数组与参数存值

一维数组的元素相当于在第1章讲解数据结构时的节点，当一维数组的长度大于1时，数组元素的逻辑结构是线性结构，元素的存储结构是顺序结构，即元素的物理地址是依次相邻的，例如数组的第 i 元素的地址是 address，那么它的第 $i+1$ 元素的地址就是 address$+C$，其中 C 是数组中的一个元素所占内存的大小。

C++与某些高级语言（例如 Java）不同，当在函数体中定义数组时，数组名是一个只读变量，存放数组的第一个元素的地址，程序不可以再更改这个地址。例如，对于“int a[5];”，a 中存放的是数组的第一个元素的地址，数组 a 使用下标运算可以依次访问它的元素，即 $a[0]$、$a[1]$、$a[2]$、$a[3]$和 $a[4]$分别是数组 a 中的5个元素。当数组名是函数的参数时，数组名就是一个变量（既可读也可写），程序可以将函数体中定义的数组作为实参传递给函数的数组参数。

如果两个数组名指向的地址相同，那么这两个数组的元素就完全相同，因此一个函数可以将某些数据存放在数组参数中，那么函数执行完毕，保存在数组元素的值不会消失。

例 4-1 数组存放三角形面积。

本例的 triangle.cpp 中的函数 int judgeTriangle(int a,int b,int c,int area[])，当 a，b，c 构成等边三角形时返回3，将三角形面积存放在数组 area 的元素中；当构成等腰（不是等边）三角形时返回2，将三角形面积存放在数组 area 的元素中；当构成普通（不是等边，也不是等腰）三角形时返回1，将三角形面积存放在数组 area 的元素中；当不构成三角形时返回0，将 NaN(Not a Number)存放在数组 area 的元素中。

triangle.cpp

```
#include <iostream>
#include <limits>
```

```
#include <math.h>
int judgeTriangle(int a,int b,int c,double area[]){
    if(a+b<c||a+c<b||b+c<a) {
        area[0] = std::numeric_limits<double>::quiet_NaN();           //Not a Number
        return 0;
    }
    if(a==b&&b==c) {
        area[0] = sqrt(3)*a*a/4;
        return 3;
    }
    if(a==b) {
        area[0] = 1.0/4*sqrt(4*a*a*c*c-c*c*c*c);
        return 2;
    }
    if(b==c) {
        area[0] = 1.0/4*sqrt(4*b*b*a*a-a*a*a*a);
        return 2;
    }
    double p = (a+b+c)/2.0;
    area[0] = sqrt(p*(p-a)*(p-b)*(p-c));
    return 1;
}
```

本例中的 ch4_1.cpp 判断三个数构成怎样的三角形,并输出相应的面积,运行效果如图 4.1 所示。

```
3
等边三角形,面积:10.8253
2
等腰但不等边三角形,面积:13.6359
1
非等腰三角形,面积:6
0
非三角形,不计算面积:nan
```

图 4.1　数组存放三角形面积

ch4_1.cpp

```
#include <iostream>
#include <limits>
int judgeTriangle(int a,int b,int c,double area[]);
void outPut(int m,double area[]);
int main() {
    int a = 5,b = 5,c = 5;                                           //3 个数
    double area[] = {std::numeric_limits<double>::quiet_NaN()};      //存放面积
    int m = judgeTriangle(a,b,c,area);
    outPut(m,area);
    a= 6;
    b= 6;
    c =5;
    m = judgeTriangle(a,b,c,area);
    outPut(m,area);
    a= 3;
    b= 4;
    c =5;
    m = judgeTriangle(a,b,c,area);
    outPut(m,area);
    a = 10;
    b = 5;
    c = 3;
    m = judgeTriangle(a,b,c,area);
    outPut(m,area);
```

```
    }
    void outPut(int m,double area[]){
        std::cout << m << std::endl;
        if(m == 1) {
            std::cout <<"非等腰三角形,面积:"<< area[0]<< std::endl;
        }
        else if(m == 2){
            std::cout <<"等腰但不等边三角形,面积:"<< area[0]<< std::endl;
        }
        else if(m == 3){
            std::cout <<"等边三角形,面积:"<< area[0]<< std::endl;
        }
        else if(m == 0){
            std::cout <<"非三角形,不计算面积:"<< area[0]<< std::endl;
        }
    }
```

例 4-2　出现次数最多的字母。

本例 findLetters.cpp 中的 char findMaxCountLetters(std::string english,int saveCount[]) 函数返回 english 中出现次数最多的字母之一,并将这个字母出现的次数和它在 english 中的位置索引存放到参数指定的 int 型数组的元素中。

findLetters.cpp

```
#include <iostream>
char findMaxCountLetters(std::string english, int saveCount[]) {
    int count[26] = {0};                          //存放小写英文字母出现的次数
    for(int i = 0;i < english.length();i++) {
        count[english.at(i) - 97]++;              //英文小写字母 a 在 ASCII 表的索引位置是 97
    }
    int index = 0;                                //存放出现次数最多的字符的索引位置
    int max = count[index];
    for(int i = 0;i < 26;i++) {
        if(count[i]> max) {
            max = count[i];
            index = i;
        }
    }
    saveCount[0] = count[index];                  //将最多次数保存到数组 saveCount 中
    int m = 0;
    for(int i = 0;i < english.length();i++) {
        if(index + 97 == english.at(i)) {
            m = i;
            break;
        }
    }
    saveCount[1] = m;                            //将索引位置保存到数组 saveCount 中
    return (char)(index + 97);                   //返回出现次数最多的字母之一
}
```

本例的 ch4_2.cpp 使用了 findLetters.cpp 中的 findMaxCountLetters(std::string english,int saveCount[])函数,运行效果如图 4.2 所示。

```
i是出现次数最多的字母之一.
i出现的次数是:4.
i在The school is on vacation, it's really nice中的索引位置之一:11
```

图 4.2　出现次数最多的字母

ch4_2.cpp

```
#include <iostream>
char findMaxCountLetters(std::string,int[]);
int main() {
    std::string str = "The school is on vacation, it's really nice";
    int saveCount[2] = {0};
    char letters = findMaxCountLetters(str,saveCount);
    std::cout << letters <<"是出现次数最多的字母之一.\n"
    << letters <<"出现的次数是:"<< saveCount[0]<<".\n"
    << letters <<"在"<< str <<"中的索引位置之一:"<< saveCount[1]<< std::endl;
    return 0;
}
```

4.2 数组与排序

排序算法是重要的基础算法。各种排序算法都是非常成熟的算法，C++标准库中的<algorithm>算法库提供了快速排序和归并排序的函数，编写程序时可以直接使用这些函数。

4.2.1 快速排序

C++的<algorithm>库提供的 std::sort()函数是双轴快速排序(Dual-Pivot Quicksort)，如果有一维数组 arr，那么 std::sort(arr＋index_start, arr＋index_end)把一维数组 arr 索引范围为[index_start, index_end)的 index_end～index_start 多个元素升序排序。即排序时包含索引是 index_start 的元素，但不包含索引是 index_end 的元素。

std::sort()函数的时间复杂度是 $O(n\log_2 n)$，空间复杂度是 $O(n)$。双轴快速排序是对传统快速排序进行优化的算法，它的运行速度更快，但时间复杂度依然是 $O(n\log_2 n)$，空间复杂度是 $O(n)$。例 4-3 仍然给出了快速排序算法，是为了体现递归算法的重要性(快速排序使用了递归算法)，但在实际应用中完全没必要这样做，只需要用<algorithm>算法库提供的 std::sort()函数即可，从而让代码更加简练、有效。

需要注意的是，双轴快速排序不是稳定排序。稳定排序是指数组里相同大小的数据在排序后保持原始的先后顺序不变。例如，有两个数组元素中的值都是 m，第一个 m 的数组元素的下标小于第二个 m 的数组元素的下标，那么排序后第一个 m 所在数组元素的下标仍然小于第二个 m 所在数组元素的下标。不稳定排序只是不能保证大小相同的数据的原始顺序不变，并不意味着一定会改变大小相同的数据的原始的先后顺序。

在基础课中学习的起泡法和插入法是稳定排序，而选择法是不稳定排序。它们的时间复杂度都是 $O(n^2)$，空间复杂度都是 $O(n)$。

快速排序是基于递归的经典排序算法，步骤如下。

(1) 定义存储索引的位置的两个变量 left 和 right，初始值分别是数组首元素的索引和数组最后一个元素的索引。

(2) 用 pivot 存放基准数(单轴排序的轴点)，选择数组的首元素作为基准数 pivot，即 pivot = arr[left]。

(3) 从 right 开始，向左遍历，找到第一个小于或等于基准数的元素，记录其位置为 posRight。

(4) 从 left 开始，向右遍历，找到第一个大于或等于基准数的元素，记录其位置为

posLeft。

(5) 如果 posLeft 小于 posRight,交换 arr[posRight]和 arr[posLeft]。

(6) 交换 arr[left]和 arr[posLeft]。

(7) 递归地对基准数左边和右边的元素进行快速排序,直到完成排序。

例 4-3　快速排序。

本例的 quick_sort.cpp 中的 quick_sort(int arr[],int left,int right)函数是传统的单轴快速排序,时间复杂度是 $O(n\log_2 n)$,空间复杂度是 $O(n)$。

quick_sort.cpp

```
void quick_sort(int arr[], int left, int right) {      //快速排序
    if (left >= right) {
        return;
    }
    int pivot = arr[left];                             //选择一个元素作为基准 pivot
    int i = left, j = right;
    int posRight = 0,posLeft = 0;
    while (i < j) {
        while (i < j && arr[j] >= pivot) {             //从右边开始找第一个小于基准 pivot 的元素
            j--;
        }
        posRight = j;
        while (i < posRight && arr[i] <= pivot){       //从左边开始找第一个大于基准 pivot 的元素
            i++;
        }
        posLeft = i;
        if (posLeft < posRight) {                      // 交换左右两个元素
            int temp = arr[posLeft];
            arr[posLeft] = arr[posRight];
            arr[posRight] = temp;
        }
    }
    arr[left] = arr[posLeft];                          // 交换 arr[left]和 arr[posLeft]
    arr[posLeft] = pivot;
    // 分别对基准元素左右两侧的元素进行递归排序:
    quick_sort(arr, left, posLeft - 1);
    quick_sort(arr, posLeft + 1, right);
}
```

本例的 ch4_3.cpp 分别使用 quick_sort.cpp 中的 quick_sort()函数和< algorithm >库提供的 std::sort()函数排序数组,并比较了两者的运行耗时,运行效果如图 4.3 所示。

```
13 6 3 8 2 5 10 5 6 3
排序后:
2 3 3 5 5 6 6 8 10 13
双轴快速排序299999个随机数耗时(毫秒):40
单轴快速排序299999个随机数耗时(毫秒):80
```

图 4.3　快速排序

ch4_3.cpp

```
#include <iostream>
#include <algorithm>                        // 包含<algorithm>头文件
#include <time.h>
void quick_sort(int [],int, int);
int main() {
    int arr[] = {13,6,3,8,2,5,10,5,6,3};
    int n = sizeof(arr)/sizeof(int);
    for (int i = 0; i < n; i++) {
        std::cout << arr[i] << " ";
    }
    std::sort(arr,arr + n);                 // 使用 std::sort()函数对数组进行排序
```

```
    std::cout <<"\n 排序后:"<< std::endl;
    for (int i = 0; i < n; i++) {
        std::cout << arr[i] << " ";
    }
    srand(time(NULL));                      //用当前时间做随机种子
    int random_number[299999];              //随机数的数量
    n = sizeof(random_number)/sizeof(int);
    for(int i = 0;i < n;i++){
        random_number[i] = rand() % 1000;
    }
    int start = clock();                    // 开始执行的时间点
    std::sort(random_number, arr + n);      // 用 std::sort()函数对数组进行排序
    int end = clock();                      //结束的时间点
    std::cout <<"\n 双轴快速排序"<< n <<"个随机数耗时(毫秒):"<< end - start << std::endl;
    for(int i = 0;i < n;i++){
        random_number[i] = rand() % 1000;
    }
    start = clock();
    quick_sort(random_number,0,n - 1);      //用 quick_sort()函数对数组进行排序
    end = clock();                          //结束的时间点
    std::cout <<"单轴快速排序"<< n <<"个随机数耗时(毫秒):"<< end - start << std::endl;
    return 0;
}
```

4.2.2 归并排序

一些人排队买票，突然有人要求大家按体重重新排队，那么原来两位体重相同的人可能希望不改变他俩原始的先后顺序，因此就不能用选择法或 std:sort()函数来排序。如果需要稳定排序，可以使用< algorithm >库提供的 std:stable_sort()函数，该函数使用的算法是归并排序算法，是一种稳定的排序算法。

例 4-4 稳定排序和不稳定排序。

如果是给对象排序，那么创建对象的类需要重载小于运算符、大于运算符和等于运算符，以定义对象之间的大小关系(运算符重载的知识点也可参见附录 A)，这样一来，排序函数就可以按对象的大小排序对象。本例的 student. cpp 中定义的 Student 类重载大小关系运算，以使 Student 类创建的对象按体重(weight)的大小关系确定之间的大小关系。

student. cpp

```
class Student {
public:
    double weight;
    double number;
    bool operator <(const Student& other) const {              // 重载小于运算符
        return weight < other.weight;
    }
    bool operator >(const Student& other) const {              // 重载大于运算符
        return weight > other.weight;
    }
    bool operator == (const Student& other) const {            // 重载等于运算符
        return weight == other.weight;
    }
};
```

本例 choice. cpp 中的 sort_choice(Student a[],int n)函数使用选择法排序数组，选择法排序是不稳定排序。

choice.cpp

```
#include "Student.cpp"
void sort_choice(Student a[],int n){                          //选择法
   int minIndex = -1;
   for(int i = 0; i < n - 1; i++) {
       minIndex = i;
       for(int j = i + 1; j <= n - 1;j++) {
           if(a[j]< a[minIndex]) {
               minIndex = j;
           }
       }
       if(minIndex!= i){
            Student temp = a[i];
            a[i] = a[minIndex];
            a[minIndex] = temp;
       }
   }
}
```

本例的 ch4_4.cpp 分别使用 choice.cpp 中的 void sort_choice()函数和<algorithm>库提供的 std:stable_sort()函数排序数组，演示了不稳定排序和稳定排序的效果，排序之前，(66,1)在(66,4)的前面(两者的 weight 值相同都是 66)，稳定排序后(66,1)仍然在(66,4)的前面，但不稳定排序导致(66,4)在(66,1)的前面，运行效果如图 4.4 所示。

```
排序前:
(66,1) (50,2) (70,3) (66,4) (66,5) (50,6) (66,7) (56,8)
稳定排序后:
(50,2) (50,6) (56,8) (66,1) (66,4) (66,5) (66,7) (70,3)
不稳定排序后:
(50,2) (50,6) (56,8) (66,4) (66,5) (66,1) (66,7) (70,3)
```

图 4.4　稳定和不稳定排序

ch4_4.cpp

```
#include <iostream>
#include <algorithm>                                  // 包含<algorithm>头文件
#include "Student.cpp"
#include <cstring>                                    //需要 memcpy()函数复制数组
void sort_choice(Student a[],int n);
int main() {
   Student student[8];                                // 创建学生对象数组
   int weight[] = {66,50,70,66,66,50,66,56};
   int number[] = {1,2,3,4,5,6,7,8};
   for(int i = 0;i < 8;i++){
       student[i].weight = weight[i];
       student[i].number = number[i];
   }
   Student destination[8];
   std::memcpy(destination, student, 8 * sizeof(Student));
   std::cout <<"排序前:"<<"\n";
   for(int i = 0;i < 8;i++){
       std::cout <<"("<< student[i].weight <<","<< student[i].number <<") ";
   }
   std::cout <<"\n";
   std::stable_sort(student,student + 8);    // 使用 std::stable_sort()函数对数组进行排序
   std::cout <<"稳定排序后:"<<"\n";
   for(int i = 0;i < 8;i++){
       std::cout <<"("<< student[i].weight <<","<< student[i].number <<") ";
   }
   std::cout <<"\n";
```

```
    sort_choice(destination,8);                    // 使用 sort_choice 函数对数组进行排序
    std::cout <<"不稳定排序后:"<<"\n";
    for(int i = 0;i < 8;i++){
        std::cout <<"("<< destination[i].weight <<","<< destination[i].number <<") ";
    }
    std::cout << std::endl;
    return 0;
}
```

例 4-5 归并排序。

本例的 merge.cpp 给出的归并排序算法是为了体现递归算法的重要性（归并排序使用了递归算法），在实际应用中完全没必要这样做，只需要用< algorithm >算法库提供的 std::_stable_sort()函数即可，这样可以让代码更加简练、有效。

归并排序算法如下：

(1) 将待排序数组分成两个子数组，每个子数组通过递归进行排序。

(2) 将两个排好序的子数组合并成一个有序数组。

本例 merge.cpp 中的 void merge_sort(int[] arr,int left,int right)函数使用归并排序算法排序数组 arr。

merge.cpp

```
void merge(int arr[],int length, int left, int mid, int right);
void merge_sort(int arr[], int length,int left, int right) {
    if (left < right) {
        int mid = (left + right) / 2;
        merge_sort(arr,length,left, mid);                // 对左边的子数组进行归并排序
        merge_sort(arr,length,mid + 1,right);            // 对右边的子数组进行归并排序
        merge(arr,length,left, mid, right);              // 将排序好的左右子数组合并
    }
}
void merge(int arr[],int length, int left, int mid, int right) {
    int tmp[length];
    int i = left, j = mid + 1, k = left;
    while (i <= mid && j <= right) {
        if (arr[i] < arr[j]) {
            tmp[k++] = arr[i++];
        }
        else {
            tmp[k++] = arr[j++];
        }
    }
    while (i <= mid) {
        tmp[k++] = arr[i++];
    }
    while (j <= right) {
        tmp[k++] = arr[j++];
    }
    for (int i = left; i <= right; i++) {                // 将归并后的结果赋值给原数组
        arr[i] = tmp[i];
    }
}
```

本例 ch4_5.cpp 中使用 merge.cpp 中的 merge_sort()函数排序数组，运行效果如图 4.5 所示。

```
排序前:
66 150 70 66 606 56 166 56
归并排序后:
56 56 66 66 70 150 166 606
```

图 4.5 归并排序

ch4_5. cpp

```
#include <iostream>
#include <algorithm>                         //包含<algorithm>头文件
void merge_sort(int arr[], int length,int left, int right) ;
int main() {
    int a[] = {66,150,70,66,606,56,166,56};
    int length = sizeof(a)/sizeof(int);
    std::cout <<"排序前:"<<"\n";
    for(int i = 0;i < length;i++){
        std::cout << a[i]<<" ";
    }
    std::cout <<"\n";
    merge_sort(a,length,0,length - 1);
    std::cout <<"归并排序后:"<<"\n";
    for(int i = 0;i < length;i++){
        std::cout << a[i]<<" ";
    }
    std::cout << std::endl;
    return 0;
}
```

4.2.3 计数排序

起泡法、插入法和选择法排序的时间复杂度都是 $O(n^2)$；快速排序、归并排序的时间复杂度都是 $O(n\log_2 n)$。对于某些特殊的数据集，是否有时间复杂度可能低于 $O(n\log_2 n)$ 的排序算法呢？答案是计数排序。

计数排序要求参与排序的 n 个数据必须是 1 到 max 的正整数，计数排序的时间复杂度是 $O(n+\max)$。如果 max 是个固定的值，而 n 是实际问题中变化的整数，例如经常要获得 n 个范围在 1～15(max 是 15)的随机数(有很多是重复的)，并需要排序它们，那么就可以使用计数排序而不是其他排序方法。

尽管计数排序的使用频率相对较低，但在需要对海量的、在固定大小范围的正整数进行排序时，计数排序就显示出优势了。

计数排序的步骤如下。

(1) 统计每个整数出现的次数：创建一个称作计数数组的 int 型数组，其长度是待排序数组中的最大整数再加 1。遍历待排序数组，统计每个整数出现的次数，并将统计结果存储在 int 型计数数组中对应的位置。

(2) 计算每个整数的排序位置：遍历 int 型计数数组，累加前面出现的整数的次数，得到每个整数在排序后的位置。

(3) 排序临时数组：根据计数数组中的统计结果，将每个整数放到临时数组中对应的位置。

(4) 将临时数组复制回原数组：将临时数组中的元素复制回原数组，完成排序。

计数排序的时间复杂度为 $O(n+\max)$，其中 n 是参与排序的整数的个数，max 是待排序数组的整数中的最大整数。计数排序在某些情况下比其他排序算法更快(例如 max 是不大的一个固定整数）。

例 4-6 计数排序。

本例 counting_sort. cpp 中的 void counting_sort()函数是计数排序算法，时间复杂度为 $O(n+\max)$。

counting_sort. cpp

```
void counting_sort(int arr[],int length_arr,
                   int temp_arr[],int count[],int length_count) {
    for (int i = 0; i < length_arr; i++) {          //统计每个整数出现的次数
        count[arr[i]]++;
    }
    for (int i = 1; i < length_count; i++) {        //计算每个整数在排序后的位置
        count[i] = count[i] + count[i - 1];
    }
    for (int i = length_arr - 1; i >= 0; i-- ) {    //排序临时数组
        temp_arr[count[arr[i]] - 1] = arr[i];
        count[arr[i]]-- ;                           //整数中没有重复的整数,此处代码可以省略
    }
    for (int i = 0; i < length_arr; i++) { //将临时数组 temp_arr 复制回原数组 arr
        arr[i] = temp_arr[i];
    }
}
```

本例的 ch4_6. cpp 分别用< algorithm >库提供的 std::sort()快速排序函数和 counting_sort. cpp 中的 void counting_sort()计数排序函数排序数组，并比较了两者的运行耗时，运行效果如图 4.6 所示。

```
15 6 3 8 2 5 10 5 6 3
排序后:
2 3 3 5 5 6 6 8 10 15
双轴快速排序199999个随机数耗时(秒):0.0200001
计数排序199999个随机数耗时(秒):0.009963
```

图 4.6 计数排序

ch4_6. cpp

```
#include <iostream>
#include <algorithm>
#include <chrono>
#define N 199999
void counting_sort(int arr[],int length_arr,
                   int temp_arr[],int count[],int length_count);
int main() {
    int arr[10] = {15,6,3,8,2,5,10,5,6,3};                    //最大的数 15
    int temp_arr[10] = {0} ;
    int count[16] = {0} ;
    for (int i = 0; i < 10; i++) {
        std::cout << arr[i] << " ";
    }
    counting_sort(arr,10,temp_arr,count,16);                  // 计数排序
    std::cout <<"\n 排序后:"<< std::endl;
    for (int i = 0; i < 10; i++) {
        std::cout << arr[i] << " ";
    }
    int random_number[N];                                     //随机数的数量
    for(int i = 0;i < N;i++){
        random_number[i] = rand() % 16;                       //最大的随机数 15
    }
    auto start = std::chrono::high_resolution_clock::now();   //开始执行的时间点
    std::sort(random_number, arr + N); //用 std::sort()函数对数组进行排序
    auto end = std::chrono::high_resolution_clock::now();     //结束的时间点
    std::chrono::duration<double> duration = end - start;
    std::cout <<"\n 双轴快速排序"<< N <<"个随机数耗时(秒):"<< duration.count()<< std::endl;
```

```
    for(int i = 0;i < N;i++){
        random_number[i] = rand() % 16;
    }
    int temp[N] = {0};
    int countN[15] = {0} ;
    start = std::chrono::high_resolution_clock::now();          //开始执行的时间点
    counting_sort(random_number,N,temp,countN,15);              //计数排序
    end = std::chrono::high_resolution_clock::now();            //结束的时间点
    duration = end - start;
    std::cout <<"计数排序"<< N <<"个随机数耗时(秒):"<< duration.count()<< std::endl;
    return 0;
}
```

4.2.4 动态排序

排序时如果需要按照自定义的排序规则进行排序，可以提供一个自定义的比较函数作为第三个参数传递给 std::sort()或 std::stablesort()函数。

例 4-7 动态排序。

math.h 库中的 double modf(double num，&integer)函数返回 num 的小数部分，并将整数部分存放到变量 integer 中。例如：

```
double m = 0;
double y = 6.108;
double x = modf(y,&m);                    //x 的值是 0.108,m 的值是 6.0
```

本例 ch4_7.cpp 的 compare.cpp 中的 bool compare_double(double a,double b)函数是按 a 和 b 的小数部分的大小比较当前 a 和 b 的大小；bool compare_integer(double a,double b)函数是按 a 和 b 的整数部分的大小比较当前 a 和 b 的大小。

compare.cpp

```
#include < math.h >
bool compare_double(double a,double b){
   double integer = 0;
   double d_a = modf(a, &integer);
   double d_b = modf(b, &integer);
   if(d_a < = d_b){                       //从小到大排序(升序)
        return true;
   }
   else {
       return false;
   }
}
bool compare_integer(double a,double b){
   double integer_a,integer_b = 0;
   double d_a = modf(a, &integer_a);
   double d_b = modf(b, &integer_b);
   if(integer_a > = integer_b){          //从大到小排序(降序)
       return true;
   }
   else {
       return false;
   }
}
```

本例的 ch4_7.cpp 在排序数组时使用 compare.cpp 中的比较函数作为第三个参数传递给 std::sort()或 std::stablesort()函数，让 std::sort()按照整数部分的大小降序排序数组，

std::stable_sort()按照小数部分的大小升序排序数组，运行效果如图 4.7 所示。

```
3.33 6.22 1.99 8.01 5.5 7.7
按照小数部分升序:
8.01    6.22    3.33    5.5    7.7    1.99
按照整数部分降序:
8.01    7.7    6.22    5.5    3.33    1.99
```

图 4.7　动态排序

ch4_7.cpp

```
#include <iostream>
#include <algorithm> // 包含<algorithm>头文件
bool compare_double(double a,double b);
bool compare_integer(double a,double b) ;
int main() {
    double arr[] = {3.33, 6.22, 1.99, 8.01, 5.5, 7.7};
    int n = sizeof(arr) / sizeof(double);
    for (int i = 0; i < n; i++) {
        std::cout << arr[i] << "    ";
    }
    std::cout << "\n按照小数部分升序:\n";
    std::sort(arr, arr + n, compare_double);            //使用自定义的比较函数进行排序
    for (int i = 0; i < n; i++) {
        std::cout << arr[i] << "    ";
    }
    std::cout << "\n按照整数部分降序:\n";
    std::stable_sort(arr, arr + n, compare_integer);    //使用自定义的比较函数进行排序
    for (int i = 0; i < n; i++) {
        std::cout << arr[i] << "    ";
    }
    std::cout << std::endl;
    return 0;
}
```

4.3　数组的二分查找

4.3.1　二分法

二分法可用于查找一个数据是否在一个升序数组中，曾在例 2-9、例 3-6 中有所介绍。因为二分法是成熟的经典算法，所以 C++将其作为< algorithm >库的一个函数，需使用 std 调用此函数："std::binary_search()"。在开发程序时可以直接使用 binary_search()函数，不必再像例 2-9 或例 3-6 那样去编写算法的具体代码，除非< algorithm >库的 binary_search()函数无法满足程序的需求。

< algorithm >库的 bool binary_search(arr,arr+n,key)函数使用二分法查找一个数据 key 是否在升序数组 arr 中，其中 n 是数组的长度，如果在数组中，返回 1(true)，否则返回一个 0(false)。

例 4-8　用二分法统计数字出现的次数。

本例的 ch4_8.cpp 在循环 10 000 次的循环体中，每次随机得到 1～7 的一个数字，循环结束后输出 1～7 各个数字出现的次数，本例中使用了< algorithm >库的 binary_search()函数，运行效果如图 4.8 所示。

```
循环10000次
1 2 3 4 5 6 7
各个数字出现的次数:
1530 1334 1490 1426 1429 1391 1400
次数之和sum = 10000
```

图 4.8　借助二分法统计数字频率

ch4_8. cpp

```
#include <iostream>
#include <algorithm>                    // 包含<algorithm>头文件
#include <time.h>
#define NUMBER 7
int main() {
    int arr[NUMBER] = {0};
    for(int i = 0;i < NUMBER;i++){
        arr[i] = i + 1;                 //将 1~NUMBER 存放在数组 arr 中
    }
    int frequency[7] = {0};             //存放数字出现的次数
    srand(time(NULL));                  //用当前时间做随机种子
    int counts = 10000;
    int i = 1;
    while(i <= counts){
        int m = rand() % NUMBER + 1;
        //判断 m 是否在数组 arr 中
        bool isHere = std::binary_search(arr,arr + NUMBER,m);
        if(isHere)
            frequency[m - 1]++;
        i++;
    }
    std::cout <<"循环"<< counts <<"次"<< std::endl;
    for (int i = 0; i < NUMBER; i++) {
        std::cout << arr[i] << " ";
    }
    std::cout <<"\n 各个数字出现的次数:"<< std::endl;
    for (int i = 0; i < NUMBER; i++) {
       std::cout << frequency[i] << " ";
    }
    int sum = 0;
    for(int item:frequency)
        sum += item;
    std::cout <<"\n 次数之和 sum = "<< sum << std::endl;
    return 0;
}
```

4.3.2 过滤数组

如果要过滤数组 arr,即去掉数组 arr 中的某些值。为了过滤数组 arr,可以用另外一个数组 filer 作为过滤器,即数组 filer 中的元素值都是数组 arr 需要去掉的值。

例 4-9 过滤数组。

本例的 filter_data. cpp 中的 int * filter_array(int arr[] ,int arr_size,int filter[],int filter_size)函数返回一个指向数组的指针,该指针指向的数组的元素值是数组 arr 经过用数组 filter 过滤后的数据。过滤过程中使用了< algorithm >库的 binary_search()函数判断数组中哪些值不在数组 filter 中,然后通过保留不在数组 filter 中的值完成过滤过程。

filter_data. cpp

```
#include <iostream>
#include <algorithm>                    // 包含<algorithm>头文件
#include <malloc.h>
int * filter_array(int arr[] ,int arr_size, int filter[], int filter_size) {
    std::sort(filter,filter + filter_size);
    int *result = (int *)(std::calloc(arr_size, sizeof(int)));
    int isNotInArr = std::numeric_limits < int >::quiet_NaN();
```

```
    for(int i = 0;i < arr_size;i++) {   //批量为 result 数组赋值一个不是 arr 中的数据
        result[i] = isNotInArr;
    }
    for(int i = 0, j;i < arr_size;i++) {
        bool isHere = std::binary_search(filter,filter + filter_size,arr[i]);
        if(isHere == false) {
            result[j] = arr[i];   //arr[i]是留下的数据
            j++;
        }
    }
    return result;                //返回过滤后的数组
}
```

本例的 ch4_9. cpp 使用 filter_data. cpp 中的 int * filter_array()函数过滤数组，效果如图 4.9 所示。

```
过滤之前的数据:
1   2   3   65   5   78   98   78   -100   4
需要去除的数据:-100   4   78   1   2
过滤后的数据:3   65   5   98
```

图 4.9　过滤数组

ch4_9. cpp

```
#include < iostream >
#include < algorithm >                          // 包含< algorithm >头文件
int * filter_array(int [] ,int ,int[] ,int);
int main() {
    int arr[] = {1,2,3,65,5,78,98,78, - 100,4};
    int filter[] = { - 100,4,78,1,2};           // 过滤器
    std::cout <<"过滤之前的数据:\n";
    for(int number:arr){
        std::cout << number <<"  ";
    }
    std::cout <<"\n 需要去除的数据:";
    for(int number:filter){
        std::cout << number <<"  ";
    }
    int * result = filter_array(arr,sizeof(arr)/sizeof(int),
                                filter,sizeof(filter)/sizeof(int));
    std::cout <<"\n 过滤后的数据:";
    int isNotInArr = std::numeric_limits < int >::quiet_NaN();
    for(int i = 0;result[i]!= isNotInArr;i++){
        std::cout << result[i]<<"  ";
    }
    return 0;
}
```

4.4　数组的复制

两个类型相同的数组，例如数组 a 和数组 b，如果将 a 的值（数组的地址）赋值给 b，那么二者的元素就完全相同了（见 4.1 节）。如果想得到一个数组 b，b 的元素值和 a 的相同，但二者的地址不同，就需要使用复制的办法，即把数组 a 的元素值赋值到数组 b 的元素中，而不是将 a 的值赋值给 b。

4.4.1　复制数组的函数

所谓复制（copy）数组 arr，就是把数组 arr 中部分或全部元素的值，赋值到一个新的数组中，而不是把 arr 的值（首单元的地址）赋值给某个数组。

- std::copy(source+ index_start, source+ index_end, destination) std::copy()是 C++标准库中的一个函数，把一维数组 source 索引范围为[index_start, index_end)的 index_end-index_start 个元素的值赋值到一个新数组 destination 中，即复制时包含索引是 index_start 的元素，但不包含索引是 index_end 的元素。

- std::memcpy(destination, source+index, n * sizeof(数组类型))

std::memcpy()是< cstring >库中的一个函数，把一维数组 source 从 index 索引开始的连续 n 个元素的值赋值到一个新数组 destination 中。std::memcpy 是一个强大的函数，可以在字节级别上高效地复制内存块的内容，适用于需要处理大量数据的情况。

例 4-10　模拟买福利彩票“双色球”。

本例 get_random_number. cpp 中的 void get_random(int number,int amount,int result[])函数把 1～number 的 amount 个互不相同的随机数存放到数组 result 中，该函数使用了 std::copy()函数复制数组，同时使用了< algorithm >库中的 binary_search()函数判断某个随机数是否在一个数组中。

get_random_number. cpp

```
#include <iostream>
#include <algorithm>
#include <time.h>
#include <cstring>
void get_random(int number, int amount, int result[]) {
    int i = 0;
    int temp[amount] = {0};
    std::copy(result, result + amount, temp);
    srand(time(NULL));                          //用当前时间做随机种子
    while(i < amount){                          //随机数不够 amount 个
        int m = 1 + rand() % number;            //m 是[1,number]中的随机数
        std::sort(temp, temp + amount);         //快速排序数组
        bool isHere = std::binary_search(temp, temp + amount, m);
        if(isHere == false) {                   //m 是新的随机数
            result[i] = m;
            i++;
        }
        std::memcpy(temp, result, amount * sizeof(int));
    }
}
```

本例 ch4_10. cpp 使用 get_random_number. cpp 中的 get_random(int number, int amount,int result)函数模拟买福利彩票“双色球”。双色球的每注投注号码由 6 个红色球号码和一个蓝色球号码组成。6 个红色球的号码互不相同，红色球的号码是 1～33 的随机数；蓝色球号码是 1～16 的随机数，运行效果如图 4.10 所示。

```
红色球:1    17   27   15   10   6    蓝色球:3
红色球:9    13   8    28   33   27   蓝色球:16
```

图 4.10　双色球

ch4_10. cpp

```
#include <iostream>
void get_random(int number, int amount, int result[]);
int main() {
    int red[6] = {0};                     //双色球中的 6 个红色球
    int blue[1] = {0};                    //双色球中的 1 个蓝色球
    for(int i = 1;i <= 2;i++){
        get_random(33,6,red);
        get_random(16,1,blue);
        std::cout <<"\n 红色球:";
        for(int number:red){
```

```
            std::cout << number <<"   ";
        }
        std::cout <<"蓝色球:";
        for(int number:blue){
            std::cout << number <<"   ";
        }
    }
    return 0;
}
```

例 4-11 围圈留一问题。

围圈留一是一个古老的问题(也称约瑟夫问题)：若干人围成一圈，从某个人开始顺时针(或逆时针)数到 3 的人从圈中退出，然后继续顺时针(或逆时针)数到 3 的人从圈中退出，以此类推，程序输出圈中最后剩下的那个人。

围圈留一问题可以简化为旋转数组(向左或向右旋转数组)，旋转数组两次即可确定退出圈中的人，即此时数组首元素中的号码就应该是要退出圈中的人。

本例 leave_one_around.cpp 中的 leave_one(int people[],int people_length)函数通过旋转数组确定数组 people 中出圈的元素，并用 std::copy()函数保留剩余的元素。

leave_one_around.cpp

```
#include <iostream>
void rotateLeft(int [],int);                              //向左旋转数组函数
void leave_one(int people[],int people_length) {
    int number = 3;
    int * temp = NULL;
    while(people_length > 1){                             //圈中的人数大于 1
        for(int count = 1;count < number;count++){        //数到 3 的人退出
            rotateLeft(people,people_length);             //向左旋转数组
        }
        std::cout <<"号码"<< people[0]<<"退出圈.\n";
        int n = people_length;
        people_length -- ;
        temp = (int *)(std::calloc(people_length, sizeof(int)));
        std::copy(people + 1,people + n,temp);            //得到首元素出圈后的数组 temp
        people = temp;
    }
    printf("最后剩下的号码是 %d\n",people[0]);
}
void rotateLeft(int a[],int length){                      //向左旋转数组
    int temp = a[0];
    for(int i = 1;i <= length - 1;i++) {
        a[i - 1] = a[i];
    }
    a[length - 1] = temp;
}
```

本例的 ch4_11 演示了 11 个人的围圈留一，运行效果如图 4.11 所示。

```
号码3退出圈.
号码6退出圈.
号码9退出圈.
号码1退出圈.
号码5退出圈.
号码10退出圈.
号码4退出圈.
号码11退出圈.
号码8退出圈.
号码2退出圈.
最后剩下的号码是7
```

图 4.11 围圈留一

ch4_11. cpp

```
void leave_one(int people[],int people_length);
int main() {
    int people[11] = {1,2,3,4,5,6,7,8,9,10,11};
    leave_one(people,11);
    return 0;
}
```

4.4.2 处理重复数据

有时候我们需要处理数组中重复的数据，即让重复的数据只保留一个。在某些场景下，数据重复属于冗余问题。冗余可能给实际问题带来危害，例如，在撰写一篇文章时，用编辑器同时打开一个文档的多个副本可能会引起混乱。因此，应该只打开一次文档，以免在修改、保存文档时发生数据处理不一致的情况。

例 4-12　处理数组中重复的数据。

本例 handle_recurring. cpp 中的 handle_recurring(int arr[],int result[],int size)函数处理数组 arr 中重复的数据，result 数组的元素中的数据是 arr 中去掉重复数据后的数据(重复的数据只保留一个)。

该函数使用 sdt::copy()函数将处理后的数据保存到一个数组中，使用 std::binary_search()函数判断一个数据是否是重复的数据。

handle_recurring. cpp

```
#include <iostream>
#include <algorithm>
void handleRecurring(int arr[],int result[],int size) {
    int temp[size] = {0};
    std::copy(arr,arr + size,temp);
    std::sort(temp,temp + size);                    //排序,以便使用二分法
    int isNotInArr = std::numeric_limits<int>::quiet_NaN();
    for(int i = 0;i < size;i++) {                   //批量为 result 数组赋值一个不是 arr 中的数据
        result[i] = isNotInArr;
    }
    for(int i = 0;i < size;i++) {                   //批量为 temp 数组赋值一个不是 arr 中的数据
        temp[i] = isNotInArr;
    }
    for(int i = 0,j = 0;i < size;i++) {
     //快速排序数组 temp(不能排序 result,否则会破坏 result 中数据的顺序)
        std::sort(temp,temp + size);
        bool isHere = std::binary_search(temp,temp + size,arr[i]);
        if(isHere == false) {                       //arr[i]是不重复的数据
            result[j] = arr[i];
            j++;
        }
        std::copy(result,result + size,temp);
    }
}
```

本例 ch4_12 使用 handle_recurring. cpp 中的 handle_recurring(int arr[],int result[])函数处理数组中重复的数据，运行效果如图 4.12 所示。

```
处理重复数据之前的数据:
3   3   100   89   89   5   5   6   7   12   12   90   -23   -23   3
处理重复数据之后的数据:
3   100   89   5   6   7   12   90   -23
```

图 4.12　处理重复的数据

ch4_12.cpp

```
#include <iostream>
#include <algorithm>
void handleRecurring(int arr[],int result[],int size) ;
int main() {
    int arr[15]= {3,3,100,89,89,5,5,6,7,12,12,90, - 23, - 23,3};
    int result[15] ={0};
    std::cout <<"处理重复数据之前的数据:\n";
    for(int number:arr){
        std::cout << number <<"  ";
    }
    handleRecurring(arr,result,15);
    std::cout <<"\n 处理重复数据之后的数据:\n";
    int isNotInArr = std::numeric_limits<int>::quiet_NaN();
    for(int number:result){
      if(number == isNotInArr)
          break;
        std::cout << number <<"  ";
    }
    return 0;
}
```

4.5 数组的比较

<algorithm>提供了比较两个一维数组的 bool equals()函数，假如有一维数组 arr_one 和 arr_two，那么 std::equal(arr_one+start,arr_one+end,arr_two)比较数组 arr_one 索引范围是[start,end)的元素是否依次和数组 arr_two 的元素相同，如果相同返回 1(true)，否则返回 0(false)(比较时包含 arr_one 中索引是 start 的元素、不包含索引是 end 的元素)，例如，对于：

```
int arr_one[] = {1, 2, 3, 4, 5, 1, 2, 3, 4, 5};
int arr_two[] = {1, 2, 3, 4};
```

std::equal(arr_one+5,arr_one+9,arr_two)、std::equal(arr_one,arr_one+4,arr_two)两者的值都是 1(true)。对于：

```
int arr_one [] = {1,2,3,4,5};
int arr_two [] = {1,2,3,4,5,6,7};
```

std:equal(arr_two, arr_two+5, arr_one)和 equal(arr_one, arr_one+5, arr_two)的值都是 1(true)。

例 4-13 寻找单词并输出单词出现的次数。

本例 find_word.cpp 的 findWord(String str,String word)函数输出 str 中出现的 word 并返回 word 出现的次数。

find_word.cpp

```
#include <algorithm>
#include <iostream>
#include <string>
int findWord(std::string str,std::string word) {
    const char * ch = str.c_str();                    //字符放入 char 数组
    const char * girl = word.c_str();
    int count = 0;
```

```
    for(int i = 0;ch[i]!= '\0';i++){
        bool is_equal = std::equal(ch + i,ch + i + 4,girl);
        if(is_equal){
            count++;
            std::cout << i <<"至"<< i + 4 <<"找到第"<< count <<"个"<< word << std::endl;
        }
    }
    return count;
}
```

本例 ch4_13.cpp 输出一段英文中出现的 girl 和 girl 出现的次数，运行效果如图 4.13 所示。

```
5至9找到第1个girl
49至53找到第2个girl
This girl reads every day. Many people like this girl.
中出现了2次girl
```

图 4.13　寻找单词以及单词出现的次数

ch4_13.cpp

```
#include <iostream>
#include <algorithm>
#include <string>
int findWord(std::string str,std::string word);
int main() {
    std::string str = "This girl reads every day. Many people like this girl.";
    std::string word = "girl";
    int count = findWord(str,word);
    std::cout << str <<"\n 中出现了"<< count <<"次"<< word << std::endl;
    return 0;
}
```

4.6 数组与洗牌

n 个数的不重复全排列有 $n!$ 种可能，对 n 张牌进行洗牌后得到的结果是 $n!$ 种排列中的某一个。每次洗牌不仅要使得每张牌都不在最初的位置上（对于非单张牌），而且每张牌出现在其他每个位置上的概率也是相同的，这正是洗牌算法的关键之处（生活中，洗牌手在洗牌过程中移动了所有的牌，使得用户相信他的洗牌）。

Fisher-Yates 洗牌算法就是满足这种要求的洗牌算法，时间复杂度是 $O(n)$。

这里以长度为 n 的数组 card 为例（数组的元素索引下标从 0 开始，注意算法中的数字与数据结构元素的索引有关），介绍 Fisher-Yates 洗牌算法如下。

(1) 变量 i 的初始值为 $n-1$，如果 i 的值大于 0，进行(2)，否则进行(4)。

(2) 得到一个 0（索引的起始位置）至 i 的随机数 m（不包括 i），然后进行(3)。

(3) 交换 card[i]和 card[m]的值，然后 i--，此时如果 i 大于 0 进行(2)，否则进行(4)。

(4) 结束。

例如：

对于数组

int card[] ={0, 1, 2, 3, 4, 5, 7}；

洗牌前：

[0, 1, 2, 3, 4, 5, 7]

$i=6$,假设随机数 $m=3$,交换 $a[3]$,$a[6]$:

[0, 1, 2, 7, 4, 5, 3]

$i=5$,假设随机数 $m=2$,交换 $a[2]$,$a[5]$:

[0, 1, 5, 7, 4, 2, 3]

$i=4$,假设随机数 $m=2$,交换 $a[2]$,$a[4]$:

[0, 1, 4, 7, 5, 2, 3]

$i=3$,假设随机数 $m=2$,交换 $a[2]$,$a[3]$:

[0, 1, 7, 4, 5, 2, 3]

$i=2$,假设随机数 $m=0$,交换 $a[0]$,$a[2]$:

[7, 1, 0, 4, 5, 2, 3]

$i=1$,假设随机数 $m=0$,交换 $a[0]$,$a[1]$:

[1, 7, 0, 4, 5, 2, 3]

$i=0$,结束

洗牌后:

[1, 7, 0, 4, 5, 2, 3]

例 4-14 洗牌算法。

本例 shuffle_card.cpp 中的 void shuffle(int card[],int card_length)函数是 Fisher-Yates 洗牌算法。

shuffle_card.cpp

```
#include <time.h>
#include <iostream>
void shuffle(int card[],int card_length) {           //Fisher-Yates 洗牌算法
   srand(time(NULL));                                //用当前时间做随机种子
   for(int i = card_length - 1;i > 0;i -- ) {
       int m = rand() % i;                           // 得到一个 0 至 i(不包括 i)的随机数 m
       int temp = card[i];
       card[i] = card[m];
       card[m] = temp;                               //交换 card[i]和 card[m]的值
   }
}
```

本例中的 ch4_14.cpp 演示了 shuffle_card.cpp 中的洗牌算法,效果如图 4.14 所示。

```
原牌:      1  2  3  4  5  6  7  8  9 10
第1次洗牌:  9  7  6  3 10  8  4  1  5  2
第2次洗牌:  5  4  8  6  2  1  3  9 10  7
第2次洗牌: 10  3  1  8  7  9  6  5  2  4
第3次洗牌:  2  6  9  1  4  5  8 10  7  3
第4次洗牌:  7  8  5  9  3 10  1  2  4  6
第5次洗牌:  4  1 10  5  6  2  9  7  3  8
第6次洗牌:  3  9  2 10  8  7  5  4  6  1
第7次洗牌:  6  5  7  2  1  4 10  3  8  9
第8次洗牌:  8 10  4  7  9  3  2  6  1  5
第9次洗牌:  1  2  3  4  5  6  7  8  9 10
9次洗牌后回到原牌.
```

图 4.14 Fisher-Yates 洗牌算法

ch4_14. cpp

```
#include <iostream>
#include <algorithm>
#define N 10
void shuffle(int card[],int card_length);
void outArr(int a[],int size);
int main() {
    int count = 0;
    int card[N] = {1,2,3,4,5,6,7,8,9,10};
    std::cout <<"原牌:      ";
    outArr(card,N);
    int copyCard[N] = {-1};
    std::copy(card,card + N,copyCard);
    shuffle(card,N);
    count++;
    printf("\n第%d次洗牌:",count);
    outArr(card,N);
    shuffle(card,N);
    count++;
    printf("\n第%d次洗牌:",count);
    outArr(card,N);
    while(true) {
        shuffle(card,N);
        printf("\n第%d次洗牌:",count);
        outArr(card,N);
        if(std::equal(card,card + N,copyCard)){
            std::cout << std::endl << count <<"次洗牌后回到原牌."<< std::endl;
            break;
        }
        count++;
    }
    return 0;
}
void outArr(int a[],int size){
    for(int i;i < size;i++){
        printf("%3d",a[i]);
    }
    printf("\n");
}
```

4.7　数组与生命游戏

生命游戏属于二维细胞自动机的一种，是英国数学家 John Horton Conway(约翰·何顿·康威)在 1970 年发明的一种特殊二维细胞自动机。它将二维平面上的每一个格子看成是一个细胞生命体，每个细胞生命都有“生”和“死”两种状态，每一个细胞的旁边都有邻居细胞存在，例如把 3×3 的 9 个格子构成的正方形看成一个基本单位的话，那么这个正方形中心的细胞的邻居就是它旁边的 8 个细胞(至多 8 个)。

一个细胞的下一代的生死状态变化遵循下面的生命游戏算法(图 4.15)。

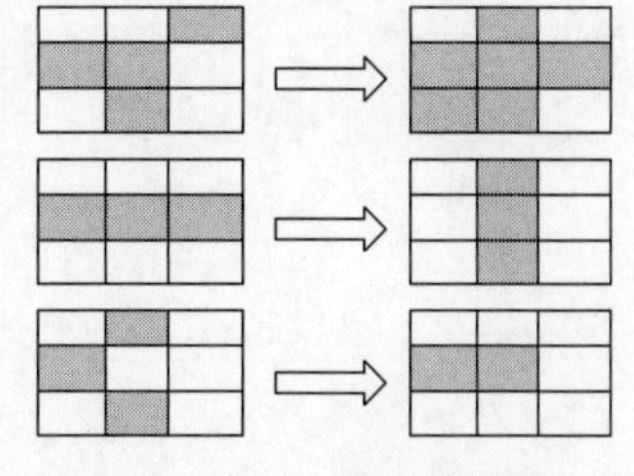

图 4.15　生命游戏规则

(1) 如果细胞周围有 3 个细胞为生，下一代该细胞也为生(当前细胞若原先为死，则转为生；若原先为生，则保持不变)。

（2）如果细胞周围有两个细胞为生，下一代该细胞的生死状态保持不变。

（3）如果细胞周围的情况为其他情况，下一代该细胞为死（即该细胞若原先为生，则转为死，若原先为死，则保持不变）。

对于二维有限细胞空间（有限的格子（细胞）数目），从某个初始状态开始，经过一定时间运行后，细胞空间可能趋于一个空间平稳的构形，称进入平稳状态，即每一个细胞处于固定状态，不随时间变化而变化。但是有时也会进入一个周期状态，即在几个状态中周而复始。

例 4-15　生命游戏。

本例的 life_game. cpp 中的函数 void next_life_state(int life[][N],int next_life[][N],int rows,int column)给出生命游戏当前状态 life 的下一代的 next_life。

life_game. cpp

```
//返回生命 life 的下一代
#define N 100
void next_life_state(int life[][N],int next_life[][N],int rows,int column) {/
    int liveCellsCounts = 0;
    for(int i = 0;i < rows;i++) {
        for(int j = 0;j < column;j++){
            liveCellsCounts = 0;
                //检查 cells[i][j]周围生(活的)的细胞个数
            if(i < rows - 1) {
                if(life[i + 1][j] == 1)                      // 检查当前细胞的下方
                    liveCellsCounts++;
            }
            if(i >= 1) {
                if(life[i - 1][j] == 1)                      // 检查当前细胞的上方
                    liveCellsCounts++;


            }
            if(j < column - 1) {
                if(life[i][j + 1] == 1)                      // 检查当前细胞的右方
                    liveCellsCounts++;
            }
            if(j >= 1) {
                if(life[i][j - 1] == 1)                      // 检查当前细胞的左方
                    liveCellsCounts++;
            }
            if(i < rows - 1&&j < column - 1){
                if(life[i + 1][j + 1] == 1)                  // 检查当前细胞的下右
                    liveCellsCounts++;
            }
            if(i < rows - 1&&j >= 1){
                 if(life[i + 1][j - 1] == 1)                 // 检查当前细胞的下左
                     liveCellsCounts++;
            }
            if(i >= 1&&j >= 1){
                 if(life[i - 1][j - 1] == 1)                 // 检查当前细胞的上左
                    liveCellsCounts++;
            }
            if(i >= 1&&j < column - 1){
                 if(life[i - 1][j + 1] == 1)                 // 检查当前细胞的上右
                    liveCellsCounts++;
            }
            if(liveCellsCounts == 3){
                next_life[i][j] = 1;                         //生
```

```
            }
            else if(liveCellsCounts == 2){
                                                        // 保持不变
            }
            else {
                next_life[i][j] = 0;                    //死
            }
        }
    }
}
```

本例的 ch4_15. cpp 使用 life_game. cpp 中的函数 void next_life_state()输出生命游戏前 18 代,运行效果如图 4.16 所示。

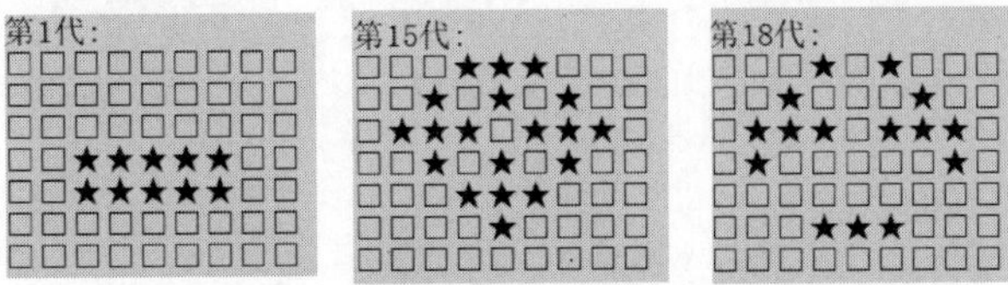

图 4.16　生命游戏

ch4_15. cpp

```
#include < iostream >
#define N 100
void outPut( int a[][N],int rows,int column);
void copyOf(int source[][N],int destination[][N],int rows,int column);
void next_life_state( int life[][N], int next_life[][N],int rows,int column);
int main() {
    int life[7][N] = {{0,0,0,0,0,0,0,0,0},
                      {0,0,0,0,0,0,0,0,0},
                      {0,0,0,0,0,0,0,0,0},
                      {0,0,1,1,1,1,1,0,0},
                      {0,0,1,1,1,1,1,0,0},
                      {0,0,0,0,0,0,0,0,0},
                      {0,0,0,0,0,0,0,0,0}};            //生命的初始状态为第 0 代
    int next_life[7][N] = {0};
    for(int m = 1;m <= 18;m++){
        std::cout <<"第"<< m <<"代:"<< std::endl;
        outPut(life,7,9);
        std::cout <<" ------------------ "<< std::endl;
        next_life_state(life,next_life,7,9);
        copyOf(next_life,life,7,9);
    }
    return 0;
}
void outPut(int a[][N],int rows,int column){               //输出二维数组
   for(int i = 0;i < rows;i++){
      for(int j = 0;j < column;j++){
         if(a[i][j] == 1)
           printf("★");
         else
           printf("□");
      }
      printf("\n");
   }
}
void copyOf(int source[][N],int destination[][N],int rows,int column){//复制二维数组
```

```
    for(int i = 0;i < rows;i++){
        std::copy(source[i],source[i] + column,destination[i]);
    }
}
```

习题 4

扫一扫

习题

扫一扫

自测题

第5章 链表与list类

本章主要内容

- 链表的特点；
- 创建链表；
- 遍历链表；
- 查询与相等；
- 添加节点；
- 删除节点；
- 更新节点；
- 子链表；
- 链表的排序；
- 合并、倒置和交换链表；
- 编写简单的链表。

如果需要处理一些类型相同的数据，人们习惯使用数组这种数据结构，但数组在使用之前必须定义其元素的个数，即数组的大小，而且不能再改变数组的大小，因为改变数组大小就意味着放弃原有的全部元素。有时可能给数组分配了太多的单元而浪费了宝贵的内存资源，糟糕的是，程序运行时需要处理的数据可能多于数组的单元，当需要动态地减少或增加数据项时，链表显得更加灵活。

5.1 链表的特点

链表由若干节点组成，这些节点形成的逻辑结构是线性结构，节点的存储结构是链式存储，即节点的物理地址不必是依次相邻的。对于单链表，每个节点含有一个数据，并含有下一个节点的地址。对于双链表，每个节点含有一个数据，并含有上一个节点的地址和下一个节点的地址(C++实现的是双链表)，图5.1示意的是有5个节点的双链表(省略了上一个节点的地址箭头)。注意，链表的节点序号是从0开始，每个节点的序号等于它前面的节点的个数。

链表中节点的物理地址不必是相邻的，因此，链表的优点是不需要占用一块连续的内存空间。

1. 删除头、尾节点的复杂度 $O(1)$

双链表中始终保存着头、尾节点的地址，因此删除头、尾节点的时间复杂度是 $O(1)$。

删除头、尾节点后，新链表中的节点序号按新的链表长度从0开始排列。

例如，要删除图5.1所示链表的头节点(大象节点)，根据双链表保存的头节点的地址，找到头节点，然后，找到头节点的下一个节点(狮子节点)，将该节点中存储的上一个节点设置成null，即该节点(狮子节点)变成头节点。删除头节点后的链表如图5.2所示。

2. 查询头、尾节点的复杂度 $O(1)$

双链表中始终保存着头、尾节点的地址，因此查询头、尾节点的时间复杂度是 $O(1)$。

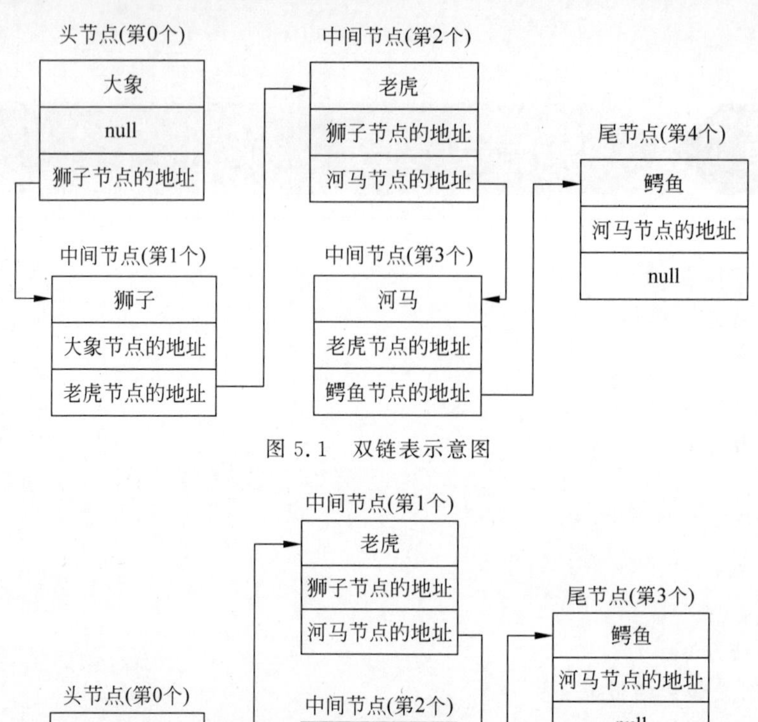

图 5.1　双链表示意图

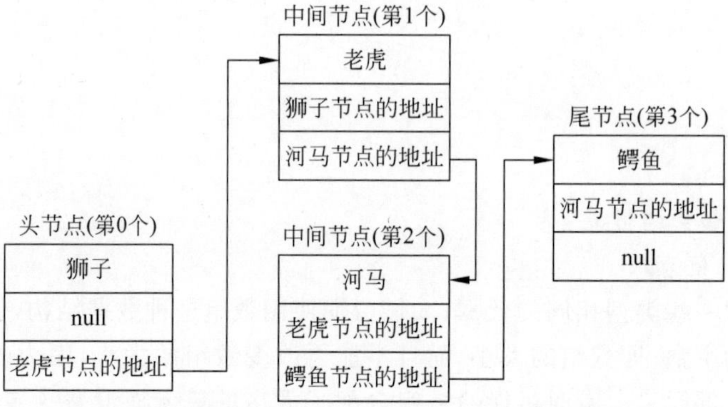

图 5.2　删除头节点(大象节点)后的链表

3. 添加头尾节点的复杂度 $O(1)$

双链表中始终保存着头尾节点的地址，因此添加头、尾节点的时间复杂度是 $O(1)$。

添加头或尾节点后，新链表中的节点序号按新的链表长度从 0 开始重新排列。

例如，要给图 5.1 所示的链表添加新的尾节点(企鹅节点)，根据双链表保存的尾节点的地址，找到尾节点(鳄鱼节点)，将这个尾节点中的下一个节点的地址设置成新添加的节点(企鹅节点)的地址，将添加的新节点(企鹅节点)中的上一个节点的地址设置成鳄鱼节点的地址，将添加的新节点(企鹅节点)中的下一个节点的地址设置成 null，即让新添加的节点成为尾节点。添加新尾节点后的链表如图 5.3 所示。

4. 查询中间节点的时间复杂度 $O(n)$

链表节点的物理地址不是相邻的，节点通过互相保存地址链接在一起。对于双链表，如果节点的索引 i 小于或等于链表的长度 n 的一半，那么就从头节点开始，依据每个节点中的下一节点的地址，依次向后查找节点，并通过计数的函数查找到第 i 节点，如果节点的索引 i 大于链表的长度 n 的一半，那么就从尾节点开始，依据每个节点中的上一节点的地址，依次向前查找节点，并通过倒计数的函数查找到第 i 节点。因此，查询中间节点的平均时间复杂度是 $O(n)$，一般就认为时间复杂度是 $O(n)$。

5. 删除中间节点的复杂度 $O(n)$

查找到第 i 节点，然后删除该节点：将第 $i-1$ 节点中的下一个节点的地址设置成第 $i+1$ 节点的地址，将第 $i+1$ 节点中的上一个节点的地址设置成第 $i-1$ 节点的地址。由于链表查

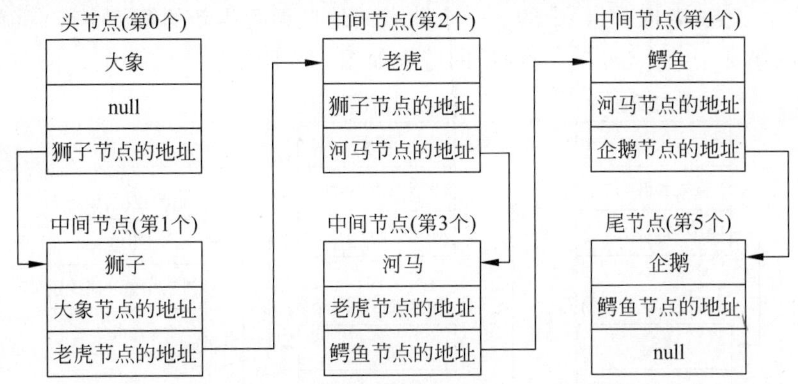

图 5.3　添加新尾节点(企鹅节点)后的链表

询中间节点的平均时间复杂度是 $O(n)$。因此,删除中间节点的时间复杂度是 $O(n)$。

删除节点后,新链表中的节点序号按新的链表长度从 0 开始排列。

例如,要在如图 5.1 所示的链表中删除第 2 个节点(老虎节点),那么就要从头节点(大象节点)找到第 1 个节点(狮子节点),计数为 1,然后再从狮子节点找到第 2 个节点(老虎节点),计数为 2,然后将第 1 个节点(狮子节点)中的下一个节点的地址改成第 3 个节点(河马节点)的地址,将第 3 个节点(河马节点)中的上一个节点的地址改成第 1 个节点(狮子节点)的地址,至此完成了删除第 2 个节点(老虎节点)的操作。删除第 2 个节点(老虎节点)后的链表如图 5.4 所示。

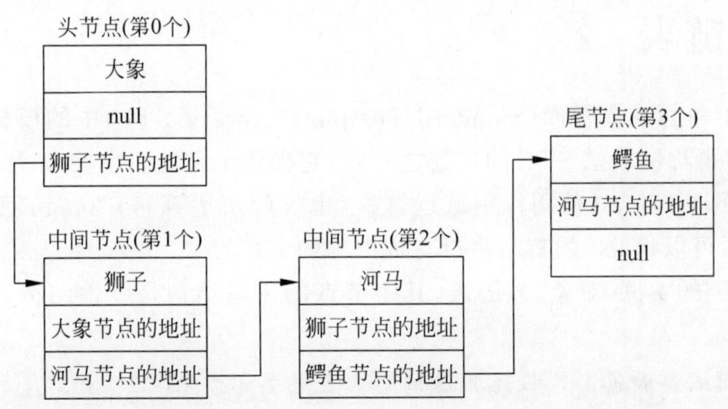

图 5.4　删除中间节点(第 2 个节点:老虎节点)后的链表

6. 插入中间节点的复杂度 $O(n)$

要在链表中插入新的第 i 节点(i 大于 0 小于链表的长度),首先要找到第 i 个节点,然后在第 i 节点的前面插入新的第 i 节点:将第 $i-1$ 节点中下一个节点的地址设置成新的第 i 节点的地址,将新的第 i 节点中的上一个节点的地址设置成第 $i-1$ 节点的地址,下一个节点的地址设置成原第 i 节点的地址,原第 i 节点中上一个节点设置成新的第 i 节点的地址。由于链表查询中间节点的平均时间复杂度是 $O(n)$。因此插入中间节点的时间复杂度是 $O(n)$。

插入新节点后,新链表中的节点序号按新的链表长度从 0 开始排列。

例如,要在如图 5.1 的链表中插入新的第 2 个节点(羚羊节点),就要从头节点(大象节点)找到第 1 个节点(狮子节点),计数为 1,然后再从狮子节点找到原第 2 个节点(老虎节点),计数为 2,然后将第 1 个节点(狮子节点)中的下一个节点的地址改成新的第 2 个节点(羚羊节点)的地址,将新的第 2 个节点(羚羊节点)中的上一个节点的地址设置为第 1 个节点(狮子节点），将原第 2 个节点（老虎节点）中的上一个节点的地址设置为新的第 2 个节点（羚羊节点）的地址，插入新的第 2 个节点（羚羊节点）后的链表如图 5.5 所示。

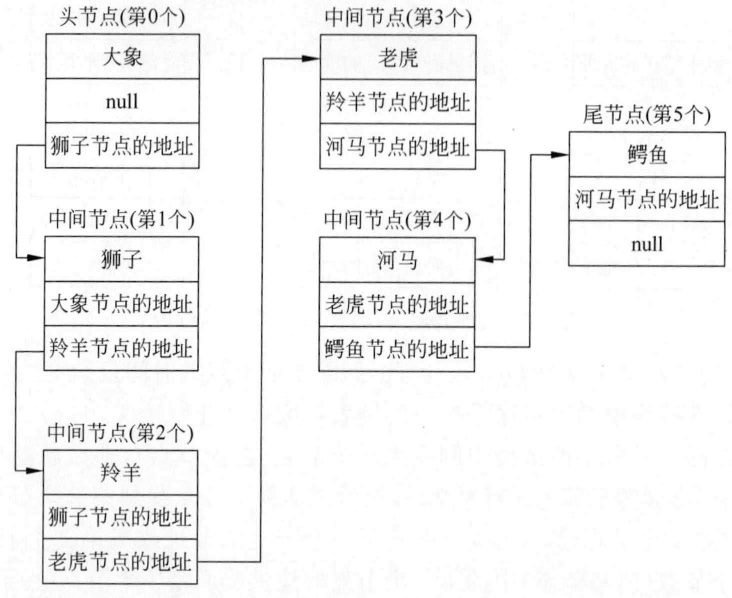

图 5.5　插入中间节点（第 2 个节点：羚羊节点）后的链表

5.2　创建链表

std::list 是 C++标准模板库（Standard Template Library，STL）中的模板类，用于实现双向链表数据结构（也称链表是 STL 的容器之一）。它提供了在链表中插入、删除和访问节点的功能。需要注意的是，当 std 使用作用域运算符（也称解析运算符）"::"访问 list 时不要误写为 str::List，即不可以将 list 的首写字母写成大写的 L。

称 std::list 类的实例（对象）为链表，其中节点的逻辑结构是线性结构，节点的存储结构是链式存储。

注意：有关模板类和标准模板库的基础知识可见参考文献[2]、[3]。

1. 创建空链表或具有初始节点的链表

使用 std::list 类创建链表时，必须要指定模板类中的参数类型的具体类型，类型可以是 C++允许的数据类型，比如 int、float、char 和类等，即指定链表中节点中的数据的类型。例如，指定链表 listInt 的节点中的数据的类型是 int 类型：

```
std::list < int > listInt;                                    //空链表
```

再如，指定链表 listStr 的节点中的数据的类型是 std::string 类型：

```
std::list < std::string > listStr;                            //空链表
```

然后空链表就可以使用 push_back()函数在链表末尾（尾端）添加节点，例如 listInt 使用 push_back()函数依次添加两个节点：

```
listInt.push_back(678);
listInt.push_back(520);
```

listStr 使用 push_back()函数依次添加 4 个节点：

```
    listStr.push_back("大象");
    listStr.push_back("狮子");
    listStr.push_back("老虎");
    listStr.push_back("河马");
```

这时,链表 listInt 有两个节点,节点中的数据都是 int 型整数;链表 listStr 有 4 个节点,节点中的数据都是 std::string 对象。链表中的节点是自动链接在一起的,不需要做链接,也就是说,不需要操作节点中所存放的下一个或上一个节点的地址。

创建链表时,也可以指定初始节点数目,例如:

```
    std::list<std::string> list(20);
```

那么链表 list 初始就有 20 节点,这些节点的值取默认值(对于 std::string 就是 null)。

链表使用 int size()函数返回链表中节点的数目,如果链表中没有节点,int size()函数返回 0。

2. 用已有链表创建链表

我们也可以用已有的相同数据类型的链表,例如用 listStr 链表中的节点创建一个新的链表 listNew:

```
    std::list<std::string> listNew(listStr);
```

链表 listNew 的节点中的数据和 listStr 的相同。如果链表 listNew 修改了节点中的数据,不会影响 listStr 节点中的数据,同样,如果链表 listStr 修改了节点中的数据,也不会影响 listNew 节点中的数据。

3. 用数组创建链表

可以用一个数据类型相同的数组中的全部或部分元素创建一个链表,例如用 int 型数组 arr:

```
    std::list<int> listInt(arr + i,arr + j);
```

listInt 的节点中的数据依次是数组下标$[i,j)$的范围内的元素的值,即第 i 个元素至第 j 个元素的元素的值,但不含第 j 个元素。例如:

```
    int a[] = {0,1,2,3,4,5,6};
    std::list<int> listInt(a + 1,a + 5) ;                    //listInt 节点中的数据依次是{1,2,3,4}
```

4. 链表的初始化

创建链表时,也可以给出链表的初始节点以及节点中的数据,例如:

```
    std::list<int> listInt = {12,13,1,5,19,200};
    std::list<std::string> listStr = {"hello","nice","sunday"};
```

注意:在 C++ 中,std::list 是一个双向链表,它的节点是通过内部类 std::list::Node 来表示的(用户程序不能直接使用这个内部类)。当链表使用 push_back()函数时,链表会自动用 Node 创建节点、节点包含了存储的数据以及指向前一个节点和后一个节点的指针。

例 5-1　创建链表。

本例 ch5_1.cpp 中首先创建两个空链表 listInt 和 listStr,然后向空链表添加几个节点,随后再用 listStr 创建链表 listNew。修改 listStr(添加两个节点),并不影响 listNew 节点中的数据;修改 listNew 节点的数据(更新 4 个节点中的数据)也不影响 listStr 节点中的数据,运行效果如图 5.6 所示。

```
链表listInt的长度:2,节点中的数据:678 520
链表listStr的长度:4,节点中的数据:大象 狮子 老虎 河马
链表listStr添加两个新节点:
链表listStr的节点中的数据:大象 狮子 老虎 河马 鳄鱼 企鹅
链表listNew的节点中的数据:大象 狮子 老虎 河马
链表listNew修改了节点中的数据:
链表listNew的节点中的数据:elephont lion tiger hippo
链表listStr的节点中的数据:大象 狮子 老虎 河马 鳄鱼 企鹅
```

图 5.6　创建链表

ch5_1.cpp

```
#include <iostream>
#include <list>
#include <string>
int main() {
    std::list<int> listInt;                        //链表
    std::list<std::string> listStr;                //链表
    listInt.push_back(678);                        //在链表末尾插入元素
    listInt.push_back(520);
    listStr.push_back("大象");                      //在链表末尾插入元素
    listStr.push_back("狮子");
    listStr.push_back("老虎");
    listStr.push_back("河马");
    std::cout <<"链表 listInt 的长度:"<< listInt.size()<<",节点中的数据:";
    for (auto data:listInt) {
        std::cout << data << " ";
    }
    std::cout <<"\n 链表 listStr 的长度:"<< listStr.size()<<",节点中的数据:";
    for (auto data:listStr) {
        std::cout << data << " ";
    }
    std::list<std::string> listNew(listStr);
    std::cout <<"\n 链表 listStr 添加两个新节点:";
    listStr.push_back("鳄鱼");
    listStr.push_back("企鹅");
    std::cout <<"\n 链表 listStr 的节点中的数据:";
    for (auto data:listStr) {
        std::cout << data << " ";
    }
    std::cout <<"\n 链表 listNew 的节点中的数据:";
    for (auto data:listNew) {
        std::cout << data << " ";
    }
    std::cout <<"\n 链表 listNew 修改了节点中的数据:";
    auto iter = listNew.begin();                   //指向列表第 0 个节点,即头节点的迭代器
    *iter = "elephant";                            //修改头节点中的数据
    iter++; //将迭代器向后(链表尾端)移动到下一个位置(迭代器指向下一个节点)
    *iter = "lion";                                //修改第 1 个节点中的数据
    iter++;
    *iter = "tiger";                               //修改第 2 个节点中的数据
    iter++;
    *iter = "hippo";                               //修改第 3 个节点中的数据
    std::cout <<"\n 链表 listNew 的节点中的数据:";
    for (auto data:listNew) {
        std::cout << data << " ";
    }
    std::cout <<"\n 链表 listStr 的节点中的数据:";
    for (auto data:listStr) {
        std::cout << data << " ";
    }
    std::cout << std::endl;
    return 0;
}
```

5.3 遍历链表

1. 迭代器

对于许多集合，应当允许用户以某种函数遍历集合中的数据，而不需要知道这些数据在集合中是如何表示及存储的，C++为许多数据结构的集合，比如链表、散列表（不包括栈，见7.2节）等不同存储结构的集合都提供了迭代器。链表的存储结构不是顺序结构，因此C++没有为链表提供诸如get(int index)或at(int index)等函数来返回当前链表中第index个节点中的数据。当用户需要遍历链表中的节点时，应当使用该链表提供的迭代器，而不是让链表本身来遍历其中的节点。

在C++中，std::list的迭代器是std::list类模板的内部类：std::list::iterator。

std::list提供的begin()和end()成员函数用于获取std::list的迭代器。

(1) begin()函数返回指向链表头节点（第0个节点）的迭代器（也称迭代器的位置是第0个节点），如图5.7所示（用深色底纹填充示意迭代器），可以用于遍历链表。

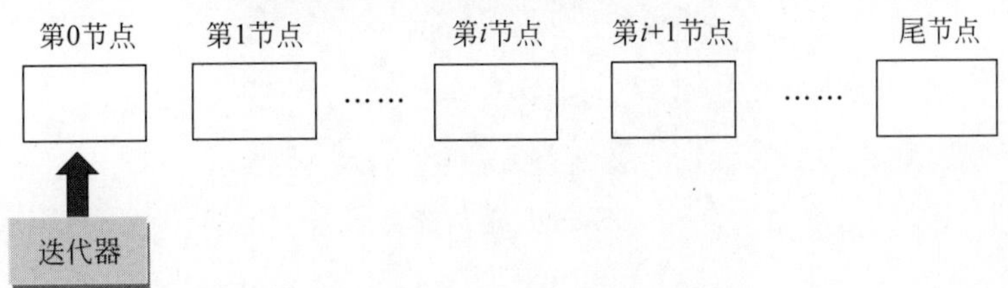

图5.7　begin()函数得到的迭代器

(2) end()函数返回指向链表尾节点的下一个位置的迭代器（注意：不是指向尾节点），如图5.8所示（用深色底纹填充示意迭代器），通常用于判断循环结束条件。

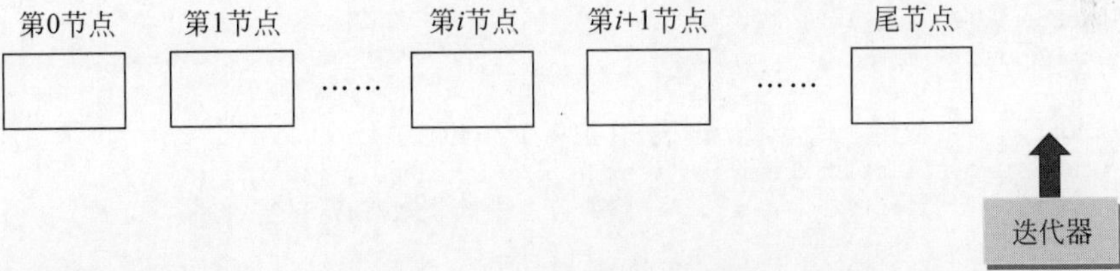

图5.8　begin()函数得到的迭代器

注意：称迭代器指向的节点为迭代器的位置，rbegin()函数和rend()函数（相对于begin()和end()）返回逆向迭代器。

(3) 迭代器的相关操作。

- 迭代器iter使用++操作符，iter++可以将迭代器向后移动（尾节点方向）指向下一个节点，即迭代器向后移动一个位置。
- 迭代器iter使用--操作符，iter--可以将迭代器向前移动（头节点方向）指向上一个节点，即迭代器向前移动一个位置。
- 迭代器iter使用*操作符，*iter可以访问迭代器当前指向的节点中的数据。
- 链表使用insert(iter,data)函数可以在迭代器iter指向的节点前面插入新节点，这个新节点中的数据是data。
- 链表使用erase(iter)函数可以删除迭代器iter指向的节点。

(4) std::advance()函数。std::advance(std::list::iterator iter, int off)函数接收两个参数：第一个参数是迭代器 iter,第二个参数 off 是迭代器要移动的偏移量。std::advance()函数会将迭代器按照指定的偏移量(off 是正整数)向后(尾节点方向)移动或按照指定的偏移量(off 是负整数)向前(头节点方向)移动。这个函数特别适用于跳跃式地遍历链表或者定位到链表的特定节点。

注意：在 C++ 中,使用 std::list 的迭代器在遍历链表时,如果链表进行了 erase()删除操作,那么将导致当前迭代器失效,因此必须把 erase()函数返回的、更新后的迭代器赋值给失效的当前迭代器,更新后的迭代器会自动指向被删除节点的下一个节点,如果删除的是链表的尾节点,更新后的迭代器会自动指向当前链表的最后一个节点的后面。

例 5-2 遍历链表。

本例 ch5_2.cpp 首先从头节点遍历链表,然后再从头节点遍历链表,并对链表进行了插入和删除操作,运行效果如图 5.9 所示。

```
2 4 6 8 10 12 14 16 18
使用迭代器遍历链表，并把每个节点的整数除以2:
1 2 3 4 5 6 7 8 9
在迭代器指向的节点前插入新节点，新节点中的数据是100:
100 1 100 2 100 3 100 4 100 5 100 6 100 7 100 8 100 9
使用迭代器遍历链表，删除节点值是100的节点:
1 2 3 4 5 6 7 8 9
迭代器iter指向第3个节点.
4
迭代器iter指向第5个节点.
6
迭代器iter指向第0个节点.
1
```

图 5.9 遍历链表

ch5_2.cpp

```cpp
#include <iostream>
#include <list>
int main() {
    std::list<int> listInt = {2,4,6,8,10,12,14,16,18};
    for (auto value : listInt) {
        std::cout << value << " ";
    }
    std::cout << "\n使用迭代器遍历链表,并把每个节点的整数除以 2:\n" ;
    for (auto iter = listInt.begin(); iter != listInt.end(); iter++) {
        *iter = *iter / 2;                // 节点中的整数除以 2
    }
    for (auto value : listInt) {
        std::cout << value << " ";
    }
    std::cout << "\n在迭代器指向的节点前插入新节点,新节点中的数据是 100:\n";
    for (auto iter = listInt.begin(); iter != listInt.end(); iter++) {
        listInt.insert(iter,100); //在迭代器指向的节点前插入新节点,新节点中的数据是 100
    }
    for (auto value : listInt) {
        std::cout << value << " ";
    }
    std::cout << "\n使用迭代器遍历链表,删除节点值是 100 的节点:\n" ;
    for (auto iter = listInt.begin(); iter != listInt.end(); ) {
        if(*iter == 100){
            iter = listInt.erase(iter); //删除迭代器指向的当前节点,并返回更新的迭代器
        }
        else {
            iter++;
        }
    }
```

```
    for (auto value : listInt) {
        std::cout << value << " ";
    }
    auto iter = listInt.begin();
    std::cout << "\n迭代器 iter 指向第 3 个节点.\n";
    std::advance(iter,3);                    //迭代器 iter 指向第 3 个节点
    std::cout << * iter << " ";
    std::cout << "\n迭代器 iter 指向第 5 个节点.\n";
    std::advance(iter,2);                    //迭代器 iter 指向第 5 个节点
    std::cout << * iter << " ";
    std::cout << "\n迭代器 iter 指向第 0 个节点.\n";
    std::advance(iter, - 5);                 //迭代器 iter 指向第 0 个节点
    std::cout << * iter << " ";
    std::cout << std::endl;
    return 0;
}
```

2. for语句与遍历

C++ 11 对 for 语句的功能给予扩充、增强以便更好地遍历各种数据结构集合中的数据(见例 5-2,后续章节也会经常使用),例如遍历数组、链表以及后面章节的顺序表、队列和二叉树等。

for 语句的语法格式如下：

```
for (声明循环变量:集合的名字) {
…
}
```

声明循环变量的类型必须和集合中数据的类型相同。这种形式的 for 语句类似自然语言中的"for each"语句,为了便于理解上述 for 语句,可以将这种形式的 for 语句翻译成"对于循环变量依次取集合的每一个元素的值"。C++ 11 支持变量类型的自动识别功能,即可以使用 auto,例如：

```
for (auto 循环变量:集合的名字) {
…
}
```

以下假设 dataSet 是某种数据结构中的集合,比如数组、链表等来说明使用这种 for 语句的注意事项。

(1) 遍历集合但不复制集合的元素的值。

```
for (const auto& elem : dataSet) {
    std::cout << elem << " ";
}
```

这里 const auto& elem 使用了引用来遍历 dataSet 中的元素。这样做的好处是可以避免遍历时进行元素值的复制从而提高性能。需要注意的是,如果不是 const 引用,修改 element 的值就会同时修改了 elem 引用的集合元素的值。

(2) 遍历集合同时复制集合的元素的值。

```
for (const auto elem : dataSet) {
    std::cout << elem << " ";
}
```

这里 const auto elem 直接使用变量 elem 来遍历 dataSet 中的元素,意味着遍历时会进行元素值的复制操作。const 常量限制修改 elem 的值,如果不是 const 常量,那么允许修改 elem 的值,但修改 elem 的值不会影响 dataSet 集合中元素的值。

如果仅仅是遍历集合中的数据或在遍历的过程中同时修改集合元素的值,采用(1);如果

遍历集合的同时需要修改数据 elem 但不影响集合元素的值，采用(2)。例如，对于例 5-2 的 listInt，如果遍历数据时同时修改数据 elem，但不想影响集合元素的值，那么使用(2)，示例代码如下：

```
for (auto elem : listInt) {
    elem = elem + 2;
    std::cout << elem << " ";
}
```

注意：使用这种增强的 for()语句遍历集合时，其内部层代码会使用迭代器。

例 5-3 约瑟夫问题。

约瑟夫问题(也称围圈留一问题)：若干人围成一圈，从某个人开始顺时针(或逆时针)数到 3 的人，该人从圈中退出，然后继续顺时针(或逆时针)数到 3 的人，该人从圈中退出，以此类推，程序输出圈中最后剩下的那个人。

例 4-11 使用数组解决了约瑟夫问题。本例 leave_one.cpp 中的 leaveOne(std::list<int> people)函数通过遍历链表解决约瑟夫问题。

leave_one.cpp

```
#include <iostream>
#include <list>
void leaveOne(std::list<int> people) {
    auto iter = people.begin();                   //迭代器
    while(people.size()>1){                       //圈中的人数大于 1
        int peopleNumber = -1;
        iter++;
        if(iter == people.end()) {                //如果迭代器指向尾节点之后
            iter = people.begin();                //迭代器指向头节点
        }
        iter++;
        if(iter == people.end()) {                //如果迭代器指向尾节点之后
            iter = people.begin();                //迭代器指向头节点
        }
        peopleNumber = *iter;
        iter = people.erase(iter);                //数到第 3 的人，该人退出
        if(iter == people.end()){                 //如果删除的是尾节点
            iter = people.begin();                //迭代器指向头节点
        }
        printf("号码%d 退出圈\n",peopleNumber);
    }
    printf("最后剩下的号码是%d\n",people.front());
}
```

本例的 ch5_3.cpp 演示了 11 个人的约瑟夫问题，运行效果如图 5.10 所示。

```
号码3退出圈
号码6退出圈
号码9退出圈
号码1退出圈
号码5退出圈
号码10退出圈
号码4退出圈
号码11退出圈
号码8退出圈
号码2退出圈
最后剩下的号码是7
```

图 5.10 约瑟夫问题

ch5_3. cpp

```
#include <iostream>
#include <list>
void leaveOne(std::list<int> people);
int main() {
    std::list<int> people = {1,2,3,4,5,6,7,8,9,10,11};
    leaveOne(people);
    return 0;
}
```

例 5-4　遍历链表计算数组元素值的和。

本例 ch5_4. cpp 遍历链表，链表节点中的数据是数组，在遍历这个链表时让节点中的数组参与运算，计算数组的元素值之和，运行效果如图 5.11 所示。

```
1 2 3 的和是6
4 5 6 的和是15
```

图 5.11　遍历链表计算数组元素值的和

ch5_4. java

```
#include <iostream>
#include <list>
#include <array>
int main() {
   // 定义节点中的数据类型是长度为 3 的 int 型数组的链表 listArr
   std::list<std::array<int, 3>> listArr;
   std::array<int, 3> arr1 = {1, 2, 3};
   std::array<int, 3> arr2 = {4, 5, 6};
   listArr.push_back(arr1);
   listArr.push_back(arr2);
   for (auto arr : listArr) {
       int sum = 0;                    //遍历并输出数组的元素值的和
       for (int num : arr) {
           sum += num;
           std::cout << num << " ";
       }
       std::cout <<"的和是"<< sum << std::endl;
   }
   return 0;
}
```

例 5-5　遍历链表计算总成绩。

本例 student. cpp 中定义了一个 Student 类，它有两个私有的成员变量 english 和 math，一个构造函数 Student(int eng, int m)用于初始化这两个成员变量的值，提供 public 函数访问类的私有成员变量。

student. cpp

```
#include <iostream>
class Student {
private:
   int english;
   int math;
public:
   Student(int eng, int m) : english(eng), math(m) {}
   int getEnglishScore() {
       return english;
   }
   int getMathScore() {
       return math;
   }
```

```
    void printScores() {
        std::cout << "英语成绩: " << english << std::endl;
        std::cout << "数学成绩: " << math << std::endl;
    }
};
```

本例 ch5_5.cpp 遍历链表,链表节点中的数据是 Student 类的对象,在遍历这个链表时让节点中的对象参与运算,计算对象的总成绩,运行效果如图 5.12 所示。

```
英语成绩: 85
数学成绩: 90
总成绩:85+90=175
英语成绩: 75
数学成绩: 80
总成绩:75+80=155
```

图 5.12　遍历链表计算总成绩

ch5_5.cpp

```
#include <iostream>
#include <list>
#include "Student.cpp"
int main() {
    //定义节点中的数据类型是 Student 对象的链表 listStudent
    std::list<Student> listStudent;
    Student student(85,90);
    listStudent.push_back(student);
    listStudent.push_back(Student(75,80));
    for (auto stu : listStudent) {
        int sum = 0;                    //遍历并输出总成绩
        int english = stu.getEnglishScore();
        int math = stu.getMathScore();
        sum = english + math;
        stu.printScores();
        std::cout <<"总成绩:"<< english <<" + "<< math <<" = "<< sum << std::endl;
    }
    return 0;
}
```

5.4　查询与相等

1. 常用函数

查询链表节点中的数据的常用函数如下。

(1) T front():返回链表第一个节点中的数据(时间复杂度为 $O(1)$)。

(2) T back():返回链表最后一个节点中的数据(时间复杂度为 $O(1)$)。

(3) int size():返回链表的长度(时间复杂度为 $O(1)$)。

(4) int empty():如果链表是空链表返回 1,否则返回 0(时间复杂度为 $O(1)$)。

(5) 当链表 list1 和 list2 的长度,两者依次对应位置的节点中的数据也相等时,表达式 list1==list2 的值是 true(时间复杂度为 $O(n)$)。

(6) std:next():可以使用该函数返回链表的某个节点中的数据,std::next(iter,off)函数有两个参数:第一个参数是迭代器 iter,第二个参数 off 是迭代器要移动的偏移量。next(iter,off)函数会产生一个新的迭代器 newIter。newIter 根据原迭代器 iter 的位置,按照指定的偏移量(off 是正整数)向后(尾节点方向)移动 newIter 的位置或按照指定的偏移量数(off 是负整数)向前(头节点方向)移动 newIter 的位置,然后 * newIter 返回 newIter 指向的节点中的数据。std::next(iter,off)函数与 std::advance(iter,off)函数的不同之处是 std::next(iter,off)函数不改变原始迭代器的 iter 的位置,而是根据 iter 的位置返回一个移动位置后的新迭代器 newIter。

(7) std::list < T >::iterator find(): < algorithm >库的 std::find()函数(时间复杂度为 $O(n)$): find()函数可以从 list 的迭代器的 iter～end()位置中查找链表中首次出现的特定的数据(iter 此刻的位置位于 begin()～end()),例如:

```
std::list< std::string > list = {"hello","good","nice","good"};
auto iter = std::find(list.begin(),list.end(), "good");
```

如果找到"good",迭代器 iter 指向 list 的第 1 个节点(注意第 0 个节点是 "hello");如果没有找到,迭代器 iter 指向 list.end()。

(8) std::list < T >::iterator find_if(): < algorithm >库的 std::find_if()函数(时间复杂度为 $O(n)$): find_if()函数从 list 的迭代器的 iter～end()位置中查找链表中首次出现的满足某种条件的数据,例如:

```
std::list < int > list = {129,520,888,520};
auto iter = std::find_if(list.begin(),list.end(),
                        [](int data) { return data > 200; });
```

如果找到大于 200 的数据,迭代器 iter 指向 list 的第 1 个节点(注意第 0 个节点是 129);如果没有找到,迭代器 iter 指向 list.end()。find_if()函数的第 3 个参数是一个 Lambda 表达式,其中的参数 data 依次取链表节点中的数据。

注意:如果节点中的数据是对象,那么创建对象的类需要重载"=="(等于)运算符,以定义对象之间的相等关系。这样"=="就可以按对象的相等与否判断链表是否相等,std::find()函数就可以按类重载的"=="(等于)运算符查找节点中的数据(有关运算符重载可参见附录 A)。

注意:C++用"[]"标识一个 Lambda 表达式,例如,[](int a,int b){return a+b},另外,[]中可以用逗号列出 Lambda 表达式要引用的外部变量,即不是 Lambda 表达式内部的变量,例如[&x,&y](int a,int b){return a+b+x * y}(有关 Lambda 表达式可参见附录 A)。

2. 使用关系运算符比较链表

C++中可以使用关系运算符比较两个链表 list1,list2。

(1) ==:如果 list1 和 list2 大小相同并且节点值也相等,关系表达式 list1==list2 的值是 1,否则是 0。

(2) >:如果 list1 和 list2 依次比较节点,当两者出现节点值不同时,如果 list1 的这个节点值大于 list2 的节点值,那么表达式 list1>list2 的值是 1,否则是 0。如果 list1 长度 n 小于 list2,并且 list1 全部节点值和 list2 前 n 个节点值相同,那么表达式 list1>list2 的值是 0。

(3) <:如果 list1 和 list2 依次比较节点,当两者出现节点值不同时,如果 list1 的这个节点值小于 list2 的节点值,那么表达式 list1<list2 的值是 1,否则是 0。如果 list1 的长度 n 大于 list2,并且 list2 全部节点值和 list1 的前 n 个节点值相同,那么表达式 list1<list2 的值是 1。

例 5-6 查询成绩。

本例 ch5_6.cpp 使用< algorithm >库的 std::find()和 std::find_if()函数查找特殊的成绩和某范围的成绩,程序运行效果如图 5.13 所示。

```
成绩单:
87  60  77  66  52  100  76  85  50  78  91  100
成绩单中有12个分数.
成绩单序号(从0开始)2的分数.77
成绩单中有100满分的吗?
找到了第一个100分成绩: 100
成绩单中有小于55分的吗?
找到了第一个小于55分的: 52
成绩单中大于或等于85分的如下:
87  100  85  91  100
```

图 5.13 查询成绩

ch5_6.cpp

```
#include <iostream>
#include <list>
#include <algorithm>
int main() {
    int number = 100;
    std::list<int> listScore = {87,60,77,66,52,100,76,85,50,78,91,100};
    std::cout<<"成绩单:"<<std::endl;
    for(auto score:listScore){
        std::cout<<score<<" ";
    }
    std::cout<<"\n成绩单中有"<<listScore.size()<<"个分数."<<std::endl;
    int index = 2;
    auto iter = listScore.begin();
    iter = std::next(iter,index);
    std::cout<<"成绩单序号(从 0 开始)"<<index<<"的分数."<<*iter<<std::endl;
    iter = listScore.begin();
    std::cout<<"成绩单中有"<<number<<"满分的吗?"<<std::endl;
    iter = std::find(listScore.begin(),listScore.end(),number);
    if (iter != listScore.end()) {
        std::cout << "找到了第一个"<<number<<"分成绩:" << *iter << std::endl;
    }
    else {
        std::cout << "未找到"<<number<<"分成绩." << std::endl;
    }
    int n = 55;
    std::cout<<"成绩单中有小于"<<n<<"分的吗?"<<std::endl;
    iter = std::find_if(listScore.begin(),listScore.end(),
                        [n](int data){ return data < n; });
    if (iter != listScore.end()) {
        std::cout << "找到了第一个小于"<<n<<"分的:" << *iter << std::endl;
    }
    else {
        std::cout << "未找到小于"<<n<<"的." << std::endl;
    }
    n = 85;
    std::cout<<"成绩单中大于或等于"<<n<<"分的如下:"<<std::endl;
    iter = std::find_if(listScore.begin(),listScore.end(),
                        [&n](int data){ return data >= n; });
    while(iter != listScore.end()) {
        std::cout << *iter <<" ";
        iter = std::find_if(++iter,listScore.end(),
                        [&n](int data){ return data >= n; });
    }
    std::cout<<std::endl;
    return 0;
}
```

例 5-7 模拟随机布雷。

本例 random_lay_mines.cpp 中的 layMines(char [][] area,int amount,int rows,int column)函数在二维数组 area[][100]模拟的雷区中随机布雷,该函数使用链表判断某个点(x,y)是否已经布雷。

random_lay_mines.cpp

```
#include <iostream>
#include <list>
#include <algorithm>
#include <time.h>
```

```
class Point {
private:
    int x;
    int y;
public:
    Point(int initialX, int initialY) : x(initialX), y(initialY) {}
    bool operator == (const Point& other) const {                    // 重载等于运算符
        return x == other.x && y == other.y;
    }
};
void layMines(char ( * area)[100], int amount, int rows, int column){
    std::list < Point > list ;
    srand(time(NULL));                                               //用当前时间做随机种子
    std::list < Point >::iterator iter;                              //迭代器
    while(amount > 0) {
        int x = rand() % rows;
        int y = rand() % column;
        Point p(x,y);
        iter = std::find(list.begin(),list.end(),p);
        if (iter == list.end()) {                                    //p 点未布雷
            area[x][y] = '1';
            amount -- ;
            list.push_back(p);
        }
    }
}
```

本例的 ch5_7.cpp 使用 random_lay_mines.cpp 中的 layMines (char [][] area,int amount,int rows,int column)函数布雷 39 颗,程序运行效果如图 5.14 所示。

```
1 1 1 1 1 1 0 1 1 0
1 0 0 1 0 0 1 0 1 1
1 0 1 0 0 0 1 0 1 1
0 0 0 1 1 1 1 1 1 1
1 1 1 0 1 1 1 0 1 1
1 1 0 1 0 0 1 1 0 1
```

图 5.14　布雷

ch5_7.cpp

```
#include < iostream >
#define M 6
#define N 10
void layMines(char ( * area)[100], int amount, int rows, int column);
int main() {
    char area[ ][100] = {'0'} ;
    for(int i = 0;i < M;i++){
        for(int j = 0;j < N;j++){
            area[i][j] = '0';
        }
    }
    int amount = 39;
    layMines(area, amount, M, N);
    for(int i = 0;i < M;i++){
        for(int j = 0;j < N;j++){
            printf(" % 2c",area[i][j]);
        }
        printf("\n");
    }
    return 0;
}
```

例 5-8　球队淘汰赛。

链表获得头节点和尾节点中的数据的时间复杂度都是 $O(1)$,链表删除头节点和尾节点的时间复杂度都是 $O(1)$。对于某些问题,可以利用链表的这一特点快速地处理数据。比如,若干球队要进行淘汰赛,但不采用抽签的办法,而是按成绩高低将球队存放在一个链表中,并按成绩高低排列，即让成绩最好的做链表的头节点、最差的做链表的尾节点。比赛过程是让头节点和尾节点进行淘汰赛，删除头节点和尾节点，重复这个过程，直到链表的长度是 0（如果剩下 1 个队，相当于该队轮空、自动晋级）。

本例 team_game.cpp 中的 arrangeMatch(std::list<str::string> team)函数使用链表来安排比赛。

team_game.cpp

```
#include <iostream>
#include <list>
void arrangeMatch(std::list<std::string> team){
    do {
        std::string one = team.front();              //返回头节点中的数据
        if(team.size() == 1){                        //剩下一个队的情况
            std::cout << one <<"轮空";
            team.pop_front();                        //删除头节点但不返回节点中的数据
            break;
        }
        team.pop_front();                            //删除头节点但不返回节点中的数据
        std::string two = team.back();               //返回尾节点中的数据
        team.pop_back();                             //删除尾节点但不返回节点中的数据
        std::cout << one <<"和"<< two <<"进行淘汰赛"<< std::endl;
    }
    while(team.size()> 0 );
}
```

本例中的 ch5_8.cpp 使用 team_game.cpp 中的 arrangeMatch(std::list<str::string> team)函数安排一些球队的淘汰赛，运行效果如图 5.15 所示。

```
球队1和球队13进行淘汰赛
球队2和球队12进行淘汰赛
球队3和球队11进行淘汰赛
球队4和球队10进行淘汰赛
球队5和球队9进行淘汰赛
球队6和球队8进行淘汰赛
球队7轮空
```

图 5.15　淘汰赛

ch5_8.cpp

```
#include <iostream>
#include <list>
void arrangeMatch(std::list<std::string> team);
int main() {
    std::list<std::string> listTeam ;
    for(int i = 1;i <= 13;i++) {
        listTeam.push_back("球队" + std::to_string(i));
    }
    arrangeMatch(listTeam);
    return 0;
}
```

5.5 添加节点

链表添加节点常用的函数如下。

(1) void push_back(data)：向链表末尾添加一个新的节点，该节点中的数据是参数 data 指定的数据（时间复杂度为 $O(1)$）。

(2) void push_front(data)：向链表添加新的头节点，头节点中的数据是参数 data 指定的数据（时间复杂度为 $O(1)$）。

(3) iter insert(iter,e)：在链表的迭代器 iter 指向的节点前面插入一个新的节点，该节点中的数据是 e 指定的数据，然后迭代器指向新插入节点的后继节点，即函数 insert 返回的迭代器 iter 位置自动后移一个位置。insert(iter,e)需要使用迭代器 iter 找到插入新节点的位置(时间复杂度为 $O(n)$),例如:

```
std::list<int> list = {100, 200, 400, 500, 700};
auto iter = list.begin();
std::advance(iter,4);                                  //迭代器 iter 指向第 4 个节点(节点值是 700)
insert(iter, 600);                                     //在第 4 个节点之前插入 600
iter = std::find(list.begin(),list.end(), 400); //查找值是 400 的节点
list.insert(iter, 300);                                //在值为 400 的节点之前插入 300
```

(4) void splice(iter,list):将参数 list 链表中全部节点移动到 iter 指向的节点前面(时间复杂度为 $O(n)$),使得 list 成为空链表。例如:

```
std::list<int> listOne = {100, 200, 300};
std::list<int> listTwo = {400, 500, 600};
listOne.splice(listOne.begin(), listTwo);       // 将 listTwo 中的所有节点移动到 listTwo 的开头
// 现在 listOne 为{400, 500, 600, 100, 200, 300},listTwo 为空链表
```

例 5-9 向链表添加节点。

本例 ch5_9.cpp 使用本节列出的函数向链表添加节点,程序运行效果如图 5.16 所示。

```
listOne链表:
400   500   600   100   200   300
listTwo是空链表:1
listTwo链表重新添加节点后:
20   30   11   15   60
移动listOne链表全部节点到listTwo第1个节点30前:
20   400   500   600   100   200   300   30   11   15   60
```

图 5.16 向链表添加节点

ch5_9.cpp

```
#include <iostream>
#include <list>
#include <algorithm>
int main() {
   std::list<int> listOne = {100, 200, 300};
   std::list<int> listTwo = {400, 500, 600};
   listOne.splice(listOne.begin(), listTwo);   //将 listTwo 的所有节点移动到 listOne 的开头
   // 现在 listOne 为{400, 500, 600, 100, 200, 300},listTwo 为空链表
   std::cout <<"listOne 链表:"<< std::endl;
   for(auto value:listOne){
       std::cout << value <<" ";
   }
   std::cout << std::endl;
   std::cout <<"listTwo 是空链表:"<< listTwo.empty()<< std::endl;
   listTwo.push_front(30);
   listTwo.push_front(20);
   listTwo.push_back(60);
   auto iter = listTwo.begin();
   std::advance(iter,2);                            //迭代器 iter 指向第 2 个节点(节点值是 60)
   listTwo.insert(iter, 15);                        // 在第 2 个节点之前插入 15
   iter = std::find(listTwo.begin(),listTwo.end(), 15);   //找到值是 15 的位置
   listTwo.insert(iter, 11);                        // 在值为 15 的位置之前插入 11
   std::cout <<"listTwo 链表重新添加节点后:"<< std::endl;
   for(auto value:listTwo){
       std::cout << value <<" ";
   }
   iter = listTwo.begin();
   iter++;
   if(iter!= listTwo.end()){
```

```
        listTwo.splice(iter, listOne);
    }
    std::cout <<"\n 移动 listOne 链表全部节点到 listTwo 第 1 个节点"
            << * iter <<"前:"<< std::endl;
    for(auto value:listTwo){
        std::cout << value <<" ";
    }
    return 0;
}
```

5.6 删除节点

链表删除节点的常用函数如下。

(1) void pop_front():删除链表的第一个节点,但不返回该节点中的数据(时间复杂度为 $O(1)$)。

(2) void pop_back():删除链表的最后一个节点,但不返回该节点中的数据(时间复杂度为 $O(1)$)。

(3) void remove(data):删除链表中所有节点值和 data 相等的节点。

(4) iter erase(iter):删除迭代器 iter 指向的节点,并返回更新的迭代器,更新后的迭代器会自动指向被删除节点的下一个节点,如果删除的是链表的尾节点,更新后的迭代器会自动指向当前链表的最后一个节点的后面,即迭代器的位置是 iter.end()。

(5) void clear():删除链表的全部节点(时间复杂度为 $O(1)$)。

(6) void unique():删除数据连续重复的节点,使其保留一个这样的节点,如果数据重复的节点不是连续的,它们不会被删除。例如:

```
std::list< int > list  =  {2,13,13,2,2,2,2,11,11,2} ;
list.unique();                    //现在的 list  = {2,13,2,11,2}
```

(7) void unique(lambda):根据 lambda 表达式的条件(lambda 表达式的返回值类型是 bool 型)删除数据连续重复的节点,使其保留一个这样的节点,如果数据重复的节点不是连续的,它们不会被删除。例如,lambda 表达式规定所有的被 5 除尽的都属于重复的数据,即这样连续重复的节点值只保留一个:

```
std::list< int > list  =  {10,15,2,15,4,2,5,25,8,2,10} ;
list.unique([](int m, int n){
                if(m % 5 == n % 5)
                   return true;
                else
                   return false;
          });
//现在的 list  = {10,2,15,4,2,5,8,2,10} ;
```

(8) void remove_if(lambda):删除满足 lambda 表达式给出的条件的节点,lambda 表达式的返回值类型是 bool。例如:

```
std::list< int > list  =  {1, 2, 3, 4, 5, 6};
list.remove_if([](int x) { return x % 2 == 0; });             // 删除节点值是偶数的全部节点
// 现在 list 为{1, 3, 5}
```

例 5-10 模拟双色球和过滤链表。

本例 random_number.cpp 中的 getRandomByList (int number,int amount)函数通过随

机删除链表中的节点得到 amount 个 1～number 的随机数。

random_number. cpp

```
#include <iostream>
#include <list>
#include <algorithm>
#include <time.h>
std::list<int> getRandomByList(int number,int amount) {
    std::list<int> result ;                       //存放得到的随机数
    std::list<int> list ;
    for(int i =1;i<= number;i++) {
        list.push_back(i);
    }
    srand(time(NULL));                            //用当前时间做随机种子
    for(int i= 1;i<= amount;i++){
        int index = rand() % list.size();
        auto iter = list.begin();
        std::advance(iter,index);                 //迭代器 iter 指向第 index 个节点
        result.push_back( * iter);
        list.erase(iter);                         //删除第 index 节点(相当于得到一个随机数)
    }
    return result;                                //链表的每个节点中是一个随机数
}
```

双色球的每注投注号码由 6 个红色球号码和 1 个蓝色球号码组成。6 个红色球的号码互不相同,红色球的号码是 1 至 33 的随机数；蓝色球号码是 1 至 16 的随机数。本例 ch5_10. cpp 使用 random_number\. cpp 中的 getRandom(int number,int amount)函数模拟双色球,同时使用 std::list 的 remove_if()函数过滤一个链表,运行效果如图 5.17 所示。

```
红色球:1  8  25  29  27  17  蓝色球:10
链表intLis:
20  19  18  17  16  15  14  13  12  11  10  9  8  7  6  5  4  3  2  1
链表intList保留5的倍数:20  15  10  5
```

图 5.17 双色球以及过滤链表

ch5_10. cpp

```
#include <iostream>
#include <list>
std::list<int> getRandomByList(int number,int amount);
int main() {
    std::list<int> red,blue;
    red = getRandomByList(33,6);                  //双色球中的 6 个红色球
    blue = getRandomByList(16,1);                 //双色球中的 1 个蓝色球
    std::cout <<"红色球:";
    for(auto num:red){
        std::cout << num <<" ";
    }
    std::cout <<"蓝色球:";
    for(auto num:blue){
        std::cout << num <<" ";
    }
    std::cout << std::endl;
    std::list<int> intList ;
    for(int i=1;i<=20;i++) {
        intList.push_front(i);
    }
    std::cout <<"链表 intList:\n";
    for(auto num:intList){
```

```
            std::cout << num <<" ";
        }
        intList.remove_if([](int m){ if(m % 5!= 0)
                                         return true;
                                     else
                                         return false;});
        std::cout <<"\n链表 intList 保留 5 的倍数:";
        for(auto num:intList){
            std::cout << num <<" ";
        }
        std::cout << std::endl;
        return 0;
}
```

注意:读者可以把本例和例 4-9 进行比较,因为使用了链表,本例 random_number.cpp 中的 getRandom()函数的代码比例 4-9 的 filter_data.cpp 中的 int * filter_array()函数的代码简练。

例 5-11 处理链表中重复的数据。

有时候需要处理链表中重复的数据,即让重复的数据只保留一个(unique()函数只删除相邻的且数据重复的节点,在不允许排序链表的条件下,unique()函数无法满足这里的需求)。

本例中 handle_recurring.cpp 中的 handleRecurring (LinkedList <E> list)函数处理链表 list 中重复的数据,该函数返回的链表中没有重复的数据(对于重复的数据,保留其中一个)。

handle_recurring.cpp

```
#include <iostream>
#include <list>
#include <algorithm>
std::list<int> handleRecurring(std::list<int> list) {
    std::list<int> result;
    while(list.size()>0){
        int n = list.front();
        list.pop_front();
        auto iter = std::find(result.begin(),result.end(),n);
        if(iter == result.end()){
            result.push_back(n);
        }
    }
    return result;                          //返回没有重复数据的链表
}
```

本例 ch5_11.cpp 使用 handle_recurring.cpp 中的 handleRecurring ()函数处理链表中重复的数据,运行效果如图 5.18 所示。

```
3 3 100 89 89 5 5 6 7 12 6 12 90 5 -23 -23 3
处理重复数据后:
3 100 89 5 6 7 12 90 -23
 unique()函数处理重复数据后:
3 100 89 5 6 7 12 6 12 90 5 -23 3
```

图 5.18 处理链表中重复的数据

ch5_11.cpp

```
#include <iostream>
#include <list>
std::list<int> handleRecurring(std::list<int>);
int main() {
    std::list<int> list = {3,3,100,89,89,5,5,6,7,12,6,12,90,5,-23,-23,3} ;
    std::list<int> copy(list);
    for(auto n:list){
        std::cout << n <<" ";
    }
    std::cout << std::endl;
```

```
    list = handleRecurring(list);
    std::cout <<"处理重复数据后:\n";
    for(auto n:list){
        std::cout << n <<" ";
    }
    copy.unique();
    std::cout <<"\n unique()函数处理重复数据后:\n";
    for(auto n:copy){
        std::cout << n <<" ";
    }
    std::cout << std::endl;
    return 0;
}
```

注意：读者可以把本例和例 4-12 进行比较，因为使用了链表，这里的代码更加简练。

5.7　更新节点

在 C++的 std::list 中没有类似 Java 的 set(int index, E element)函数来更新指定节点中的数据。C++为 std::list 提供了 std::advance()函数，可以让链表的迭代器 iterator 指向指定的节点(移动迭代器到指定位置)，然后使用"＊iterator = value;"的方式来更新节点中的数据。std::advance(iterator,off)函数接收两个参数：第一个参数是迭代器 iterator，第二个参数 off 是迭代器要移动的偏移量。std::advance()函数会将迭代器按照指定的偏移量(off 是正整数)向后(尾节点方向)移动或按照指定的偏移量(off 是负整数)向前(头节点方向)移动。

例 5-12　更新节点。

本例 ch5_12.cpp 中借助 std::advance(iterator,off)函数更新链表节点中的数据，运行效果如图 5.19 所示。

```
链表list节点中的数据:
1  2  3  4  5  6  7  8  9  10
更新链表list节点中的数据为平方根.
链表list节点中的数据:
1  1.41421  1.73205  2  2.23607  2.44949  2.64575  2.82843  3  3.16228
将链表list每个节点中的数据都更新为:100.
100 100 100 100 100 100 100 100 100 100
```

图 5.19　更新链表节点中的数据

ch5_12.cpp

```
#include <iostream>
#include <list>
#include <math.h>
int main() {
    std::list<double> list ;
    for(int i = 1;i<=10;i++) {
        list.push_back(i);
    }
    std::cout <<"链表 list 节点中的数据:\n";
    for(auto n:list){
        std::cout << n <<" ";
    }
    std::cout <<"\n 更新链表 list 节点中的数据为平方根.";
    for(int i=0;i<list.size();i++){
        auto iter = list.begin();
        std::advance(iter,i);
```

```
        * iter = sqrt( * iter);
    }
    std::cout <<"\n 链表 list 节点中的数据:\n";
    for(auto n:list){
        std::cout << n <<" ";
    }
    std::cout <<"\n 将链表 list 每个节点中的数据都更新为:100.\n";
    for(auto iter = list.begin();iter!= list.end();iter++) {
        * iter = 100;
    }
    for(auto n:list){
        std::cout << n <<" ";
    }
    return 0;
}
```

5.8 子链表

std::list 没有提供返回子链表的函数。程序如果需要得到子链表,可以通过 std::advance(iter,off)函数移动迭代器的位置(移动迭代器指向的节点)给出子链表的节点范围,然后根据给出的范围构造一个新的 std::list 对象,即子链表。另外,std::next(iter,off)函数也可以给出子链表的节点范围,std::next(iter,off)函数与 std::advance(iter,off)函数的不同之处是 std::next(iter,off)函数不改变原始迭代器的 iter 的位置,而是根据 iter 的位置返回一个移动位置后的新迭代器。

例 5-13 获得子链表。

本例 ch5_13.cpp 中使用 std::advance(iter,off)函数和 std::next(iter,off)函数获得两个子链表,运行效果如图 5.20 所示。

图 5.20 子链表

ch5_13.cpp

```
#include < iostream >
#include < list >
int main() {
    std::list < int > list = {0, 1, 2, 3, 4,5,6,7,8,9,10};
    auto start = list.begin();                //迭代器 start 的位置是第 0 个节点
    std::advance(start, 2);                   //迭代器 start 的位置是第 2 个节点
    auto end = list.begin();                  //迭代器 end 的位置是第 0 个节点
    std::advance(end, 7);                     //迭代器 end 的位置是第 7 个节点
    std::list < int > subList1(start, end);   // 构造子链表[start,end),不含 end 位置上的节点
    std::cout <<"子链表:"<< std::endl;
    for (auto num : subList1) {
        std::cout << num << " ";
    }
    start = std::next(list.begin(),7);        //迭代器 start 的位置是第 7 个节点
    end = list.end();                         //迭代器 end 的位置是尾节点之后的位置
    std::cout << std::endl;
    std::list < int > subList2(start, end);   // 构造子链表[start,end),不含 end 位置上的节点
    std::cout <<"子链表:"<< std::endl;
    for (auto num : subList2) {
        std::cout << num << " ";
    }
    return 0;
}
```

5.9　链表的排序

std::list 提供了排序链表的 sort()成员函数，即链表调用 sort 函数可以实现排序链表。

(1) void sort()：使用默认的比较函数(operator <)排序链表。如果链表节点中的数据是对象，且创建对象的类没有重载 operator <，那么 sort()函数无法进行排序(有关"operator <"重载可参见例 4-4)。

(2) void sort(lambda)：lambda 表达式必须是两个参数，lambda 表达式中必须有 return 语句，返回值是 bool 型数据。sort(lambda)函数在执行过程中根据 lambda 表达式规定的大小关系排序链表。

注意：std::list 提供的 sort()成员函数是归并排序算法，是稳定排序，其时间复杂度为 $O(n\log_2 n)$。

例 5-14　按销量、价格排序链表。

本例的 goods.cpp 中定义的 Goods 类重载大小关系运算(运算符重载的知识点也可参见附录 A)，以使 Goods 类创建的对象按销量(sales_volume)确定之间的大小关系。

goods.cpp

```
class Goods {
public:
    int sales_volume;
    int price;
    Goods(int m, int n) : sales_volume(m), price(n) {}
    bool operator <(const Goods& other) const {                //重载小于运算符
        return sales_volume < other.sales_volume;
    }
    bool operator >(const Goods& other) const {                //重载大于运算符
        return sales_volume > other.sales_volume;
    }
    bool operator == (const Goods& other) const {              //重载等于运算符
        return sales_volume == other.sales_volume;
    }
};
```

本例 ch5_10.cpp 分别按商品的销量和价格排序链表，运行效果如图 5.21 所示。

```
(销量,价格):
(19,7800)(58,6865)(16,2067)
按销量升序:
(16,2067)(19,7800)(58,6865)
按价格降序:
(19,7800)(58,6865)(16,2067)
```

图 5.21　按销量、价格排序链表

ch5_14.cpp

```
#include <iostream>
#include <list>
#include "goods.cpp"
int main() {
    std::list<Goods> list;
    list.push_back(Goods(19,7800));
    list.push_back(Goods(58,6865));
    list.push_back(Goods(16,2067));
    std::cout <<"(销量,价格):\n";
```

```
    for(auto item:list){
      std::cout<<"("<< item.sales_volume <<","<< item.price <<")";
    }
    std::cout<<"\n按销量升序:\n";
    list.sort();
    for(auto item:list){
      std::cout<<"("<< item.sales_volume <<","<< item.price <<")";
    }
    std::cout<<"\n按价格降序:\n";
    list.sort([](Goods a,Goods b){                              //Lambda 表达式
                      if(b.price - a.price <= 0)    //所谓的大小由比较器来规定
                          return true;
                      else
                          return false; });
    for(auto item:list){
      std::cout<<"("<< item.sales_volume <<","<< item.price <<")";
    }
    std::cout<<"\n按销量降序:\n";
    list.sort([](Goods a,Goods b){                              //Lambda 表达式
                      if(b.sales_volume - a.sales_volume <= 0)
                          return true;
                      else
                          return false; });
    for(auto item:list){
      std::cout<<"("<< item.sales_volume <<","<< item.price <<")";
    }
    return 0;
}
```

例 5-15 按三种方式排序整数。

本例的 ch5_15.cpp 按三种方式排序一个 int 型链表，第一种方式是按整数的大小关系；第二种方式是按整数绝对值的大小关系；第三种方式是按整数和平均值差的大小关系，运行效果如图 5.22 所示。

```
-2  3  -10  12  45  -50  12  6  29
按整数大小排序:
-50  -10  -2  3  6  12  12  29  45
按整数绝对值大小排序:
-2  3  6  -10  12  12  29  45  -50
按整数和平均值差的绝对值大小排序:
6  3  12  12  -2  -10  29  45  -50
```

图 5.22 三种方式排序整数

ch5_15.cpp

```
#include <iostream>
#include <list>
#include <math.h>
int main() {
   std::list<int> list = {-2,3,-10,12,45,-50,12,6,29};
   for(auto n:list){
     std::cout<<n<<" ";
   }
   std::cout<<std::endl;
   std::cout<<"按整数大小排序:\n";
   list.sort();
   for(auto n:list){
     std::cout<<n<<" ";
   }
   std::cout<<"\n按整数绝对值大小排序:\n";
   list.sort([](int m,int n){ return abs(m)<=abs(n);});
   for(auto n:list){
     std::cout<<n<<" ";
   }
   double sum = 0;
   for(auto number:list){
       sum = sum + number;
```

```
    }
    sum = sum/list.size();
    std::cout <<"\n按整数和平均值"<< sum <<"的差的绝对值大小排序:\n";
    list.sort([sum](int m,int n){ return abs(m - sum)<= abs(n - sum);});
    for(auto n:list){
      std::cout << n <<" ";
    }
    return 0;
}
```

5.10 合并、倒置和交换链表

合并、倒置和交换链表的函数如下。

(1) void merge(other)函数是 std::list 模板类中的一个成员函数,用于将两个已排序的链表合并成一个有序链表。调用该函数的链表会将参数 other 指定的链表移动、合并到当前链表,使得 other 变成空链表,在合并过程中,使用相同的大小关系准则排序当前链表。使用 merge()之前,要求当前链表和参数 other 指定的链表必须都是按照相同的大小关系准则排序完毕。如果两者不是按照相同大小关系准则排序,那么 merge()无法正确地合并链表。

(2) void reverse()函数是 std::list 模板类中的一个成员函数,用于将链表倒置(反转、颠倒),例如 list={1,2,3,4,5}调用 reverse()后变成{5,4,3,2,1}。

(3) void swap(otherList)函数是 std::list 模板类中的一个成员函数,用于交换两个链表,例如 std::list<int> list = {1,2,3,4,5};std::list<int> otherList = {10, 20, 30};执行 list.swap(otherList)之后,list = {10, 20, 30},otherList ={1,2,3,4,5}。

例 5-16　合并有序链表。

本例 ch5_16.cpp 中使用 merge()函数合并两个有序链表,运行效果如图 5.23 所示。

```
有序链表list1:
1 3 6 7 9
有序链表list2:
-9 -5 2 5 8 10
list1合并list2之后:
-9 -5 1 2 3 5 6 7 8 9 10
list2 是空链表: true
```

图 5.23　合并有序链表

ch5_16.cpp

```
#include <iostream>
#include <list>
int main() {
   std::list<int> list1 = {1, 3, 6, 7, 9};
   std::list<int> list2 = {-9, -5, 2, 5, 8, 10};
   std::cout <<"有序链表 list1:\n";
   for (auto data : list1) {
       std::cout << data << " ";
   }
   std::cout <<"\n有序链表 list2:\n";
   for (auto data : list2) {
       std::cout << data << " ";
   }
   list1.merge(list2);                  // 合并两个有序链表
   std::cout << "\nlist1 合并 list2 之后:\n";
   for (auto data : list1) {
       std::cout << data << " ";
   }
   std::cout << std::endl;
   std::cout << "list2 是空链表: " << (list2.empty() ? "true" : "false") << std::endl;
   return 0;
}
```

例 5-17 判断回文单词。

本例 ch5_17. cpp 中借助 reverse()函数判断一个英文单词是否是回文单词(回文单词和它的反转相同),运行效果如图 5.24 所示。

```
racecar是回文单词.
level是回文单词.
civic是回文单词.
rotator是回文单词.
hello不是回文单词.
moon不是回文单词.
```

图 5.24 判断是否是回文单词

ch5_17. cpp

```
#include <iostream>
#include <list>
#include <string>
int f(std::string word){                        //判断 word 是否是回文单词
    std::list<std::string> list1;
    for(int i = 0;i < word.length();i++){
        char c = word.at(i);
        list1.push_back(std::to_string(c));
    }
    std::list<std::string> list2(list1);
    list2.reverse();
    return list1 == list2;
}
int main() {
    std::string str[] = {"racecar","level","civic","rotator","hello","moon"};
    for(auto data:str){
        if(f(data)) {
            std::cout << data <<"是回文单词."<< std::endl;
        }
        else {
            std::cout << data <<"不是回文单词."<< std::endl;
        }
    }
    return 0;
}
```

5.11 编写简单的链表

C++标准模板库(STL)中的双向链表模板类 sdt::list 提供的丰富的函数使得用户程序可专注于程序设计中怎样使用链表解决问题,而不必再编写繁杂的实现链表本身的代码,这正是模板类 std::list 的目的。

本节的目的是通过编写简单创建链表的类来加深了解链表的特点(见 5.1 节),所编写的 LinkedInt 类(见例 5-18),简单到节点里只能存储 int 型数据,LinkedInt 提供的函数也只是 5.1 节的叙述中提到的最基本的操作,例如添加节点、删除节点等。但特点是 LinkedInt 类有一个旋转链表的函数(std::list 类没有),程序用该 LinkedInt 类提供的此函数可以很容易地解决约瑟夫问题(有关约瑟夫问题可见例 5-3)。

例 5-18 编写简单的类创建链表。

本例 linked_int. cpp 中的 LinkedInt 是创建链表的类。

linked_int. cpp

```
#include <iostream>
class Node {
public:
    int data;
    Node * next;
```

```
    Node(int data) : data(data), next(nullptr) {}
};
class LinkedInt {
private:
    Node * head;
    int list_size = 0 ;
public:
    LinkedInt() : head(nullptr) {}
    int getHead() {
        if (head == nullptr) {
            std::cerr << "无法从空链表得到数据" << std::endl;
            return -1;                    // 返回 -1,表示删除失败
        }
        else{
            return head->data;
        }
    }
    void addNode(int data) {
        Node * newNode = new Node(data);
        newNode->next = head;
        head = newNode;
        list_size++;
    }
    int size(){
        return list_size;
    }
    int deleteHead() {
        if (head == nullptr) {
            std::cerr << "无法从空链表删除节点" << std::endl;
            return -1;                    // 返回 -1,表示删除失败
        }
        Node * temp = head;
        int deletedData = temp->data;
        head = head->next;
        delete temp;
        list_size--;
        return deletedData;
    }
    void rotate() {                       //向左旋转链表
        if (head == nullptr || head->next == nullptr) {
            return;
        }
        Node * current = head;
        while (current->next != nullptr) {
            current = current->next;
        }
        current->next = head;
        head = head->next;
        current->next->next = nullptr;
    }
    void printList() {
        Node * current = head;
        while (current != nullptr) {
            std::cout << current->data << " ";
            current = current->next;
        }
        std::cout << std::endl;
    }
};
```

本例 ch5_18 使用 linked_int.cpp 中的 LinkedInt 类创建链表、使用了链表的函数、解决约瑟夫问题,运行效果如图 5.25 所示。

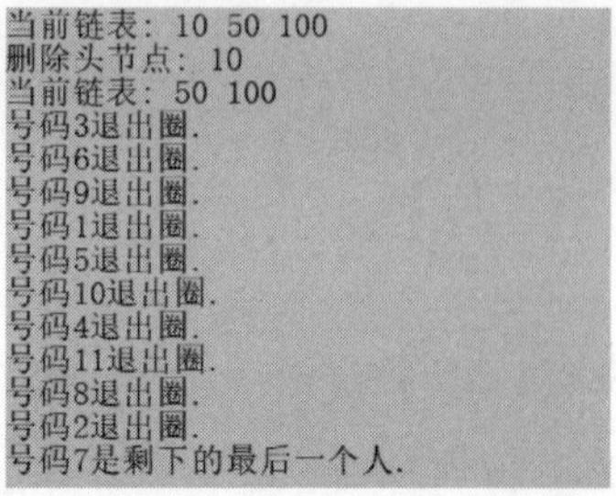

```
当前链表: 10 50 100
删除头节点: 10
当前链表: 50 100
号码3退出圈.
号码6退出圈.
号码9退出圈.
号码1退出圈.
号码5退出圈.
号码10退出圈.
号码4退出圈.
号码11退出圈.
号码8退出圈.
号码2退出圈.
号码7是剩下的最后一个人.
```

图 5.25　LinkedInt 链表解决约瑟夫问题

ch5_18.cpp

```
#include <iostream>
#include "linked_int.cpp"
int main() {
   LinkedInt list;
   list.addNode(100);
   list.addNode(50);
   list.addNode(10);
   std::cout << "当前链表: ";
   list.printList();
   int deletedData = list.deleteHead();
   std::cout << "删除头节点: " << deletedData << std::endl;
   std::cout << "当前链表: ";
   list.printList();
   LinkedInt people ;
   int number = 11;
   for(int i = number;i >= 1;i--){
       people.addNode(i);
   }
   while(people.size()> 1){                         //圈中的人数大于 1
       people.rotate();                             //向左旋转 people
       people.rotate();
       int m = people.deleteHead();                 //数到第 3 的人,该人退出
       std::cout <<"号码"<< m <<"退出圈.\n";
   }
   std::cout <<"号码"<< people.getHead()<<"是剩下的最后一个人.\n";
   return 0;
}
```

习题 5

扫一扫

习题

扫一扫

自测题

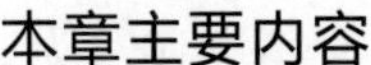

顺序表与vector类

本章主要内容

- 顺序表的特点；
- 顺序表的创建与常用函数；
- 顺序表与最长递增子数组；
- 顺序表与筛选法；
- 顺序表与全排列；
- 顺序表与组合；
- 顺序表与记录。

第5章中我们学习了链表，链表是线性表的一种具体体现，节点的物理地址不必是依次相邻的。顺序表也是线性表的一种具体体现，顺序表节点形成的逻辑结构是线性结构、节点的存储结构是顺序存储，即节点的物理地址是依次相邻的。

6.1 顺序表的特点

1. 查询节点

顺序表使用数组来实现，顺序表的节点的物理地址是依次相邻的，因此可以随机访问任何一个节点，不必从头节点计数查找其他节点。如果是按序号查询顺序表节点中的对象，那么时间复杂度是$O(1)$。如果经常需要查找一组数据，可以考虑使用顺序表存储这些数据。如果是按数值来查找顺序表中的某个数据，那么就要从顺序表的头节点开始，依次向后查找，时间复杂度是$O(n)$。

注意： 链表查询头、尾节点的复杂度是$O(1)$，查询其他节点的时间复杂度为$O(n)$。

2. 添加节点

如果顺序表存放节点的初始数组还有没被占用的元素，那么添加一个尾节点的时间复杂度为$O(1)$，如果数组已满，就要创建一个新数组（新数组的长度通常为原数组的两倍），并将原数组的元素值复制到新数组中，再添加新节点，那么时间复杂度就是$O(n)$。如果是在指定序号处添加新节点（插入），则需要移动其他节点中的数据，时间复杂度就是$O(n)$。如果数组已满，同样要创建新数组，时间复杂度也是$O(n)$。

3. 删除节点

如果是按序号删除某个节点，尽管找到该节点的时间复杂度是$O(1)$，但是删除该节点后，需要移动其他节点中的数据，导致时间复杂度还是$O(n)$，如果删除的是尾节点，时间复杂度是$O(1)$。如果是按数据删除节点，那么就要在顺序表中查找该数据，按数据查找的时间复杂度是$O(n)$，然后删除，总的时间复杂度仍然是$O(n)$。

和链表相比，顺序表擅长查找操作，按索引查找的时间复杂度是$O(1)$，不擅长删除和插入操作，时间复杂度是$O(n)$。链表更适合删除和插入操作（删除头、尾节点的时间复杂度都是

$O(1)$)，但不擅长查找操作，除了头、尾节点外，查找的时间复杂度都是 $O(n)$。

6.2 顺序表的创建与常用函数

std::vector 是 C++标准模板库中的模板类，用于实现顺序表（也称动态数组）数据结构（也称顺序表是 STL 的容器之一）。它提供了在顺序表中插入、删除和访问节点的功能。需要注意的是，当 std 使用作用域运算符（也称解析运算符）“::”访问 vector 时不要误写为 str::Vector，即不可以将 vector 的首写字母写成大写的 V。

我们称 std::vector 类的实例（对象）为顺序表（或向量），其中的节点的逻辑结构是线性结构，节点的存储结构是顺序存储。std::vector 类的实例使用数组管理节点，后面叙述中说顺序表的节点中的数据或顺序表中的数据都是正确的。

1. 创建空顺序表或具有初始容量的顺序表

使用 std::vector 类创建顺序表时，必须要指定模板类中的参数的具体类型，类型可以是 C++允许的数据类型，比如 int、float、char 和类等，即指定顺序表中节点里的数据的类型。例如，指定顺序表 arrList 的节点中的数据的类型是 std::string 类型：

```
std::vector<str::string> arrList;
```

上面代码创建的顺序表是空顺序表，其默认的内部数组的长度是 0（可以将内部数组理解为一块连续的内存空间）。

然后顺序表 arrList 就可以使用 push_back()函数向顺序表依次增加节点，例如：

```
arrList.push_back("硬座车厢 1");
arrList.push_back("硬座车厢 2");
arrList.push_back("硬座车厢 3");
```

这时顺序表 arrList 就有了 3 个节点，节点都是 std:string 类型的数据，顺序表中的节点是自动按顺序放到一个数组中的，用户程序中不需要有安排节点的顺序的代码。不断地添加节点，就会导致内部数组的元素被使用完毕，这时系统会自动进行扩容（有时候，不必等到数组的元素被使用完毕）：创建一个新数组（新数组的长度通常为原数组的 2 倍）并将原数组的元素值复制到新数组中，然后再添加新节点。用户程序也可以让顺序表调用 reserve(int minCapacity)函数主动扩容。顺序表使用 size()函数返回表中节点的数目（返回的不是内存容量，即返回的不是内部数组的长度），如果顺序表中没有节点，size()函数返回 0。

创建顺序表时，也可以指定顺序表初始时的节点数目，例如：

```
std::vector<std::string> arrList(20);
```

这里的 20 指定了 arrList 初始时的节点数量。当向 arrList 添加节点数量超过 20 时，arrList 会自动扩展以容纳更多的节点，因此它的内存容量会根据需要动态增长。

创建顺序表时，也可以指定顺序表初始时节点数目和这些节点的初始值（否则是默认值），例如：

```
std::vector<std::string> arrList(20,"hello");
```

这里的 20 指定了 arrList 初始时节点数量，每个节点值都是“hello”。

如果需要指定节点数量，可以使用 reserve()函数来预留内存空间，例如

```
arrList.reserve(100);
```

表示预留至少可以容纳 100 个节点的内存空间。

2. 用已有顺序表创建顺序表

也可以用其他相同数据类型的顺序表中的节点，例如使用 arrList 中的节点创建一个新顺序表 arrListNew：

```
std::vector<std:string> arrListNew(arrlist);
```

顺序表 arrlistNew 的节点和 arrlist 的相同。顺序表 arrListNew 修改了节点不会影响 arrList 的节点；顺序表 arrList 修改了节点也不会影响 arrListNew 的节点。

3. 用数组或链表创建链表

可以用一个相同数据类型的数组中的全部或部分元素创建一个顺序表，例如用 int 型数组 arr：

```
std::vector<int> arrInt(arr + i,arr + j);
```

arrInt 的节点中的数据依次是数组下标$[i,j)$的范围内的元素的值，即第 i 个元素至第 j 个元素之间的元素的值，但不含第 j 个元素。例如：

```
int a[] = {0,1,2,3,4,5,6};
std::vector<int> arrInt(a + 1,a + 5) ;                 //arrInt 节点中的数据依次是{1,2,3,4}
```

也可以用一个相同数据类型的链表中的全部或部分节点创建一个顺序表，例如用 int 链表 list 的全部节点创建一个顺序表 arrInt：

```
std::list<int> list = {1,2,3,4,5}
std::vector<int> arrInt(list.begin(),list.end());
```

4. 顺序表的初始化

创建顺序表时，也可以用给出顺序表的初始节点以及节点中的数据，例如：

```
std::vector<int> arrInt = {12,13,1,5,19,200};
std::vector<std::string> arrStr = {"hello","nice","sunday"};
```

5. 改变顺序表的容量

顺序表可以使用 resize(size)函数改变内存容量，该函数有以下两个作用。

(1) 增加容量：如果 resize(size)函数指定的 size 大于当前顺序表的长度(节点数量)，resize()会在向量末尾添加足够数量的具有默认值的节点元素，使顺序表的大小达到指定的大小。例如：

```
std::vector<int> vec = {1, 2, 3};
vec.resize(5);               //现在 vec 的内容为 {1, 2, 3, 0, 0}
```

(2) 减小容量：如果指定的 size 小于当前顺序表的大小，resize()会删除多余的节点，使顺序表的大小达到指定的大小。

```
std::vector<int> vec = {1, 2, 3, 4, 5};
vec.resize(3);                        // 现在 vec 的内容为 {1, 2, 3}
```

6. 随机访问

顺序表使用数组来实现，顺序表的节点的物理地址是依次相邻的，因此可以随机访问(random access)任何一个节点(时间复杂度是 $O(1)$)。std::vector 提供了随机访问顺序表节点的函数，例如对于顺序表 vectorList，vectorList.at(index)访问 vectorList 的第 index 节点，顺序表也可以使用下标运算"[]"访问 vectorList 的第 index 节点，例如 vectorList[index]。使用 at(index)函数和下标运算"[]"访问 index 节点的区别是前者会检查 index 是否越界，后者不检查 index 是否越界。

注意：顺序表内部使用数组管理顺序表的节点，用户不能直接使用这个数组，当顺序表添加数据，例如 push_back(data)，顺序表会自动将数据 data 存放在数组的元素中。std::vector 提供了 int capacity()函数，该函数可以返回 std::vector 类的实例占用的内存空间，即分配给顺序表的数组的大小(不是顺序表中节点的数目)。

7. 运算符重载

如果顺序表数据是对象，那么创建对象的类需要重载"=="(等于)、">"(大于)、"<"(小于)运算符，以便有关的函数查找顺序表中的数据或比较顺序表之间的大小关系(有关运算符重载可参见附录 A)。

8. 和链表类似的函数

std::vector 顺序表有和 std::list 链表类似的函数：begin()、end()、front()、back()、push_back()、pop_back()、insert()、erase()、clear()、empty()、swap()、size()。在后续例子中会直接使用这些函数，不再列出这些函数的细节说明。和链表不同的是，顺序表没有单独添加头节点的 push_front()函数，也没有单独删除头节点的 pop_front()函数。顺序表也没有 remove()函数和 sort()函数。如果想排序顺序表，可以使用 C++的< algorithm >库提供的 std::sort()或 std:stable_sort()函数(见 4.2 节，也见第 10 章常用算法与< algorithm >库)，例如：

```
std::vector < int > array = {5,1,2,10,6} ;
std::sort(array.begin(),array.end());                    //array 成为{1,2,5,6,10}
```

例 6-1 创建顺序表。

本例的 ch6_1.cpp 的 main()函数中首先创建并初始化顺序表 arrList，然后顺序表 arrList 添加 3 个节点，再用 arrList 中的节点创建顺序表 arrListNew。修改 arrListNew 的节点并不影响 arrList 的节点，运行效果如图 6.1 所示。

```
arrList顺序表长度: 2
arrList内部数组的长度: 2
arrList顺序表长度: 3
arrList内部数组的长度: 4
arrList顺序表长度: 5
arrList内部数组的长度: 8
arrList的第0个节点(头节点)数据: 内燃火车头
arrList:    内燃火车头  餐车  车厢1  车厢2  车厢3
arrListNew:电力火车头  邮车  车厢1  车厢2  车厢3
--------------------------------
```

图 6.1 创建顺序表

ch6_1.cpp

```
#include < iostream >
#include < vector >
#include < string >
int main() {
    std::vector < std::string > arrList = {"内燃火车头","餐车"};
    std::cout <<"arrList 顺序表长度:"<< arrList.size()<< std::endl;
    std::cout <<"arrList 内部数组的长度:"<< arrList.capacity()<< std::endl;
    arrList.push_back("车厢 1");
    std::cout <<"arrList 顺序表长度:"<< arrList.size()<< std::endl;
    std::cout <<"arrList 内部数组的长度:"<< arrList.capacity()<< std::endl;
    arrList.push_back("车厢 2");
    arrList.push_back("车厢 3");
    std::cout <<"arrList 顺序表长度:"<< arrList.size()<< std::endl;
    std::cout <<"arrList 内部数组的长度:"<< arrList.capacity()<< std::endl;
    std::cout <<"arrList 的第 0 个节点(头节点)数据:"<< arrList[0]<< std::endl;
```

```
    std::cout <<"arrList: ";
    for(auto elm:arrList){
        std::cout << elm <<" ";
    }
    std::cout << std::endl;
    std::vector< std::string > arrListNew(arrList);
    arrListNew[0] ="电力火车头";
    auto iter = arrListNew.begin();
    std::advance(iter,1);
    iter = arrListNew.erase(iter);                    //删除餐车
    arrListNew.insert(iter,"邮车");                   //插入邮车
    std::cout <<"arrListNew:";
    for(auto elm:arrListNew){
        std::cout << elm <<" ";
    }
    return 0;
}
```

例 6-2　比较顺序表与链表的耗时。

本例 ch6_2.cpp 中比较了顺序表使用 at(int index)函数访问节点和链表以及使用 std::next()函数访问节点的运行耗时，可以看出顺序表的耗时明显小于链表的耗时，运行效果如图 6.2 所示。

```
vector访问第4500000个节点耗时(纳秒)0
list访问第4500000个节点耗时(纳秒)4.00356e+007
list访问第4500000个节点耗时(秒)0.0400356
```

图 6.2　比较顺序表与链表访问节点的耗时

ch6_2.cpp

```
#include < iostream >
#include < list >
#include < vector >
#include < chrono >
int main() {
    std::vector < int > vector;
    std::list < int > list;
    int data;
    int N = 9000000;
    for(int i= 1;i <= N;i++){
        int m = rand() % N;
        vector.push_back(m);
        list.push_back(m);
    }
    auto start = std::chrono::high_resolution_clock::now();             // 开始执行的时间点
    data = vector.at(N/2);
    auto end = std::chrono::high_resolution_clock::now();               //结束的时间点
    std::chrono::duration < double, std::nano > duration = end - start;
    std::cout <<"vector 访问第"<< N/2 <<"个节点耗时(纳秒)"<< duration.count()<< std::endl;
    start = std::chrono::high_resolution_clock::now();                  // 开始执行的时间点
    auto iter = std::next(list.begin(),N/2);
    data = * iter;
    end = std::chrono::high_resolution_clock::now();                    //结束的时间点
    duration = end - start;
    std::cout <<"list 访问第"<< N/2 <<"个节点耗时(纳秒)"<< duration.count()<< std::endl;
    std::chrono::duration < double > duration2 = end - start;
    std::cout <<"list 访问第"<< N/2 <<"个节点耗时(秒)"<< duration2.count()<< std::endl;
    return 0;
}
```

6.3 顺序表与最长递增子数组

顺序表也称动态数组，比通常的(静态)数组有更大的灵活性，例如，动态数组可以添加、删除节点，因此在某些实际问题中使用动态数组比使用通常的数组能更加方便地解决问题。

例 6-3 使用顺序表求数组的最长递增子数组。例如，对于

```
int arr[] = {15,16,6,8,9,10,11,11,11,1,2,10};
```

最长递增子数组是[6,8,9,10,11]。

例 6-3 求数组最长的递增子数组。

本例 sub_arr. cpp 中的 maxLengthSubarray(std::vector < int > arr)函数返回顺序表 arr 的最长递增子顺序表。

sub_arr. cpp

```
#include <vector>
std::vector<int> f(int m,std::vector<int> arr){   //返回 arr 从索引 m 开始的递增子数组
   std::vector<int> result;
   int count = 1;
   for(int j = m;j < arr.size() - 1;j++){
        if(arr[j]< arr[j + 1]){
             count++;
        }
        else {
             break;
        }
    }
    for(int i = m;i < count + m;i++){
        result.push_back(arr[i]);
    }
    return result;
  }
std::vector<int> maxLengthSubarray(std::vector<int> arr){
   std::vector<int> result;
   int max = 1;
   for(int m = 0;m < arr.size() - 1;m++){
       std::vector<int> c = f(m,arr);
       int n = c.size();
       if(n > max){
            result = c;
            max = n;
       }
   }
   return result;
}
```

本例 ch6_3. cpp 使用 sub_arr. cpp 中的 maxLengthSubarray(std::vector < int > arr)函数得到数组的最长递增子数组，运行效果如图 6.3 所示。

```
15 16 6 8 9 10 11 11 11 1 2 10 最长递增子数组:
6 8 9 10 11
```

图 6.3 求数组最长的递增子数组

ch6_3. cpp

```
#include <iostream>
#include <vector>
```

```
std::vector<int> maxLengthSubarray(std::vector<int> arr);
int main() {
    int a[] = {15,16,6,8,9,10,11,11,11,1,2,10};
    std::vector<int> arr(a,a+sizeof(a)/sizeof(int));          //用数组 a 创建顺序表 arr
    std::vector<int> result = maxLengthSubarray(arr);
    for(int m:arr){
        std::cout<<m<<" ";
    }
    std::cout<<"最长递增子数组:"<<std::endl;
    for(int m:result){
        std::cout<<m<<" ";
    }
    return 0;
}
```

6.4　顺序表与筛选法

素数是指在大于1的自然数中除了1和它本身以外，不再有其他因数的自然数。

筛选法又称筛法，是由希腊数学家埃拉托斯特尼提出的一种简单鉴定素数的算法。因为希腊人是把数写在涂了蜡的板上，每次要划去一个数，就在上面记1小点，寻找素数的工作完毕后，板上留下很多小点就像一个筛子，所以就把埃拉托斯特尼的方法叫作筛选法，简称筛法。由于1不是素数，筛选法的做法是，先把2～n的自然数按次序排列起来，筛选法的算法从2开始：

2是素数，把素数2保存，然后把2后面所有能被2整除的数都划去。

数字2后面第1个没划去的数是素数3，把素数3保存，然后再把3后面所有能被3整除的数都划去。

3后面第1个没划去的数是素数5，把素数5保存，然后再把5后面所有能被5整除的数都划去。

… …

按照筛选法，每次留下的数字中的第1个数字一定是素数，如此继续进行，就会把不超过n的全部合数(合数指除素数以外的数)都筛掉，保存的就是不超过n的全部素数。

例 6-4　用筛选法求素数。

本例 prime_filter.cpp 中的 std::vector<int> primeFilter(int n)函数是筛选法，返回不超过正整数n的全部素数。

prime_filter.cpp

```
#include<vector>
#include<iostream>
std::vector<int> primeFilter(int n){
    std::vector<int> arr ;
    for(int i = 2;i<=n;i++) {
        arr.push_back(i);
    }
    std::vector<int> prime ;                 //存放素数
    while(arr.size()>0) {
        int primeNumber = arr[0] ;           //按照筛选法,首节点里是素数
        auto iter = arr.begin();
        arr.erase(iter) ;                    //删除首节点
        prime.push_back(primeNumber);
```

```
        for(int j = 0;j < arr.size();j++){
            if(arr[j] % primeNumber == 0){
                iter = arr.begin();
                std::advance(iter,j);
                arr.erase(iter); //划掉大于 primeNumber 且能被 primeNumber 整除的数字
            }
        }
    }
    return prime;
}
```

孪生素数猜想是数论中的著名未解决问题，是数学家希尔伯特在1900年国际数学家大会上提出的23个问题中的第8个问题："是否存在无穷多个素数 p，使得 p，$p+2$ 这两个数也是素数"。孪生素数就是相差为2的一对素数。例如3和5，5和7，11和13，…，227和229等都是孪生素数。由于孪生素数猜想的高知名度以及它与哥德巴赫猜想的联系，很多人在研究孪生素数猜想，然而孪生素数猜想至今未能被解决。

1849年，波利尼亚克(Alphonse de Polignac)提出了更一般的猜想：对所有自然数 k，存在无穷多个素数对(p，$p+2k$)，$k=1$ 的情况就是孪生素数猜想。数学家们相信波利尼亚克的这个猜想也是成立的。

2013年5月，数学家张益唐的论文《素数间的有界距离》在《数学年刊》上发表，破解了困扰数学界长达一个半世纪的难题。张益唐证明了孪生素数猜想的弱化形式，即发现存在无穷多差小于7000万的素数对。这是第一次有人证明存在无穷多组间距小于定值的素数对。

本例 ch6_6. cpp 使用 prime_filter. cpp 中的 std::vector<int> primeFilter(int n)函数输出100以内的全部素数，以及100以内的孪生素数，效果如图6.4所示。

```
不超过100的全部素数:
2  3  5  7  11  13  17  19  23  29  31  37  41  43  47  53  59  61  67  71  73  79  83  89  97
其中的全部孪生素数:
(3,5)(5,7)(11,13)(17,19)(29,31)(41,43)(59,61)(71,73)
```

图 6.4 筛选法求素数

ch6_4. cpp

```
#include <iostream>
#include <vector>
std::vector<int> primeFilter(int n);
int main() {
    int N = 100;
    std::vector<int> primeList = primeFilter(N);
    std::cout <<"不超过"<< N <<"的全部素数:"<< std::endl;
    for(auto number:primeList){
        std::cout << number <<" ";
    }
    std::cout << std::endl;
    std::cout <<"其中的全部孪生素数:"<< std::endl;
    for(int i = 0;i < primeList.size() - 1;i++) {
        int twin1 = primeList.at(i),
            twin2 = primeList.at(i + 1);
        if(twin2 - twin1 == 2) {
            std::cout <<"("<< twin1 <<","<< twin2 <<")";
        }
    }
    return 0;
}
```

6.5　顺序表与全排列

1. 递归法求全排列

求全排列很容易想到用递归算法。比如(1)！是1,对于(12)!,首先降低规模,即将1固定在首位,计算(2)!,然后,再将2固定在首位,计算(1)!,示意如下：

12　21

对于(123)!,首先降低规模,即将1固定在首位,计算(23)!,然后再将2固定在首位,计算(13)!,然后,再将3固定在首位,计算(12)!,示意如下：

123　132　213　231　312　321

用递归法求全排列,时间复杂度是$O(n!)$,这里求全排列的函数是把全排列存放在某种数据结构的集合中,比如顺序表中,然后返回该集合,以便其他用户使用全排列。因此求全排列的空间复杂度是$O(n!)$。

在求全排列的递归算法中使用了顺序表,其优点是使得递归的代码更加简洁。比如,对于求(123)!,递归函数返回的顺序表中的节点中依次存放着(123)!中的某一个,即顺序表中节点依次是：

123　132　213　231　312　321

例 6-5　递归与全排列。

本例 full_permutatio.cpp 中的递归函数 permutatio(std::vector source)返回n个不同元素的全排列,时间复杂度是$O(n!)$,空间复杂度是$O(n!)$。

full_permutatio.cpp

```
#include <vector>
#include <string>
#include <iostream>
std::vector<std::string> permutatio(std::vector<std::string> source){
    if(source.size() == 1) {
        return source;
    }
    else {
        std::vector<std::string> list ;                            //存放全排列
        for(int k = 0;k < source.size();k++){
            std::vector<std::string> copyList(source);
            std::string index_k = copyList[k];
            auto iter = copyList.begin();
            std::advance(iter,k);
            copyList.erase(iter);                                   //copyList 删除第 k 个节点
            std::vector<std::string> listNext = permutatio(copyList); //递归
            for(int i = 0;i < listNext.size();i++) {
                list.push_back(index_k + "" + listNext.at(i));      //排列放到顺序表 list 里
            }
        }
        return list;
    }
}
```

本例 ch6_7.cpp 使用 full_permutatio.cpp 中的递归函数 permutatio(std::vector source)得到(4)!并输出,运行效果如图 6.5 所示。

```
1234  1243  1324  1342  1423  1432  2134  2143  2314  2341  2413  2431
3124  3142  3214  3241  3412  3421  4123  4132  4213  4231  4312  4321
```

图 6.5 递归求全排列

ch6_5. cpp

```
import java.util.ArrayList;
#include <iostream>
#include <vector>
std::vector<std::string> permutatio(std::vector<std::string> source);
int main() {
    std::vector<std::string> arrList = {"1","2","3","4"} ;
    arrList = permutatio(arrList);
    for(auto item:arrList){
        std::cout << item <<" ";
    }
    return 0;
}
```

2. 数字填空

1～9 个数字的填空问题有很多,不同的问题可能各有各的算法。因为最大数是 9,复杂度 $O(n!)$是完全可以接受的,所以可以用全排列来解决 1～9 个数字的填空问题。

九宫格的填数问题是经典的数字填空问题。把 1～9 的数字填入九宫格(横竖都有 3 个格),使每行、每列以及两个对角线上的 3 个数之和都等于 15。可能有很多种填数的方案,比如有 m 种方案可以满足九宫格的填数要求。但是,如果九宫格没有定义方向,那么一个人站在左上角的格子里看到的某个方案的效果会和他站在右下角的格子里看到的某个方案的效果一样,其他点以此类推。按照这种逻辑去掉相同的,那么应该还剩 $m/8$ 种方案(即考虑旋转、镜像相同的属于同一种)。

例 6-6 九宫格填数字。

本例 ch6_6. cpp 使用例 6_5 的 full_permutatio. cpp 中的递归函数 permutatio()给出了所有满足九宫格填数字要求的 8 种方案,运行效果如图 6.6 所示。如果考虑旋转、镜像相同的属于同一种,那么这 8 种方案都是一样的。

```
2 7 6        ----------
9 5 1        6 1 8
4 3 8        7 5 3
----------   2 9 4
2 9 4        ----------
7 5 3        6 7 2
6 1 8        1 5 9
----------   8 3 4
4 3 8        ----------
9 5 1        8 1 6
2 7 6        3 5 7
----------   4 9 2
4 9 2        ----------
3 5 7        8 3 4
8 1 6        1 5 9
----------   6 7 2
             ----------
```

图 6.6 九宫格填数字

ch6_6. cpp

```
#include <iostream>
#include <vector>
bool isSuccess(int a[3][3]);
void fill(int a[3][3],int num);                    //把整数 num 中的数字放入数组 a
std::vector<std::string> permutatio(std::vector<std::string> source);
int main() {
    int a[3][3] ;
```

```
    std::vector<std::string> list = {"1","2","3","4","5","6","7","8","9"};
    std::vector<std::string> arr = permutatio(list);
    for(int i = 0;i < arr.size();i++) {
        int num = std::stoi(arr.at(i));          //把一个排列变成整数
        fill(a,num);                             //把 num 中的数字放入数组 a
        if(isSuccess(a)) {                       //是否填数成功
            for(int k = 0;k < 3;k++) {
                for(int j = 0;j < 3;j++){
                    std::cout <<" "<< a[k][j]<<" ";
                }
                std::cout << std::endl;
            }
            std::cout <<" --------- "<< std::endl;
        }
    }
    return 0;
}
void fill(int a[3][3],int num){                  //把整数中的数字放入二维数组 a
    for(int i = 0;i < 3;i++) {
        for(int j = 0;j < 3;j++) {
            a[i][j] = num % 10;
            num = num/10;
        }
    }
}
bool isSuccess(int a[3][3]){
    int sum[8] = {0};
    sum[0] = a[0][0] + a[0][1] + a[0][2];        //第 1 行
    sum[1] = a[1][0] + a[1][1] + a[1][2];
    sum[2] = a[2][0] + a[2][1] + a[2][2];
    sum[3] = a[0][0] + a[1][0] + a[2][0];        //第 1 列
    sum[4] = a[0][1] + a[1][1] + a[2][1];
    sum[5] = a[0][2] + a[1][2] + a[2][2];
    sum[6] = a[0][0] + a[1][1] + a[2][2];        //正对角线
    sum[7] = a[2][0] + a[1][1] + a[0][2];
    bool boo = true;
    for(int i = 0;i < 8;i++){
        if(sum[i]!= 15) {
            boo = false;
            break;
        }
    }
    return boo;
}
```

3. 迭代法求全排列

按照字符串的字典序可以求全排列。字典序就是比较字符串中字符的大小。每个字符在Unicode表中都有自己的顺序位置,比如字符 a 的位置就是 97,即表达式(int)'a'的值是 97。字符 1～9 的位置分别是 49～57,即表达式'1'<'2'的值是 true。对于 std::string 对象的字符序列,即字符串可以按字典序比较大小。比较大小的规则是:如果两者含有的字符完全相同,就称两者相等,否则,从左(0 索引位置开始)向右比较字符串中的字符,当在某个位置出现不相同的字符时,停止比较,两者根据该位置上字符的大小关系确定字典序的大小关系。比如按字典序 125364 小于 126453、6521 大于 65。

对于字符 1、2、3、5、6、7、8 组成的全排列,按字典序最小的是 12345678,最大的是 87654321。从最小的全排列(或最大的全排列)开始,按照字典序依次寻找下一个全排列,直到找到最大的(最小的)全排列为止,就可以给出全部的全排列。

这里通过找 34587621 的下一个全排列,介绍基于字典序找全排列的算法。

(1) 寻找正序相邻对。在全排列的相邻对中找到最后一对“正序相邻对”(小的在前,大的在后),例如:58 就是相邻对 34,45,58,76,62,21 中最后一对“正序相邻对”,记作 pairLast。假设 pairLast 的起始位置是 k,那么这个全排列从位置 $k+1$ 开始的字符是按从大到小排列的(相邻对是反序的,即大的在前,小的在后)。例如,34587621 的 pairLast:58 的起始位置是 2(字符串的起始位置是 0),从位置 2(图 6.7 数字 4 所在位置)后面开始是反序的 87621,如图 6.7 所示。

注意,如果找不到 pairLast,那么这个全排列一定是最大的那个全排列,例如 87654321 中就没有 pairLast。

(2) 寻找最小字符。在全排列的字符串中从 $k+1$ 位置开始找比 pairLast 的首字符大的字符中的最小字符,一定能找到这个最小字符,因为 $k+1$ 位置的字符就比 pairLast 的首字符大。最小字符以后的字符(假如有的话)都比 pairLast 的首字符小。例如,对于 pairLast:58,找到的字符是 6。字符 6 以后的字符(假如有的话)都比字符 5 小,如图 6.8 所示。

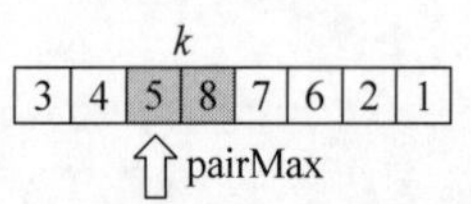

图 6.7　最后一对“正序相邻对”的起始位置

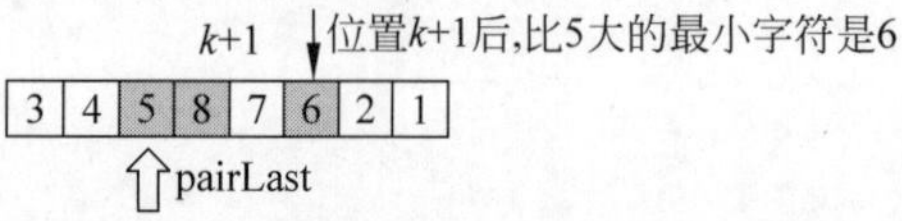

k+1　位置k+1后,比5大的最小字符是6
3 4 5 8 7 6 2 1
pairLast

图 6.8　找到比 pairLast 的首字符大的字符的最小字符

(3) 最小字符与 pairLast 的首字符互换。将(2)中找到的最小字符与 pairLast 的首字符(k 位置上的字符)互换,例如对于 pairLast:58,找到的最小字符 6 和 58 的首字符 5 互换,互换后如图 6.9 所示。

(4) 反转子序列。把步骤(3)得到的全排列从 $k+1$ 位置开始的字符子序列反转(该字符子序列中也可能就一个字符),反转后如图 6.10 所示。

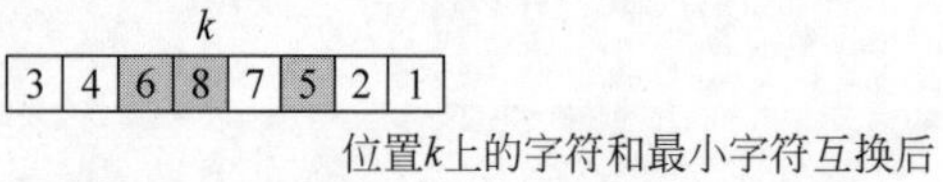

k
3 4 6 8 7 5 2 1
位置k上的字符和最小字符互换后

图 6.9　最小字符和 pairLast 的首字符互换

k+1
3 4 6 1 2 5 7 8
位置k+1开始的子序列反转后

图 6.10　反转从 $k+1$ 位置开始的子序列

最后一步,即步骤(4)得到的全排列,刚好是当前全排列按照字典序的下一个全排列,例如,步骤(4)得到的 34612578 是 34587621(当前排列)的下一个排列。按照前面的步骤可知,原来的全排列和步骤(4)得到的全排列刚好在位置 k 出现了不相同的字符,而两个不相同的字符中前者小于后者。步骤(4)得到的全排列刚好是当前全排列按照字典序的下一个全排列的理由是,原来的排列从位置 $k+1$ 开始的字符是从小到大排列的,那么按照字典序,最后一步得到的全排列,例如 34612578 是刚好大于原来的全排列“34587621”的一个全排列。

例 6-7　迭代法求全排列。

本例 dictionary.cpp 中的 findPermutatio(std::vector < char > list)函数返回全排列 list 的下一个全排列,时间复杂度是 $O(n)$,空间复杂度是 $O(n)$(因为仅仅是得到一个排列,所以此函数比前面的递归函数的时间复杂度和空间复杂度都低)。

dictionary.cpp

```
#include <vector>
#include <algorithm>
```

```
std::vector<char> findPermutatio(std::vector<char> list){
    int k = -1;
    for(int i = 0;i < list.size() - 1;i++) {                //寻找最后的正序相邻对 pareLast
        if(list.at(i)< list.at(i + 1)){
            k = i;                                          //k 是 pareLast 的起始位置
        }
    }
    if(k == -1) {                                           //找不到 pairLast
        return list;
    }
    char ch = list.at(k);                                   //ch 存放 pareLast 的首字符
    char max = list.at(k + 1);                              //k + 1 位置的字符比 ch 中的字符大
    int position = -1;
    for(int i = k + 1;i < list.size();i++) { //寻找比 pareLast 首字符大的最小字符
        if(list.at(i)> ch&&list.at(i)<= max){
            position = i;
            max = list.at(i);
        }
    }
    char findChar = list.at(position);                      //得到最小字符
    list[position] = ch; //k 位置上字符,即 pareLast 的首字符和最小字符互换
    list[k] = findChar;
    auto iter = list.begin();
    std::advance(iter,k);
    std::vector<char> listView (++iter,list.end());        //得到从 k + 1 开始的子顺序表
    std::reverse(listView.begin(), listView.end());        //k + 1 位置开始的节点中字符序列反转
    auto iterView = listView.begin();
    for(iter;iter!= list.end();iter++){                     //把子顺序表复制回原顺序表
        *iter = *iterView;
        iterView++;
    }
    return list;
}
```

本例 ch6_9. cpp 使用 dictionary. cpp 中的 findPermutatio()函数输出(4)!,效果如图 6.11 所示。

```
1234  1243  1324  1342  1423  1432  2134  2143  2314  2341  2413  2431
3124  3142  3214  3241  3412  3421  4123  4132  4213  4231  4312  4321
```

图 6.11　迭代求全排列

ch6_7. java

```
#include <iostream>
#include <vector>
std::vector<char> findPermutatio(std::vector<char> list);
int main() {
    std::vector<char> start = {'1','2','3','4'};
    std::vector<char> last = {'4','3','2','1'};
    do{
        for(auto c:start){
            std::cout << c <<"";
        }
        start = findPermutatio(start);
        std::cout <<" ";
    }while(start!= last);
    for(auto c:start){
        std::cout << c <<"";
    }
    return 0;
}
```

6.6 顺序表与组合

从 n 个不同的元素中取 r 个不同元素的组合数目，等价于从 n 个连续的自然数中取 r 个不同数的组合数目，这种等价性有利于描述算法，简化代码。本节的目的不是给出组合的数目，而是给出全部的具体组合。

比如，从 1、2、3、4、5、6 取 3 个数的组合如下：

```
[1,2,3][1,2,4][1,2,5][1,2,6][1,3,4][1,3,5][1,3,6][1,4,5][1,4,6][1,5,6]
[2,3,4][2,3,5][2,3,6][2,4,5][2,4,6][2,5,6][3,4,5][3,4,6][3,5,6][4,5,6]
```

1. 用迭代法求组合

和排列不同，[1,2,3]和[1,3,2]是不同的排列，但却是相同的组合。因此，表示组合时可以让组合里的数字都是升序的，这样一个组合就有如下特点。

假设从 n 个自然数取 r 个不同的数的一个组合如下：

$$c_0 c_1 \cdots c_i \cdots c_{r-1}$$

该组合中的每个数按顺序存放到一个顺序表 list 中。这个组合（注意是升序的）有这样的特点：

$$c_{r-1} \leqslant n,\quad c_{r-2} \leqslant n-1, \cdots, c_0 \leqslant n-(r-1)$$

即

$$c_i \leqslant n-(r-1)+i \quad (i=0,1,\cdots,r-1)$$

根据组合的这个特点，从一个组合生成一个刚好比该组合大的组合（按字典序）的算法如下。

（1）寻找满足（注意是小于）

$$c_i < n-(r-1)+i$$

的最大的 i。如果这样的 i 不存在，进行（3）。对于组合[1,3,6]，

$$n=6,\quad c_0=1,\quad c_1=3,\quad c_2=6(r=3)$$

满足

$$c_i < n-(r-1)+i$$

的最大的 i 是 1。

假设满足

$$c_i < n-(r-1)+i$$

的最大的 i 是 k：

$$k=\max\{i: c_i < n-(r-1)+i\}(i=0,1,\cdots,r-1)$$

进行（2）。如果这样的 i 不存在，那么这个组合已经是最大的组合，例如，对于最大的组合[4,5,6]，

$$n=6,\quad c_0=4,\quad c_1=5,\quad c_2=6 \quad (r=3)$$

显然，

$$c_i=n-(r-1)+i \quad (i=0,1,2)$$

（2）将顺序表 list 中第 k 个节点的值自增，然后从第 $k+1$ 节点开始，每个节点的值设置为它的前置节点的值加 1，即得到当前组合的下一个组合。例如，从组合[1,3,6]（$k=1$）得到下一个组合[1,4,5]。进行（3）。

(3) 结束。

例 6-8 用迭代法求组合。

本例 combination. cpp 中的 C(int n,int r,std::vector<int> start)函数返回组合 start 的下一个组合,时间复杂度是 $O(n)$,空间复杂度是 $O(n)$。

combination. cpp

```
#include <vector>
std::vector<int> C(int n,int r,std::vector<int> start){
    int k = -1;
    for(int i=0;i<r;i++) {           //寻找满足 start[i]<n-(r-1)+i 的最大 i
        if(start[i]<n-r+i+1){
            k = i;                   // start[i]<n-r+i+1 的最大 i 是 k
        }
    }
    if(k==-1){
        std::vector<int> c;
        return c;
    }
    start[k]++;
    for(int i= k+1;i<r;i++){
        start[i] = start[i-1]+1;
    }
    return start;
}
```

本例 ch6_8 使用 combination. cpp 中的 C()函数输出从 6 个数中取 3 个数的全部组合,运行效果如图 6.12 所示。

```
1 2 3 |1 2 4 |1 2 5 |1 2 6 |1 3 4 |1 3 5 |1 3 6 |1 4 5 |1 4 6 |1 5 6 |2 3 4 |
2 3 5 |2 3 6 |2 4 5 |2 4 6 |2 5 6 |3 4 5 |3 4 6 |3 5 6 |4 5 6
```

图 6.12 输出组合

ch6_8. cpp

```
#include <iostream>
#include <vector>
//从 n 个数里取 r 个数的组合总数是杨辉三角形第 n 行第 r 列上的值(例 3-9)
long Y(int n,int j);
std::vector<int> C(int n,int r,std::vector<int> start);
int main() {
    int n = 6;                  //从 n 个数里取 r 个数的组合
    int r = 3;
    std::vector<int> start;
    for(int i=1;i<=r;i++){
        start.push_back(i);
    }
    for(auto item:start){
        std::cout << item <<" ";
    }
    std::cout <<"|";
    long m = Y(n,r);
    for(int i = 0;i<m;i++) {
        std::vector<int> nextList = C(n,r,start);
        start = nextList;
        if(nextList.size()>0){
            for(auto item:nextList){
                std::cout << item <<" ";
            }
```

```
            std::cout <<"|";
        }
    }
    return 0;
}
```

2. 递归求组合

参考递归求杨辉三角形(见例3-9)，可以写出递归求组合的算法(作者反复画递归图，找出了递归的规律，见下面例6-9中的recurrence_com.cpp)。

例6-9 用递归求组合。

本例recurrence_com.cpp中的std::vector<std::vector<int>> C(int n,int r)函数把从n个自然数里取r个数的组合中的各个数放在一个std::vector<int>顺序表中，然后把全部组合放在一个std::vector<std::vector<int>>顺序表中。std::vector<std::vector<int>>顺序表中的节点中依次是一个std::vector<int>对象，即一个组合，例如，C(6,3)返回的顺序表中节点依次是：

[1,2,3][1,2,4][1,3,4][2,3,4][1,2,5][1,3,5][2,3,5][1,4,5][2,4,5][3,4,5][1,2,6]
[1,3,6][2,3,6][1,4,6][2,4,6][3,4,6][1,5,6][2,5,6][3,5,6][4,5,6]

即从6个自然数中，取3个数的全部组合。

std::vector<std::vector<int>> C(int n,int r)函数的时间复杂度是$O(n^2)$，空间复杂度是$O(n!)$。

recurrence_com.cpp

```
#include <vector>
std::vector<std::vector<int>> C(int n, int r){      //参考求杨辉三角形的思想,递归求组合
    std::vector<std::vector<int>> list ;
    if(r == 1){                                     // n个数取1个数的组合
        for(int i = 1;i <= n;i++){
            std::vector<int> listR ;
            listR.push_back(i);
            list.push_back(listR);
        }
    }
    else if(r == n){                                //n个数取n个数的组合
        std::vector<int> listN ;
        for(int i = 1;i <= r;i++){
            listN.push_back(i);
        }
        list.push_back(listN);
    }
    else {
        std::vector<std::vector<int>> list1 = C(n-1,r);
        std::vector<std::vector<int>> list2 = C(n-1,r-1);
        for(int i = 0;i < list2.size();i++){
            list2.at(i).push_back(n);
        }
        for(auto item:list1){
            list.push_back(item);
        }
        for(auto item:list2){
            list.push_back(item);
        }
    }
    return list;
}
```

注意：可以参看例 3-14，优化 C(int n,int r)函数，使得时间复杂度为 $O(n)$。

本例的 ch6_9.cpp 使用 recurrence_com.cpp 中的 C(int n,int r)函数得到从 6 个数中取 3 个数的全部组合，并输出了这些组合，运行效果如图 6.13 所示。

```
1 2 3 |1 2 4 |1 3 4 |2 3 4 |1 2 5 |1 3 5 |2 3 5 |1 4 5 |2 4 5 |3 4 5 |1 2 6 |
1 3 6 |2 3 6 |1 4 6 |2 4 6 |3 4 6 |1 5 6 |2 5 6 |3 5 6 |4 5 6 |
```

图 6.13　得到全部的组合并输出

ch6_9.cpp

```
#include <iostream>
#include <vector>
std::vector<std::vector<int>> C(int n,int r);
int main() {
   std::vector<std::vector<int>> list = C(6,3);
   for(int i = 0;i<list.size();i++) {
      std::vector<int> arr = list.at(i);
      for(auto item:arr){
          std::cout << item <<" ";
      }
      std::cout <<"|";
   }
  return 0;
}
```

3. 组合与砝码称重

大家可能经常遇到称重问题：假设有 n 个质量不同的砝码各一枚，例如 4 个质量分别为 1 克、3 克、5 克和 8 克的砝码。

(1) 能给出多少种不同的称重方案？

(2) 能称出多少种质量？

问题(1)属于组合数学问题，相对比较简单，答案就是下列组合数目的和：

$$C_n^0 + C_n^1 + \cdots + C_n^r + \cdots + C_n^n = 2^n$$

其中，C_n^r 从 n 个不同的元素中取 r 个不同元素的组合数目，C_n^r 刚好是杨辉三角形第 n 行第 r 列上的值(行和列从 0 开始)，即杨辉三角形第 n 行的数字之和是 2^n。数学上认为 C_n^0 等于 1，等价于称 0 重，即不拿任何砝码也算一种称重方案。但是在实际应用中，一般不考虑 0 重的物体。因此，问题(1)的答案就是有 2^n-1 种方案。就称重方案而言，认为用一个 5 克的砝码称出 5 克的质量，和用一个 2 克的砝码、一个 3 克的砝码称出 5 克的质量是 2 种不同的方案。

问题(2)就属于组合数学和编程的综合问题。如果一共有 m 种方案，一共能称出 n 种质量，那么一定有 $n \leqslant m$，理由是有些组合可能称出相同的质量，比如用一个 5 克的砝码可以称出 5 克质量，用一个 2 克的砝码和一个 3 克的砝码同样也可以称出 5 克的质量。

解决问题(2)的一个算法就是遍历全部的组合，当发现能称出相同的质量的组合(即方案)时，保留一个即可。

如果允许砝码放在天平的两端(允许放在被称重的物体一端)，那么就把另一端(被称重的物体一端)的砝码拿回到放置砝码的一端并变成“负码”(质量是负数)，则将问题转化为砝码只放天平一端的情况。

例 6-10　用天平称质量。

本例 weigh.cpp 中的 std::vector<int> weighting(int weight[],int n)函数返回 n 个质

量不同的砝码各一枚能称出的各种质量,时间复杂度是 $O(n^3)$,空间复杂度是 $O(n)$。

weight.cpp

```
#include <vector>
#include <algorithm>
std::vector<std::vector<int>> C(int n,int r);                  //n个数取r个的全部组合
int getWeight(std::vector<int> list,int weight[],int n);       //得到组合的质量
std::vector<int> weighting(int weight[],int n){
    int r = 0;                                                 //从n个数里取r个数的组合
    std::vector<int> allWeight ;
    for(r=1;r<=n;r++) {
        std::vector<std::vector<int>> list = C(n,r);           //n个数取r个的全部组合
        for(int i=0;i<list.size();i++){
            int m = getWeight(list.at(i),weight,n);            //得到组合的质量
            if(m>0){
                auto iter = allWeight.begin();
                iter = std::find(allWeight.begin(),allWeight.end(),m);
                if(iter==allWeight.end()){                     //m不在allWeight中
                    allWeight.push_back(m);
                }
            }
        }
    }
    return allWeight;
}
int getWeight(std::vector<int> list,int weight[],int n) {
    int sum = 0;
    for(int i =0;i<list.size();i++){
        for(int j =1;j<=n;j++){
            if(list.at(i) == j) {
                sum += weight[j-1];
            }
        }
    }
    return abs(sum);                                           //返回绝对值,允许有负码
}
```

本例 ch6_10.cpp 显示了用质量是 1、3、5、8 的砝码(这里省去质量单位)能称出的各种质量(包括砝码放天平两端的情况),运行效果如图 6.14 所示。

```
4个砝码:1 3 5 8
砝码只放在天平的一端可以称出13种质量:
1 3 4 5 6 8 9 11 12 13 14 16 17
砝码可以放在天平的两端可以称出17种质量:
1 2 3 4 5 6 7 8 9 10 11 12 13 14 15 16 17
```

图 6.14　用天平称质量

ch6_10.cpp

```
#include <iostream>
#include <vector>
#include <algorithm>
std::vector<int> weighting(int weight[],int n);
int main() {
    int weight[] = {1,3,5,8};
    int n = sizeof(weight)/sizeof(int);
    std::cout << n <<"个砝码:";
    for(int number:weight){
        std::cout << number <<" ";
    }
```

```
    std::cout << std::endl;
    std::vector < int > allWeight = weighting(weight,n);
    std::sort(allWeight.begin(),allWeight.end());
    std::cout <<"砝码只放在天平的一端可以称出"<< allWeight.size()<<"种质量:\n";
    for(int number:allWeight){
       std::cout << number <<" ";
    }
    std::cout << std::endl;
    int weightAndNegative[] = {1,3,5,8, - 1, - 3, - 5, - 8};          //有负码,砝码可以放两端
    n = sizeof(weightAndNegative)/sizeof(int);
    allWeight = weighting(weightAndNegative,n);
    std::sort(allWeight.begin(),allWeight.end());
    std::cout <<"砝码可以放在天平的两端可以称出"<< allWeight.size()<<"种质量:\n";
    for(int number:allWeight){
       std::cout << number <<" ";
    }
    std::cout << std::endl;
    return 0;
}
```

6.7　顺序表与记录

有时候需要将一维数组,例如一个记录学生成绩的一维数组,看作一个整体,称作一条记录(如果学过数据库,相当于表中的一条记录)。借助顺序表,可以批量处理记录,比如,排序记录。

二维数组是由若干一维数组所构成的,即若干条记录所构成,例如,二维数组 arr 由 3 条记录构成:

```
int arr[][4] = {{90,89,77,68},
                {72,50,97,69},
                {52,50,67,79}
};
```

假设记录中的数字代表一个学生的数学、物理、化学和英语 4 科考试成绩,如果按数学成绩重新排序(升序),那么二维数组 arr 会变成:

```
int arr[][4] = {{52,50,67,79},
                {72,50,97,69},
                {90,89,77,68}
};
```

例 6-11　顺序表与记录。

顺序表 std::vector < std::vector < int >> list 相当于一个动态的 int 型二组数组,本例 ch6_11.cpp 把一个普通 int 型二组数据中的记录放入顺序表 list,并对顺序表 list 中的记录进行排序,运行效果如图 6.15 所示。

```
记录(未排序):
90 89 77 68
80 50 97 69
88 60 67 79
-----------
记录(按第0列,数学成绩排序):
80 50 97 69
88 60 67 79
90 89 77 68
-----------
记录(按第2列,化学成绩排序):
88 60 67 79
90 89 77 68
80 50 97 69
```

图 6.15　顺序表与记录

ch6_11.cpp

```
#include <iostream>
#include <vector>
#include <algorithm>
void outPutReord(int record[][4],int rows){
    for(int i = 0;i < rows;i++){
        for(int j = 0;j < 4;j++){
            std::cout << record[i][j]<<" ";
        }
        std::cout << std::endl;
    }
    std::cout <<"-----------"<< std::endl;
}
int main() {
    int record[][4] = {{90,89,77,68 },
                       {80,50,97,69 },
                       {88,60,67,79 }
                       };
    std::cout <<"记录(未排序):\n";
    outPutReord(record,3);
    std::vector<int> arr0(record[0],record[0] + 4);          //用数组(记录)初始化顺序表
    std::vector<int> arr1(record[1],record[1] + 4);
    std::vector<int> arr2(record[2],record[2] + 4);
    std::vector<std::vector<int>> list;                      //相当于动态二维数组
    list.push_back(arr0);                                    //数组放入顺序表
    list.push_back(arr1);
    list.push_back(arr2);
    std::sort(list.begin(),list.end(),
              [](std::vector<int> a,std::vector<int> b){
                return a[0]< b[0];                           //按第 0 列值排序记录
              });
    for(int i = 0;i < list.size();i++){
        std::vector<int> arr = list.at(i);
        for(int j = 0;j < arr.size();j++){
            record[i][j] = arr[j];
        }
    }
    std::cout <<"记录(按第 0 列,数学成绩排序):\n";
    outPutReord(record,3);
    std::sort(list.begin(),list.end(),
              [](std::vector<int> a,std::vector<int> b){
                return a[2]< b[2];                           //按第 2 列值排序记录
              });
    for(int i = 0;i < list.size();i++){
        std::vector<int> arr = list.at(i);
        for(int j = 0;j < arr.size();j++){
            record[i][j] = arr[j];
        }
    }
    std::cout <<"记录(按第 2 列,化学成绩排序):\n";
    outPutReord(record,3);
    return 0;
}
```

习题 6

扫一扫

习题

扫一扫

自测题

第7章 栈与stack类

本章主要内容

- 栈的特点；
- 栈的创建与独特函数；
- 栈与回文串；
- 栈与递归；
- 栈与括号匹配；
- 栈与深度优先搜索；
- 栈与后缀表达式。

第5章和第6章我们分别学习了链表和顺序表，二者都是线性表，其中链表是链式存储，顺序表是顺序存储。本章讲解栈，栈也是线性表的一种具体形式，可以是顺序存储或链式存储，即节点的物理地址是依次相邻的或不相邻的。

7.1 栈的特点

栈(stack)又名堆栈，节点的逻辑结构是线性结构，即是一个线性表。栈的特点是擅长在线性表的尾端(节点序列的尾)进行相关操作，例如添加、删除尾节点，查看尾节点中的数据。由于栈擅长在尾端进行相关操作，就把尾端称为栈顶，即栈顶是尾节点。相对地，把另一端(节点序列的头)称为栈底，即栈底是头节点。

向栈尾(线性表的尾端)添加新尾节点被称作压栈操作(push())，简称压栈，压栈是把新节点放到栈顶，使之成为新的栈顶。向栈尾端添加新尾节点也被称作进栈、入栈。删除栈尾节点被称作弹栈操作(pop())，简称弹栈，弹栈是把栈顶节点删除，使其相邻的节点成为新的栈顶。删除栈尾节点也被称作出栈、退栈。查看栈顶节点中的数据但不删除栈顶节点被称作查顶操作(top())。

栈擅长在线性表的尾部，即栈顶操作，甚至可以将线性表实现成只在尾部操作，所以人们也称栈是受限的线性表。压栈时，最先进栈的节点在栈底，最后进栈的节点在栈顶(俗话说，垒墙的砖，后来者居上)，弹栈时，从栈顶开始弹出节点，最后一个弹出的节点是栈底节点。

栈是一种后进先出的数据结构，简称LIFO(Last In First Out)，如图7.1所示。为了形象，图7.1把线性结构竖立，尾节点是栈顶、头节点是栈底。

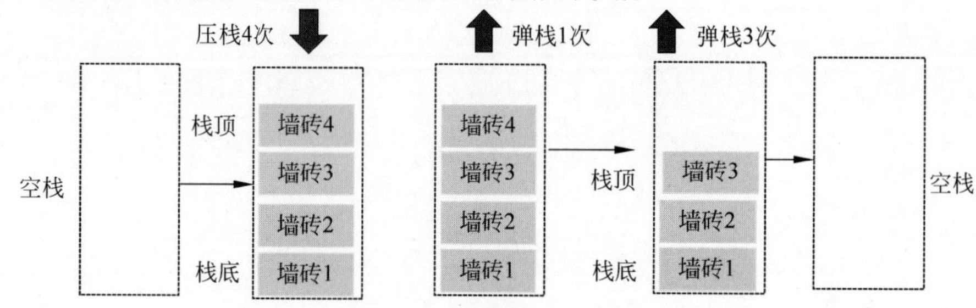

图7.1 栈的特点

7.2 栈的创建与独特函数

std::stack 是 C++标准模板库中的模板类，用于实现栈这种数据结构（也称栈是 STL 的容器之一），即提供后进先出的数据结构。需要注意的是，当 std 使用作用域运算符（也称解析运算符）"::"访问 stack 时不要误写为 str::Stack，即不可以将 stack 的首写字母写成大写的 S。

称 std::stack 类的实例（对象）为栈，其中的节点的逻辑结构是线性结构。

1. 创建栈

使用 std::stack 类创建栈时，必须要指定模板类中的参数类型的具体类型，类型可以是 C++允许的数据类型，比如 int、float、char 和类等，即指定栈中节点里的数据的类型。例如，指定栈 stack 的节点中的数据的类型是 std::string 类型：

```
std::stack< str::string > stack;
```

如果不指定 stack 栈的存储方式，那么 stack 的节点的存储结构是顺序存储，即使用数组管理节点，后面叙述中说栈的节点中的数据或栈的数据都是正确的。

创建栈时，例如 stackWithList，可以指定 stackWithList 的存储方式是 std:list，那么 stackWithList 将使用链式存储，例如：

```
std::stack< int, std::list< int >> stackWithList;
```

注意： 如果只在尾端操作链表，就可以把链表当栈使用，这样的栈是链式存储。

2. 独特的函数

(1) bool empty()：判断栈是否为空栈，如果栈中没有节点返回 1(true)，否则返回 0 (false)（时间复杂度为 $O(1)$）。

(2) data top()：返回栈顶节点中的数据 data，但不删除栈顶节点（时间复杂度为 O(1)）。如果当前栈是空栈，那么栈调用该函数不会产生任何效果。

(3) void pop()：删除栈顶节点，但不返回栈顶节点中的数据（时间复杂度为 $O(1)$）。如果当前栈是空栈，那么栈调用该函数不会有任何效果。

(4) void push(data)：向栈压入一个新节点，这个新节点中的数据是 data。如果栈是顺序存储，那么时间复杂度为 $O(1)$ 或 $O(n)$；如果栈是链式存储，那么时间复杂度为 $O(1)$。

(5) void swap(empty_stack)：std::stack 没有 clear()函数，即不提供清栈函数。一个非空的栈，例如 stackInt，可以使用 std::stack 提供的 swap()函数和空栈 empty_stack 实施交换，来实现清栈操作，例如 stackInt.swap(empty_stack)。

(6) int size()：返回栈的长度，即栈的节点数量。

注意： std::stack 没有提供迭代器，即不提供 begin()和 end()方法。

例 7-1 使用栈的独特函数。

本例 ch7_1.cpp 使用了栈的独特函数，运行效果如图 7.2 所示。

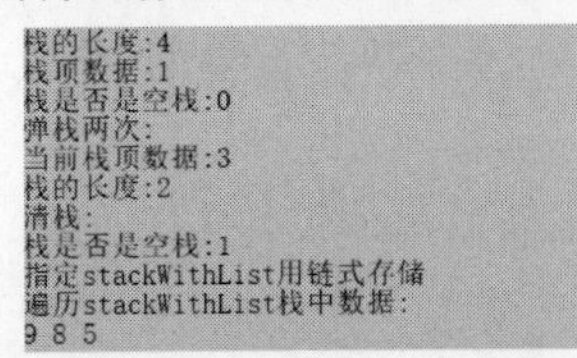

栈的长度:4
栈顶数据:1
栈是否是空栈:0
弹栈两次:
当前栈顶数据:3
栈的长度:2
清栈:
栈是否是空栈:1
指定stackWithList用链式存储
遍历stackWithList栈中数据:
9 8 5

图 7.2　使用栈的独特函数

ch7_1.cpp

```
#include <iostream>
#include <stack>
#include <list>
int main() {
    std::stack<int> stack;
    stack.push(4);
    stack.push(3);
    stack.push(2);
    stack.push(1);
    std::cout <<"栈的长度:"<< stack.size()<< std::endl;
    std::cout <<"栈顶数据:"<< stack.top()<< std::endl;
    std::cout <<"栈是否是空栈:"<< stack.empty()<< std::endl;
    std::cout <<"弹栈两次:"<< std::endl;
    stack.pop();
    stack.pop();
    std::cout <<"当前栈顶数据:"<< stack.top()<< std::endl;
    std::cout <<"栈的长度:"<< stack.size()<< std::endl;
    std::stack<int> empty_stack;
    std::cout <<"清栈:"<< std::endl;
    stack.swap(empty_stack);
    std::cout <<"栈是否是空栈:"<< stack.empty()<< std::endl;
    std::cout <<"指定 stackWithList 用链式存储"<< std::endl;
    std::stack<int,std::list<int>> stackWithList;
    stackWithList.push(5);
    stackWithList.push(8);
    stackWithList.push(9);
    std::cout <<"遍历 stackWithList 栈中数据:"<< std::endl;
    while (!stackWithList.empty()) {
        std::cout << stackWithList.top() << " ";
        stackWithList.pop();
    }
    return 0;
}
```

7.3 栈与回文串

回文串是指和其反转(倒置)相同的字符串,例如

```
"racecar" , "123321","level","toot","civic","pop","eye","rotator","pip"
```

都是回文串。例 3-4 曾使用递归函数判断一个字符串是否是回文串。

注意,如果一个字符串的长度是偶数,只要判断字符串的前一半和后一半的反转是否相同即可,如果一个字符串的长度是奇数,只要忽略字符串中间的字符,然后判断字符串的前一半和后一半的反转是否相同即可。那么利用栈的特点,首先将字符串中的全部字符逐个进栈,然后弹出栈中的一半多个字符压入另一个栈,再比较两个栈中的字符是否相同,就可以判断一个字符串是否是回文串。

例 7-2 利用栈判断字符串是否为回文串。

本例 ch7_2.cpp 利用栈判断几个字符串是否是回文串,运行效果如图 7.3 所示。

```
racecar是回文串
123321是回文串
level是回文串
civic是回文串
rotator是回文串
java不是回文串
tea不是回文串
```

图 7.3 利用栈判断回文串

ch7_2.cpp

```
#include <iostream>
#include <stack>
```

```
bool isPalindrome(std::string word){
    std::stack<char> stack1;
    std::stack<char> stack2;
    int n = word.length();
    for(int k = 0;k < n;k++){
        stack1.push(word.at(k));
    }
    int count = n/2;
    while(count > 0) {
        stack2.push(stack1.top());
        stack1.pop();
        count--;
    }
    if(n % 2!= 0){
       stack1.pop();                 //不要中间的字符
    }
    return stack1 == stack2;
}
int main() {
    std::string str[] = {"racecar","123321","level","civic","rotator","java","tea"};
    for(int i = 0;i < sizeof(str)/sizeof(std::string);i++) {
       if(isPalindrome(str[i])){
           std::cout << str[i]<<"是回文串"<< std::endl;
       }
       else {
           std::cout << str[i]<<"不是回文串"<< std::endl;
       }
    }
    return 0;
}
```

7.4　栈与递归

递归过程就是函数地址被压栈、弹栈的过程，所以也可以利用栈把某些递归算法改写为迭代算法。

例 7-3　利用栈输出 Fibonacci 序列的前几项。

本例 ch7_3.cpp 中利用栈输出 Fibonacci 序列的前 16 项(有关 Fibonacci 序列的知识点和递归算法参见例 3-2)，运行效果如图 7.4 所示。

```
1 1 2 3 5 8 13 21 34 55 89 144 233 377 610 987
```

图 7.4　利用栈输出 Fibonacci 序列的前 16 项

ch7_3.cpp

```
#include <iostream>
#include <stack>
int main() {
    std::stack<long> stack;
    long f1 = 1;
    long f2 = 1;
    stack.push(f2);
    stack.push(f1);
    std::cout << f1 <<" ";
    int k = 1;
    while(k < 16) {
```

```
            f1 = stack.top();
            stack.pop();
            f2 = stack.top();
            std::cout << f2 <<" ";
            stack.pop();
            long next = f1 + f2;
            stack.push(next);
            stack.push(f2);
            k++;
        }
        return 0;
    }
```

7.5 栈与括号匹配

括号总是成对出现的，大家在编写程序的源文件时应该养成好习惯，当输入一个左括号时就应该随后输入一个右括号，再输入其他内容。在使用 IDE 开发工具编辑源文件时，每输入一个左括号，IED 的编辑器会自动补上一个对应的右括号，这是为了防止大家忘记输入相应的右括号，从而引起不必要的编译错误。

栈的特点使得它很适合被用来检查一个字符串中的括号是否是匹配的，即左、右括号是否是成对的。算法描述如下。

(1) 遍历字符串的每个字符，遇到左括号时压栈。

(2) 遇到右括号，如果此时栈为空，字符串中就出现了括号不匹配现象。如果栈不空，弹栈。如果字符串中的括号是匹配的，按照栈的特点，当遍历字符串遇到右括号时，此刻栈顶节点中的括号一定是和它相匹配的左括号，如果不是这样，字符串中的括号就出现了不匹配现象。

(3) 遍历完字符串后，栈必须成为空栈，否则就说明有剩余的左括号，字符串中的括号就出现了不匹配现象。

例 7-4 检查括号是否匹配。

本例 match.cpp 中的 isMatch(std::string s)函数判断字符串中的括号是否是匹配的。

Match.java

```
#include <stack>
#include <string>
bool isMatch(std::string s){
    bool isOk = true;
    std::stack<char> stack ;
    for(int i = 0;i<s.size();i++){
        char c = s.at(i);
        if( c == '('||c == '('||c == '['||c == '{'){          //如果是左括号,压栈
             stack.push(c);                                    //压栈
        }
        else if(c == ')'||c == ')'||c == ']'||c == '}'){//如果是右括号,弹栈
             if(stack.empty()){
                 return false;                                 //括号不匹配
             }
             else {
                 char left = stack.top(); //栈顶的左括号,应该是和 c 匹配成对
                 stack.pop();
                 char ch = '\0';
                 switch(c) {                                   //开关语句把右括号转化为左括号
```

```
                case ')' :ch = '(' ; break;             //英文圆括号
                case '）':ch = '（'; break;              //中文圆括号
                case ']' :ch = '['; break;
                case '}' :ch = '{'; break;
                default :ch = '\0'; break;
            };
            if(left != ch) {
                isOk = false;
                break;
            }
        }
    }
  }
  if(!stack.empty()){
      return false;
  }
  return isOk;
}
```

本例 ch7_4. cpp 使用 match. cpp 中的 isMatch(std::string s)函数判断了几个字符串中的括号是否匹配,运行效果如图 7.5 所示。

```
(hello {boy}[java])中的括号都是匹配的吗?
1
class{ void f() {} int a[]}中的括号都是匹配的吗?
1
if(x>0 {}中的括号都是匹配的吗?
0
```

图 7.5　检查括号是否匹配

ch7_4. cpp

```
#include <iostream>
#include <string>
bool isMatch(std::string s);
int main() {
    std::string str = "(hello {boy}[java])";
    std::cout << str <<"中的括号都是匹配的吗?"<< std::endl;
    std::cout << isMatch(str)<< std::endl;
    str = "class{ void f() {} int a[]}";
    std::cout << str <<"中的括号都是匹配的吗?"<< std::endl;
    std::cout << isMatch(str)<< std::endl;
    str = "if(x>0 {}";
    std::cout << str <<"中的括号都是匹配的吗?"<< std::endl;
    std::cout << isMatch(str)<< std::endl;
    return 0;
}
```

7.6　栈与深度优先搜索

深度优先搜索(Depth First Search,DFS)和广度优先搜索(Breadth First Search,BFS)都是图论里关于图的遍历的算法(见 13.5 节),但 DFS 算法的思想可以用于任何恰好适合使用 DFS 的数据搜索问题,不仅仅限于图论中的问题。

深度优先搜索算法,在进行遍历或者说搜索的时候,选择一个没有被搜过的节点,按照深度优先:一直往该节点的后续路径节点进行访问,直到该路径的最后一个节点,然后再从未被访问的邻节点进行深度优先搜索,重复以上过程,直到所有节点都被访问或搜索到指定的某些特殊节点,算法结束。

讲解 DFS 思想的一个很好的例子是老鼠走迷宫。老鼠走迷宫的一个策略就是见路就走，一直走到出口或无路可走，如果无路可走就要回到上一个路口，再选择一条路走下去，一直走到出口或无路可走，如此这般，如果有出口，老鼠一定能走到出口，如果没有出口，老鼠一定会尝试了所有的路口，发现无法达到出口。用生活中的话讲，深度优先搜索算法的思想就是"不撞南墙不回头"。

前面曾用递归算法模拟过老鼠走迷宫，见例 3-10。本节使用栈模拟老鼠走迷宫，所实现的算法属于迭代算法。

栈的特点是后进先出（先进后出）恰好能体现深度优先。队列的特点是先进先出（后进后出），恰好体现广度优先（见 8.6 节）。

老鼠走迷宫的算法描述如下。

初始化：将老鼠的出发点（入口）压入栈。

(1) 检查老鼠是否到达出口，如果到达出口，进行(3)，否则进行(2)。

(2) 进行弹栈操作，如果栈是空，提示无法到达出口，进行(3)。如果弹栈成功，检查从栈中弹出的点是否是出口，如果是出口，提示到达出口，进行(3)，否则把弹出的点标记为尝试过的路点（不再对尝试过的路点进行压栈操作，老鼠可以直接穿越这些标记过的路点），然后把弹出的路点的周围（东、西、南、北）的路点压入栈，但不再对尝试过的路点进行压栈操作，然后进行(1)。

(3) 算法结束。

例 7-5 用栈模拟老鼠走迷宫。

本例 point.cpp 中的 Point 类用于刻画迷宫中的路点。

point.cpp

```
class Point {
private:
   int x;
   int y;
public:
    Point(int initialX, int initialY) : x(initialX), y(initialY) {}
    int getX(){
        return x;
    }
    int getY(){
        return y;
    }
};
```

本例 mouse_stack.cpp 中的 void moveInMaze()函数用 rows 行 columns 列的二维数组模拟迷宫。二维数组元素值是 1 表示墙，0 表示路，2 表示出口。

mouse_stack.cpp

```
#include <iostream>
#include <stack>
#include "point.cpp"
void moveInMaze(int (*maze)[100],int rows,int columns){
    bool isSuccess = false;                          //是否走迷宫成功
    int x = 0;                                       //老鼠初始位置
    int y = 0;                                       //老鼠初始位置
    std::stack<Point> stack ;
    Point point(x,y);
    stack.push(point);                               //stack进行压栈操作
```

```
    std::cout <<"老鼠到达过的位置:";
    while(isSuccess == false) {              //未走到迷宫出口
       if(!stack.empty()){
            point = stack.top();
            stack.pop();
       }
       else {
            std::cout <<"无法到达出口.";
            return ;
       }
       x = point.getX();
       y = point.getY();
       if(maze[x][y] == 2) {                 //是出口
            isSuccess = true;
            maze[x][y] = -1;                 //此点不再压栈
            std::cout <<"到达出口:("<< x <<","<< y <<")";
       }
       else {
            maze[x][y] = -1;                 //表示老鼠达到过该位置,此点不再压栈
            std::cout <<"("<< x <<","<< y <<")";
            if(y-1>= 0&&(maze[x][y-1] == 0||maze[x][y-1] == 2)) { //西是路
                stack.push(Point(x,y-1));                         //stack 进行压栈操作
            }
            if(x-1>= 0&&(maze[x-1][y] == 0||maze[x-1][y] == 2)) { //北是路
                stack.push(Point(x-1,y));                         //stack 进行压栈操作
            }
            if(y+1<columns&&(maze[x][y+1] == 0||maze[x][y+1] == 2)){ //东是路
                stack.push(Point(x,y+1));                         //stack 进行压栈操作
            }
            if(x+1<rows&&(maze[x+1][y] == 0||maze[x+1][y] == 2)) {  //南是路
                stack.push(Point(x+1,y));                         //stack 进行压栈操作
            }
       }
    }
}
```

本例 ch7_5.cpp 中使用 mouse_stack.cpp 中的 move()函数走迷宫。老鼠走过迷宫后，二维数组中元素值是 1 表示墙，0 表示老鼠未走过的路，－1 表示老鼠走过的路，2 表示出口。对于其中一个迷宫，老鼠无法到达路口，因为任何路都无法到达出口，对于另外一个迷宫，老鼠成功到达出口，运行效果如图 7.6 所示。

```
  0  0  0  1  1  1  1
  1  0  0  0  0  1  1
  1  1  0  1  0  0  1
  1  0  0  0  1  1  1
  1  0  0  0  0  1  2
老鼠到达过的位置:(0,0)(0,1)(1,1)(1,2)(2,2)(3,2)(4,2)(4,3)(4,4)(3,3)(4,1)(3,1)(3,3)(3,1)(1,3)(1,4)(2,4)(2,5)(0,2)(0,2)
无法到达出口.
 -1 -1 -1  1  1  1  1
  1 -1 -1 -1 -1  1  1
  1  1 -1  1 -1 -1  1
  1 -1 -1 -1  1  1  1
  1 -1 -1 -1 -1  1  2

可以到达出口的迷宫:
  0  0  0  1  1  1  1
  1  0  0  0  0  0  0
  1  1  0  1  0  0  1
  1  0  0  0  1  0  1
  1  0  0  0  0  0  2
老鼠到达过的位置:(0,0)(0,1)(1,1)(1,2)(2,2)(3,2)(4,2)(4,3)(4,4)(4,5)到达出口:(4,6)
 -1 -1  0  1  1  1  1
  1 -1 -1  0  0  0  0
  1  1 -1  1  0  0  1
  1  0 -1  0  1  0  1
  1  0 -1 -1 -1 -1 -1
```

图 7.6　使用栈模拟老鼠走迷宫

ch7_5. cpp

```
#include < iostream >
void moveInMaze(int ( * maze)[100],int rows,int columns);
void show(int ( * a)[100],int rows,int columns);
int main() {
    std::cout <<"0 是路,1 是墙, - 1 是老鼠走过的路,2 是出口."<< std::endl;
    int rows = 5,columns = 7;
    int maze[][100] ={{0,0,0,1,1,1,1},
                      {1,0,0,0,0,1,1},
                      {1,1,0,1,0,0,1},
                      {1,0,0,0,1,1,1},
                      {1,0,0,0,0,1,2}};
    std::cout <<"无法到达出口的迷宫:"<< std::endl;
    show(maze,rows,columns);
    moveInMaze(maze,rows,columns);
    std::cout << std::endl;
    show(maze,rows,columns);
    std::cout << std::endl;
    int a[][100] ={{0,0,0,1,1,1,1},
                   {1,0,0,0,0,0,0},
                   {1,1,0,1,0,0,1},
                   {1,0,0,0,1,0,1},
                   {1,0,0,0,0,0,2}};
    std::cout <<"可以到达出口的迷宫:"<< std::endl;
    show(a,rows,columns);
    moveInMaze(a,rows,columns);
    std::cout << std::endl;
    show(a,rows,columns);
    std::cout << std::endl;
    return 0;
}
void show(int ( * a)[100],int rows,int columns){
    for(int i = 0;i < rows;i++){
     for(int j = 0;j < columns;j++){
        printf(" % 3d",a[i][j]);
     }
     std::cout << std::endl;
    }
}
```

7.7 栈与后缀表达式

本节提到的表达式都是指算术表达式。

1. 中缀表达式

算术运算符(+,-,*,/,%)都是二元运算符,即对两个操作数实施运算的运算符,其中乘法(*)、除法(/)和求余(%)的优先级相同,加法(+)和减法(-)的优先级相同,但都比乘法,除法和求余运算的级别低。

中缀表达式很适合人们的计算习惯,所以在编程时只要按照数学意义编写表达式即可,例如:

```
(13 + 17) * 6
```

2. 后缀表达式

在某些时候,使用中缀表达式就会遇到困难,例如在命令行输入一个表达式,计算表达式的值就遇到了困难，原因是表达式是动态输入的文本字符序列，无法直接计算它的值。可以用后缀表达式来解决刚刚提到的问题(后面马上介绍怎样把中缀表达式转化为后缀表达式)。后缀表达式(也称为逆波兰表达式)是由波兰数学家 Jan Lukasiewicz 在 1920 年发明的(那个时候还没有计算机)。后缀表达式是一种数学表达式的表示方式，其中运算符写在操作数的后面。例如，前面的中缀表达式(13+17) * 6 的后缀表达式是：13 17+6 * 。

后缀表达式里没有括号，也没有的优先级别的概念。计算机内部的许多计算会使用后缀表达式进行数学运算。后缀表达式不使用括号(后缀表达式中不允许使用括号，运算符也没有优先级)。后缀表达式比常规的中缀表达式更容易处理和计算，在计算器或编译器中，后缀表达式可以通过栈这种数据结构来计算和处理数据。但是，后缀表达式几乎没有可读性，在实际生活中没人会用后缀表达式来表达自己的计算意图。

使用栈计算后缀表达式的步骤如下。

(1) 创建一个空栈。

(2) 从左到右遍历后缀表达式中的每个元素。

(3) 如果当前元素是一个操作数，则将其压入栈中。

(4) 如果当前元素是一个运算符，则从栈中弹出两个操作数，通过执行该运算符得出结果，计算时注意顺序，先弹出的是参与计算的第 2 个操作数，后弹出的是第 1 个操作数，并将计算结果压入栈中。

(5) 重复步骤(3)和步骤(4)，直到遍历完后缀表达式。

(6) 如果后缀表达式是有效的，最终栈中只剩下一个元素，即为后缀表达式的值。

例如，计算后缀表达式(中缀表达式是(13+17) * 6)：

```
13 17 + 6 *
```

按照上述步骤形成的入栈(压栈)、弹栈示意图如图 7.7 所示。

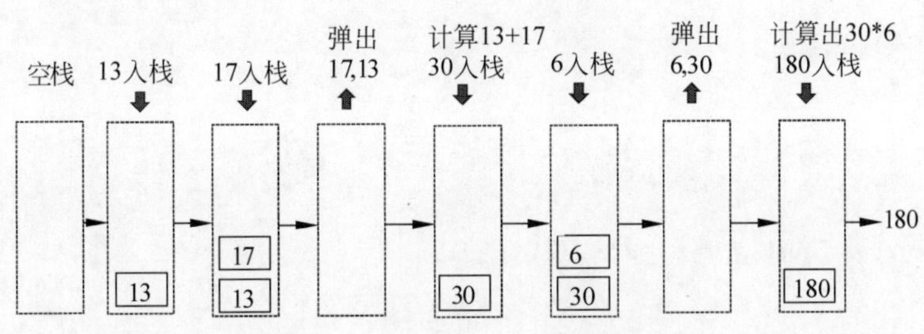

图 7.7　使用栈计算后缀表达式

例 7-6　使用栈计算后缀表达式。

本例中 decompose. cpp 中的 stringToArray(std::string expression)函数使用<sstream>库中的 std::istringstream 流把后缀表达式 expression 中的运算数和运算符号存储到 std::vector 顺序表中(后缀表达式 expression 中的运算符和运算数之间、运算数之间要用空格分隔)。calculate_suffix. cpp 中的 float suffix(std::vector<std::string> a)函数使用栈计算后缀表达式。

decompose. cpp

```
#include <vector>
#include <sstream>
std::vector<std::string> stringToArray(std::string expression){
    std::istringstream iss(expression);
```

```
    std::vector<std::string> arr;
    std::string word;                //word 用于存储每次从输入流中读取的单词
    while (iss >> word) {            //用空格作分隔标记从输入流 iss 中读取单词存放到 word 中
        arr.push_back(word);         //将 word 放入顺序表
    }
    return arr;
}
```

calculate_suffix.cpp

```
#include <stack>
#include <vector>
#include <string>
float suffix(std::vector<std::string> a){
    std::stack<std::string> stack ;
    for(int i = 0;i<a.size();i++) {
        if(std::isdigit(a[i].at(0))){                   //如果是运算数(一定是数字开头)
            stack.push(a[i]);
        }
        else if(a[i] == "+" || a[i] == "-" || a[i] == "*" ||
                 a[i] == "/"||a[i] == "%"){
              float m2 = std::stof(stack.top());    //stof()函数把字符串转化为浮点数
              stack.pop();                            //先弹出的是第 2 个操作数
              double m1 = std::stof(stack.top());
              stack.pop();                            //后弹出的是第 1 个操作数
              double r = 0;
              if(a[i] == "+") {
                  r = m1 + m2;
              }
              else if(a[i] == "-"){
                  r = m1 - m2;
              }
              else if(a[i] == "*"){
                  r = m1 * m2;
              }
              else if(a[i] == "/"){
                  r = m1/m2;
              }
              else if(a[i] == "%"){
                  r = (int)m1 % (int)m2;
              }
              stack.push(std::to_string(r));
         }
    }
    float result = std::stof(stack.top());
    stack.pop();
    return result;
}
```

本例 ch7_6 使用 calculate_suffix.cpp 中的 float suffix(std::vector<std::string> a)函数计算了几个后缀表达式的值，效果如图 7.8 所示。

```
13 17 + 6 * 后缀表达式值:180
13 17 6 * + 后缀表达式值:115
8 3 % 50 + 5 6 + 2 * - 后缀表达式值:30
6 7 + 2 * 11 - 后缀表达式值:15
```

图 7.8　计算后缀表达式的值

ch7_6.cpp

```
#include <iostream>
#include <string>
```

```
#include <vector>
std::vector<std::string> stringToArray(std::string expression);
float suffix(std::vector<std::string> a);
int main() {
    std::string exp = "13 17 + 6 *";                    //中缀是(13+17)*6
    std::vector<std::string> a = stringToArray(exp);
    float result = suffix(a);
    std::cout << exp << " 后缀表达式值:" << result << std::endl;
    exp = "13 17 6 * +";                                //中缀是 13+17*6
    a = stringToArray(exp);
    result = suffix(a);
    std::cout << exp << " 后缀表达式值:" << result << std::endl;
    exp = "8 3 % 50 + 5 6 + 2 * -";                     //中缀是 8%3+50-(5+6)*2
    a = stringToArray(exp);
    result = suffix(a);
    std::cout << exp << " 后缀表达式值:" << result << std::endl;
    exp = "6 7 + 2 * 11 -";                             //中缀是(6+7)*2-11
    a = stringToArray(exp);
    result = suffix(a);
    std::cout << exp << " 后缀表达式值:" << result << std::endl;
    return 0;
}
```

3. 中缀表达式转换为后缀表达式

中缀表达式中的圆括号、运算符和操作数(中缀表达式中的运算符和圆括号之间、运算数和运算符之间要用空格分隔)存在一个 std::string 型的顺序表(动态数组)a 中。

例如,对于 (3 ＋ 7) * 10 － 6,顺序表 a 的节点中的数据依次为:

```
"(","3","+","7",")","*","10","-","6"
```

初始化 int i = 0,一个栈 stack,用于求后缀表达式。一个顺序表 list,用于存放后缀表达式的操作数和运算符。算法步骤如下。

(1) 如果 i 等于 a.size(),进行(5),否则进行(2)。

(2) 进行以下操作之一:

① 如果 $a[i]$是数字型字符串,将其添加到 list,即 list.push_back(a[i]),进行(3)。

② 如果 $a[i]$是左圆括号,将其压栈到 stack:stack.push(a[i]),进行③。

③ 如果 $a[i]$是运算符,并且 stack 的栈顶是左圆括号,将 $a[i]$压栈到 stack,即 stack.push(a[i]),进行(3)。

④ 如果 $a[i]$是运算符,并且优先级大于 stack 的栈顶的运算符的优先级,将 $a[i]$压栈到 stack,即 stack.push(a[i]),进行(3)。

⑤ 如果 $a[i]$是运算符,并且优先级小于或等于 stack 的栈顶的运算符的优先级,stack 开始弹栈,并将弹出的运算符添加到 list,直到 stack 的栈顶的运算符的优先级小于 $a[i]$的优先级或栈为空栈,停止弹栈,进行(3)。

⑥ 如果 $a[i]$是右圆括号,stack 开始弹栈,并将弹出的运算符添加到 list,直到弹出的是左圆括号或栈为空栈,停止弹栈,进行(3)。

(3) i++后进行(1)。

(4) stack 弹栈,将弹出的运算符依次添加到 list,进行(5)。

(5) 结束。

例 7-7　把中缀表达式转换为后缀表达式。

本例 infix_suffix.cpp 中的 std::vector<std::string> infix_to_suffix(infix)函数把中缀

表达式 infix 转换为后缀表达式。

infix_suffix.cpp

```
#include <vector>
#include <stack>
#include <string>
int grade(std::string oper);                        //返回运算符的级别
std::vector<std::string> infix_to_suffix(std::vector<std::string> infix){
    std::stack<std::string> stack ;
    std::vector<std::string> suffix;
    for(int i = 0;i < infix.size();i++){
        if(std::isdigit(infix[i].at(0))) {          //如果是运算数
            suffix.push_back(infix[i]);             //加入后缀表达式中
        }
        else if(infix[i] == "("){                   //如果是左圆括号"("
            stack.push(infix[i]);                   //压栈
        }
        else if(infix[i] == "+" || infix[i] == "-" ||infix[i] == "*" ||
                infix[i] == "/"||infix[i] == "%"){    //如果是运算符
            if(stack.empty()){
                stack.push(infix[i]);
            }
            else if(stack.top() == "("){            //如果栈顶是左圆括号"("
                stack.push(infix[i]);               //压栈
            }
            else if(grade(infix[i])> grade(stack.top())){ //如果 infix[i]级别高
                stack.push(infix[i]);               //压栈
            }
            else {
                while(grade(stack.top())>= grade(infix[i])){
                    std::string oper = stack.top();
                    stack.pop(); //弹栈,直到栈顶运算符低于 infix[i]的级别
                    if( oper != "(" )
                        suffix.push_back(oper); //加入后缀表达式中
                    if(stack.empty())
                        break;
                }
                stack.push(infix[i]);
            }
        }
        else if(infix[i] == ")" ){
            //如果是右圆括号")",弹栈,直到遇到左括号,废弃左圆括号
            while(!stack.empty()){
                std::string oper = stack.top();
                stack.pop();
                if( oper != "(" )
                    suffix.push_back(oper);
                else
                    break;
            }
        }
    }
    while(!stack.empty()){
        suffix.push_back(stack.top());              //把栈中其余运算符加入后缀表达式中
        stack.pop();
    }
    return suffix;
}
int grade(std::string oper) {                       //返回运算符的级别,返回的数越大级别越高
```

```
    if(oper == " + "||oper == " - ")
        return 90;
    else {
        return 100;
    }
}
```

本例 ch7_8 将中缀表达式转换为后缀表达式，并计算后缀表达式（用到了例 7-7 中的函数），输出计算结果，运行效果如图 7.9 所示。

```
( 13 + 17 ) * 6 表达式值:180
( 8 % 3 + 50 - ( 5 + 6 ) * 2 表达式值:30
请输入中缀表达式(圆括号、运算符、运算数之间留有空格): ( 7 % 3 + 60 - ( 5 + 16 ) * 2
( 7 % 3 + 60 - ( 5 + 16 ) * 2 表达式值:19
```

图 7.9　输入中缀表达式，程序输出表达式值

ch7_7.cpp

```
#include <iostream>
#include <string>
#include <vector>
std::vector<std::string> stringToArray(std::string expression);
std::vector<std::string> infix_to_suffix(std::vector<std::string> infix);
float suffix(std::vector<std::string> a);
float suffix(std::vector<std::string> a);
int main() {
    std::string exp ="( 13 + 17 ) * 6";
    std::vector<std::string> infix = stringToArray(exp);
    std::vector<std::string> a = infix_to_suffix(infix);
    float result = suffix(a);
    std::cout << exp <<" 表达式值:"<< result << std::endl;
    exp ="( 8 % 3 + 50 - ( 5 + 6 ) * 2";
    infix = stringToArray(exp);
    a = infix_to_suffix(infix);
    result = suffix(a);
    std::cout << exp <<" 表达式值:"<< result << std::endl;
    std::string input;
    std::cout << "请输入中缀表达式(圆括号、运算符、运算数之间留有空格):";
    std::getline(std::cin, input);
    infix = stringToArray(input);
    a = infix_to_suffix(infix);
    result = suffix(a);
    std::cout << input <<" 表达式值:"<< result << std::endl;
    return 0;
}
```

习题 7

扫一扫

习题

扫一扫

自测题

第 8 章 队列与deque类

本章主要内容

- 队列的特点；
- 队列的创建与独特函数；
- 队列与回文串；
- 队列与加密解密；
- 队列与约瑟夫问题；
- 队列与广度搜索；
- 优先队列；
- 队列与排队。

第 7 章我们学习了栈，其操作的特点是“后进先出”，在程序设计中经常会使用栈来解决某些问题。这章学习队列，其操作的特点是“先进先出”。队列也是线性表的一种具体体现，可以是顺序存储或链式存储，即节点的物理地址是依次相邻的或不相邻的。

8.1 队列的特点

队列(deque)的节点的逻辑结构是线性结构，即是一个线性表。队列的特点是擅长在线性表的两端，即头部和尾部，实施有关的操纵，例如删除头节点、添加尾节点，查看头节点和尾节点。向队列尾部(线性表的尾端)添加新尾节点被称作入列，删除头节点被称作出列。此外，还可以查看队列的头节点，但不删除头节点，或者查看尾节点，但不删除尾节点。

队列擅长在线性表的头、尾两端实施删除和添加操作，甚至可以把线性表实现成只在头、尾两端操作，所以也称队列是受限的线性表。在入列时，最先进入的节点在队头，最后进入的节点在队尾。出列时，从队列的头开始删除节点，最后一个删除的节点是队尾的节点。

队列是一种先进先出的数据结构，简称 FIFO(First In First Out)，如图 8.1 所示。为了形象，图 8.1 把线性结构从左向右绘制，头节点(队头)在左边、尾节点(队尾)在右边。

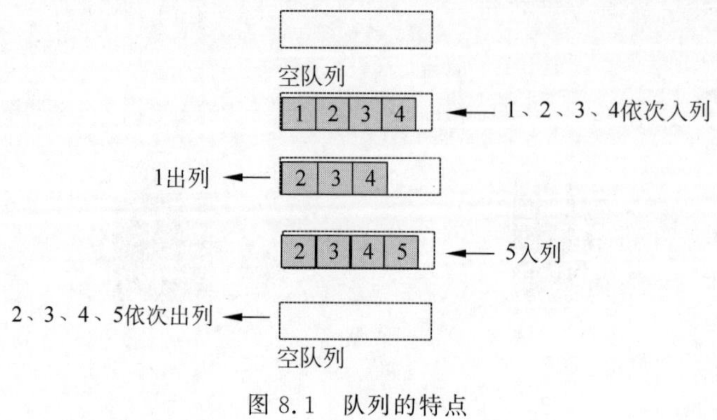

图 8.1 队列的特点

8.2 队列的创建与独特函数

std::deque 是 C++标准模板库中的模板类，用于实现队列这种数据结构，即提供先进先出的数据结构（也称队列是 STL 的容器之一），std::deque 支持在队列的两端进行入列和出列操作（称为双端队列）。需要注意，当 std 使用作用域运算符（也称解析运算符）"::"访问 deque 时不要误写为 str::Deque，即不可以将 deque 的首写字母写成大写的 D。

称 std::deque 类的实例（对象）为队列，其中的节点的逻辑结构是线性结构。

1. 创建队列

使用 std::deque 类创建队列时，必须要指定模板类中的参数的具体类型，类型可以是 C++允许的数据类型，比如 int、float、char 和类等，即指定队列中节点里的数据的类型。例如，指定队列 deque 的节点中的数据的类型是 std::string 类型：

```
std:: deque < str::string > queue;
```

deque 队列的存储方式是顺序存储，即使用数组管理节点，后面叙述中说队列的节点中的数据或队列中的数据都是正确的。

注意：如果只在头、尾端操作链表，就可以把链表当队列来使用，那么这样的队列是链式存储。

2. 独特的函数

(1) bool empty()：判断此队列是否为空，如果队列中没有节点，返回 1(true)，否则返回 0 (false)（时间复杂度为 $O(1)$）。

(2) data front()：查看队列头节点中的数据 data，但不删除队头节点。如果队列为空，那么不产生任何效果（时间复杂度为 $O(1)$）。

(3) void pop_front()：出列操作，删除队列的头节点，但不返回头节点中的数据。如果队列为空，那么不产生任何效果（时间复杂度为 $O(1)$）。

(4) data back()：查看队尾节点中的数据，但不删除队尾节点，如果队列为空，那么不产生任何效果（时间复杂度为 $O(1)$）。

(5) void pop_back()：出列操作，删除队尾节点，但不返回队尾节点中的数据。如果队列为空，那么不产生任何效果（时间复杂度为 $O(1)$）。

(6) void push_back(data)：从队尾的入列操作，向队尾添加一个新节点，节点中的数据是 data，新节点成为队尾（时间复杂度为 $O(1)$）。

(7) void push_front(data)：从队头的入列操作，向队头添加一个新节点，节点中的数据是 data，新节点成为队头（时间复杂度为 $O(1)$）。

(8) void swap(empty_queue)：std::queue 没有 clear()函数，即不提供清队函数。一个非空的队列，例如 queueInt，可以使用 std::queue 提供的 swap()函数和空队 empty_queue 实施交换，来实现清队操作，例如 queueInt. swap(empty_queue)。

(9) int size()：返回队列的长度，即队列的节点数量。

3. 单端队列 queue

std::queue 是 C++标准模板库的队列适配器，相对于双端队列 std::deque，称 std::queue 的实例是单端队列，单端队列 std::queue 只提供了队列的基本操作（只适配了双端队列的部分方法），如入列 push()、出列 pop()、返回队头数据 front()，返回队尾数据 back()，但不提供从队尾出列、从对头入列的操作。因此，如果需要在队列的两端进行快速插入和删除操作，包括从队尾出列、对头入列，可以使用双端队列 std::deque；如果只需要队列的基本操作，则可以使用单端队列 std::queue。

创建单端队列时，例如 queueWithList，可以指定 queueWithList 的存储方式是 std:list，那么 queueWithList 将使用链式存储(不可以指定双端队列的存储方式是链式存储)例如：

```
std:: queue < int,std::list < int >> queueWithList;
```

例 8-1 使用队列的独特函数。

本例 ch8_1.cpp 使用了队列的独特函数，运行效果如图 8.2 所示。

```
队列的长度:4
队头节点的数据:1
队尾节点的数据:4
出列(从队头)两次:
1出列,2出列,当前队头数据:3
队列的长度:2
清队:
队列是否是空队列:1
指定单端队列queueWithList用链式存储
遍历queueWithList队列中的数据:
9 8 5
```

图 8.2 使用队列的独特函数

ch8_1.cpp

```
#include <iostream>
#include <deque>
#include <queue>
#include <list>
int main() {
    std::deque<int> deque;
    deque.push_back(1);
    deque.push_back(2);
    deque.push_back(3);
    deque.push_back(4);
    std::cout <<"队列的长度:"<< deque.size()<< std::endl;
    std::cout <<"队头节点的数据:"<< deque.front()<< std::endl;
    std::cout <<"队尾节点的数据:"<< deque.back()<< std::endl;
    std::cout <<"出列(从队头)两次:"<< std::endl;
    std::cout << deque.front()<<"出列,";
    deque.pop_front();
    std::cout << deque.front()<<"出列,";
    deque.pop_front();
    std::cout <<"当前队头数据:"<< deque.front()<< std::endl;
    std::cout <<"队列的长度:"<< deque.size()<< std::endl;
    std::deque<int> empty_deque;
    std::cout <<"清队:"<< std::endl;
    deque.swap(empty_deque);
    std::cout <<"队列是否是空队列:"<< deque.empty()<< std::endl;
    std::cout <<"指定单端队列 queueWithList 用链式存储"<< std::endl;
    std:: queue<int,std::list<int>> queueWithList;
    queueWithList.push(9);
    queueWithList.push(8);
    queueWithList.push(5);
    std::cout <<"遍历 queueWithList 队列中的数据:"<< std::endl;
    while (!queueWithList.empty()) {
        std::cout << queueWithList.front() << " ";
        queueWithList.pop();
    }
    return 0;
}
```

8.3 队列与回文串

回文串是指和其反转(倒置)相同的字符串,例如

```
"racecar", "123321","level","toot","civic","pop","eye","rotator","pip"
```

都是回文串。在例 7-2 曾使用栈判断一个字符串是否是回文串。使用队列也可以判断一个字符串是否是回文串。将字符串中的全部字符按顺序依次入列,然后开始分别从头、尾出列,如果字符串是回文串,那么从队头出列的节点一定和从队尾出列的节点相同,当队列中剩余的节点数目不足 2 个时,停止出列。

例 8-2 利用队列判断字符串是否是回文串。

本例 ch8_2.cpp 中利用队列判断几个字符串是否是回文串,读者可以和例 7-2 进行比较,分别体会栈和队列的特点。本例运行效果如图 8.3 所示。

```
racecar是回文串
123321是回文串
level是回文串
civic是回文串
rotator是回文串
java不是回文串
A是回文串
```

图 8.3 利用队列判断回文串

ch8_2.cpp

```
#include <iostream>
#include <deque>
#include <string>
bool isPalindrome(std::string s){
    std::deque<char> queue;
    bool is = true;
    int n = s.size();
    for(int k = 0;k < n;k++){
        queue.push_back(s.at(k));                  //入列
    }
    while(queue.size()> 1) {
        char head = queue.front();
        queue.pop_front();                         //出列
        char tail = queue.back();
        queue.pop_back();                          //从队尾出列
        if(head != tail){
            is = false;
            break;
        }
    }
    return is;
}
int main() {
    std::string str[] = {"racecar","123321","level","civic","rotator","java","A"};
    for(int i = 0;i < sizeof(str)/sizeof(std::string);i++) {
        if(isPalindrome(str[i])){
            std::cout << str[i]<<"是回文串"<< std::endl;
        }
        else {
            std::cout << str[i]<<"不是回文串"<< std::endl;
        }
    }
    return 0;
}
```

8.4 队列与加密解密

用队列可以方便地对字符串实施加密(解密)操作。出列字符参与加密字符串中一个字符(出列的字符参与解密字符串中一个字符),然后再重新入列,一直到字符串中的字符全部被加密完毕(字符串中的全部字符被解密完毕)。

例 8-3 使用队列加密、解密字符串。

本例 encryption_decryption. cpp 中的函数使用队列加密、解密字符串。

encryption_decryption. cpp

```
#include <iostream>
#include <queue>
#include <string>
#include <cstring>                          // 包含头文件为了使用 strcpy 函数
std::string doEncryption(std::string source,std::string password){ //加密
   std::queue<char> queue;
   for(int i=0;i<password.size();i++){
        queue.push(password.at(i)); //密码加入队列
   }
   int length = source.size();
   char a[length+1] = {'\0'};
   strcpy(a,source.c_str());
    //出列加密字符串中一个字符,一直到字符串被加密完毕
    for(int i=0;i<length;i++){
        char c = queue.front();
        queue.pop();                         //出列操作
        a[i] = (char)(a[i]^c);               //参与加密
        queue.push(c);                       //c 重新入列
    }
    std::string str(a);
    return str;
}
std::string doDecryption(std::string secret,std::string password){ //解密
   std::queue<char> queue;
   for(int i=0;i<password.size();i++){
        queue.push(password.at(i)); //密码加入队列
   }
   int length = secret.size();
   char a[length+1] = {'\0'};
   strcpy(a,secret.c_str());
    //出列解密字符串中一个字符,一直到字符串被解密完毕
    for(int i=0;i<length;i++){
        char c = queue.front();
        queue.pop();                         //出列操作
        a[i] = (char)(a[i]^c);               //参与解密
        queue.push(c);                       //c 重新入列
    }
    std::string str(a);
    return str;
}
```

本例 ch8_3. cpp 使用 encryption_decryption. cpp 中的函数对字符串加密,然后再解密,运行效果如图 8.4 所示。

```
加密后的密文:
蜍詶　詬篾軖à}VLUdRYC
解密后的明文:
开会时间是今晚19:00:00
```

图 8.4　用队列加密、解密字符串

ch8_3. cpp

```
#include <iostream>
#include <string>
std::string doEncryption(std::string source,std::string password);
std::string doDecryption(std::string secret,std::string password);
int main() {
    std::string str = "开会时间是今晚 19:00:00";
    std::string password = "ILoveThisGame";
    std::string secretStr = doEncryption(str,password);
    std::cout <<"加密后的密文:"<< std::endl;
    std::cout << secretStr << std::endl;
    std::cout <<"解密后的明文:"<< std::endl;
    std::string sourceStr = doDecryption(secretStr,password);
    std::cout << sourceStr << std::endl;
    return 0;
}
```

8.5　队列与约瑟夫问题

例 4-11 和例 5-3 分别使用数组和链表解决了约瑟夫问题(围圈留一问题)。各种数据结构都有自己的特点,所以选择适合的数据结构来解决相应的问题会起到事半功倍的效果。个人认为,队列更加适合用于解决约瑟夫问题。

再简单重复一下约瑟夫问题：若干人围成一圈,从某个人开始顺时针(或逆时针)数到 3 的人从圈中退出,然后继续顺时针(或逆时针)数到 3 的人从圈中退出,以此类推,程序输出圈中最后剩下的那个人。

由约瑟夫问题就可看出,使用队列来解决该问题更方便,理由是队列这种数据结构在头、尾两端处理数据。将 n 个人入列,然后进行出列操作,如果报数不是 3,再进行入列操作(即重新归队),否则出列后不再重新入列,直到队列中剩下一个节点为止。和例 4-11 以及例 5-3 相比,使用队列的算法不仅更加容易理解,而且所实现的代码也具有很好的可读性。

例 8-4　使用队列解决约瑟夫问题。

本例 joseph. cpp 中的 solveJoseph(int person[],int size)函数使用队列解决约瑟夫问题。

joseph. cpp

```
#include <iostream>
#include <queue>
void solveJoseph(int person[],int size) {                  //使用队列求解约瑟夫问题
    std::queue<int> queue ;
    for(int i = 0;i<size;i++){
        queue.push(person[i]);                               //全体入列
    }
    while(queue.size()>1) {
        int number1 = queue.front();
        queue.pop();                                         //出列
        queue.push(number1);                                 //入列
```

```
        int number2 = queue.front();;
        queue.pop();                                    //出列
        queue.push(number2);                            //入列
        int number3 = queue.front();
        queue.pop();                                    //出列,不再入列
        std::cout <<"号码"<< number3 <<"退出圈";
    }
    std::cout <<"最后剩下的号码是:"<< queue.front();
}
```

本例 ch8_4. cpp 使用 joseph. cpp 中的 solveJoseph(int person[],int size)函数演示了 11 个人的约瑟夫问题,运行效果如图 8.5 所示。

```
号码3退出圈
号码6退出圈
号码9退出圈
号码1退出圈
号码5退出圈
号码10退出圈
号码4退出圈
号码11退出圈
号码8退出圈
号码2退出圈
最后剩下的号码是:7
```

图 8.5　使用队列解约瑟夫问题

ch8_4. cpp

```
void solveJoseph(int person[],int size);
int main() {
    int person[11] = {1,2,3,4,5,6,7,8,9,10,11};
    solveJoseph(person,11);
    return 0;
}
```

8.6　队列与广度搜索

在 7.6 节讲解了深度优先搜索。深度优先搜索算法,在进行遍历或者搜索的时候,选择一个没有被搜过的节点,按照深度优先：一直往该节点的后续路径节点进行访问,直到该路径的最后一个节点,然后再从未被访问的邻节点进行深度优先搜索,重复以上过程,直到所有节点都被访问或搜索到指定的某些特殊节点,算法结束。

广度优先搜索是图的另一种遍历方式,与深度优先搜索相对,是以广度优先进行搜索。其特点是先访问图的顶点,然后广度优先,依次进行被访问点的邻接点,一层一层访问,直到访问完所有节点或搜索到指定的节点,算法结束。栈的特点是后进先出,恰好能体现深度优先。队列的特点是先进先出,恰好体现广度优先。

能体现广度优先搜索的一个例子就是排雷。假设有一块 m 行、n 列被分成 $m \times n$ 个小矩形的雷区,有些矩形里有雷,有些没有雷。工兵从某个矩形开始排雷,在排雷的过程中有东、西、南、北四个方向。工兵不能斜着走,他的目的是把全部雷排除。

排雷算法描述如下。

(1) 将开始的排雷点入列,进行(2)。

(2) 检查队列是否是空列,如果为空列(雷就都被排除了)进行(4),否则进行(3)。

(3) 队列进行出列操作,将出列点的东、西、南、北方向上没有被排雷的点入列,然后检查出列点是否是雷,并标记此点已排雷。如果是雷给出一个排雷的标记,如果是路给出一个路的标记,进行(2)。

(4) 结束。

例 8-5　使用广度优先搜索算法进行排雷。

本例 point. cpp 中的 Point 类用于刻画雷区中的点。

point. cpp

```
class Point {
private:
    int x;
    int y;
public:
    Point(int initialX, int initialY) : x(initialX), y(initialY) {}
    int getX(){
        return x;
    }
    int getY(){
        return y;
    }
};
```

本例 deminers. cpp 中用 m 行 n 列的二维数组模拟有地雷的雷区。二维数组元素值是 0 表示路,1 表示雷。deminers. cpp 中的 demining(char (* land)[100],int rows,int columns) 函数使用广度优先算法进行排雷,排雷后,用 * 标识排雷点,用 # 标识路点(未埋设地雷)。

注意:不可以逐行地排雷,如果这样将不能体现广度优先。

deminers. cpp

```
#include <iostream>
#include <queue>
#include "point.cpp"
void demining(char ( * land)[100], int rows, int columns){
     int x = 0;                                              //初始位置
     int y = 0;                                              //初始位置
     std::queue<Point> queue ;                               //队列 queue
     Point point(x,y);
     queue.push(point);                                      //queue 进行入列操作
     std::cout <<" * 是雷的位置,# 是未曾布雷的路:"<< std::endl;
     while(!queue.empty()) {                                 //未排除出全部的雷
        point = queue.front();
        queue.pop();                                         //出列
        x = point.getX();
        y = point.getY();
        //广度优先(用 * 标识雷点,用 # 标识未埋设地雷的路点
        if(y-1>=0&&land[x][y-1]!='*'&&land[x][y-1]!='#') {    //西
             queue.push(Point(x,y-1));                        //入列
        }
        if(x-1>=0&&land[x-1][y]!='*'&&land[x-1][y]!='#') {    //北
             queue.push(Point(x-1,y));                        //入列
        }
        if(y+1<columns&&land[x][y+1]!='*'&&land[x][y+1]!='#'){ //东
             queue.push(Point(x,y+1));                        //入列
        }
        if(x+1<rows&&land[x+1][y]!='*'&&land[x+1][y]!='#') {  //南
             queue.push(Point(x+1,y));                        //入列
        }
        if(land[x][y]=='1'){                                  //1 表示雷
             land[x][y] = '*';                                //标记"*"表示排雷一颗
             std::cout<<"*"<<"("<<x<<","<<y<<") ";
        }
```

```
        else if(land[x][y] == '0'){            //0 表示未埋雷的路点
            land[x][y] = '#';                  //标记"#"表示此路点未埋设地雷
            std::cout <<"#"<<"("<< x <<","<< y <<") ";
        }
    }
}
```

本例 ch8_5. cpp 首先使用例 5-7 的 random_lay_mines. cpp 中的 layMines()函数布雷 39 颗，然后使用本例 deminers. cpp 中的 demining()函数开始排雷，运行效果如图 8.6 所示。

```
0 0 0 1 1 1 1 0 1 1
1 1 1 0 1 0 1 0 1 1
1 1 1 1 0 1 1 1 0 0
1 0 1 1 0 1 1 1 1 1
1 0 0 0 1 0 0 0 1 1
0 0 1 1 1 1 0 1 1 1

开始排雷:
*是雷的位置，#是未曾布雷的路:
#(0,0)  #(0,1)  *(1,0)  #(0,2)  *(1,1)  *(2,0)  *(0,3)  *(1,2)  *(2,1)  *(3,0)  *(0,4)  #(1,3)
*(2,2)  #(3,1)  *(4,0)  *(0,5)  *(1,4)  *(2,3)  *(3,2)  #(4,1)  #(5,0)  *(0,6)  #(1,5)  #(2,4)
*(3,3)  #(4,2)  #(5,1)  #(0,7)  *(1,6)  *(2,5)  #(3,4)  #(4,3)  *(5,2)  *(0,8)  #(1,7)  *(2,6)
*(3,5)  *(4,4)  *(5,3)  *(0,9)  *(1,8)  *(2,7)  *(3,6)  #(4,5)  *(5,4)  *(1,9)  #(2,8)  *(3,7)
#(4,6)  *(5,5)  #(2,9)  *(3,8)  #(4,7)  #(5,6)  *(3,9)  *(4,8)  *(5,7)  *(4,9)  *(5,8)  *(5,9)
排雷后:
# # # * * * * # * *
* * * # * # * # * *
* * * * # * * * # #
* # * * # * * * * *
* # # # * # # # * *
# # * * * * # * * *
```

图 8.6　使用广度优先搜索算法进行排雷

ch8_5. cpp

```
#include <iostream>
void layMines(char (*land)[100],int amount,int rows,int column);
void demining(char (*land)[100],int rows,int columns);
int main() {
    int rows = 6,columns = 10;
    char land[][100] = {'\0'};
    for(int i = 0;i < rows;i++){
        for(int j = 0;j < columns;j++){
            land[i][j] = '0';                       //0 表示路
        }
    }
    int amount = 39;
    layMines(land,amount,rows,columns);             //布雷 39 颗
    for(int i = 0;i < rows;i++){
        for(int j = 0;j < columns;j++){
            std::cout << land[i][j]<<" ";
        }
        std::cout << std::endl;
    }
    std::cout << std::endl;
    std::cout <<"开始排雷:"<< std::endl;
    demining(land,rows,columns);
    std::cout <<"排雷后:"<< std::endl;
    for(int i = 0;i < rows;i++){
        for(int j = 0;j < columns;j++){
            std::cout << land[i][j]<<" ";
        }
        std::cout << std::endl;
    }
    return 0;
}
```

8.7 优先队列

std::priority_queue 是 C++标准库中实现优先队列的模板类。优先队列中的数据不是按入列顺序出列、而是按优先级别出列，级别高的先于级别低的出列。例如，对于 int 型优先队列，最大的整数最先出列(整数越大、优先级别越高)，如果队列中的数据是对象，创建对象的类重载小于关系运算(关于重载运算符见附录 A)，以便确定类的对象的优先级。优先队列使用 top()返回队列中优先级别最高的节点中的数据，但不删除该节点。

例 8-6 使用优先队列。

本例 ch8_6.cpp 的 Student 对象按数学成绩比较优先级别，优先队列让 Student 对象按照数学成绩的优先级别依次出列，运行效果如图 8.7 所示。

```
按数学成绩从高到低出列:
数学100,英语80|数学100,英语86|数学77,英语95|数学67,英语90|数学60,英语69|
```

图 8.7 使用优先队列

ch8_6.cpp

```
#include <iostream>
#include <queue>
class Student {
public:
    double math;
    double english;
    Student(int m, int n) : math(m), english(n) { }
    bool operator <(const Student& other) const {              // 重载小于运算符
       return math < other.math;
    }
};
int main() {
    std::priority_queue<Student> student;
    student.push(Student(67,90));
    student.push(Student(100,80));
    student.push(Student(77,95));
    student.push(Student(100,86));
    student.push(Student(60,69));
    std::cout <<"按数学成绩从高到低出列:"<< std::endl;
    while (!student.empty()) {
       std::cout << "数学"<< student.top().math <<
                    ",英语"<< student.top().english <<"|";
       student.pop();                  // 优先级最高的出列
    }
    return 0;
}
```

注意：如果想按数学成绩从低到高出列，把 Student 类中的

```
return math < other.math;
```

更改为：

```
return math > other.math;
```

注意：other 对象和其他已经入列的对象比较优先级，方法返回 true 表示 other 级别高、返回 false 表示 other 的级别低。

8.8 队列与排队

谈到队列,就不能不说排队的问题,因为队列很适合用于模拟排队问题。可以借助多线程模拟排队问题,让每个线程中封装一个队列即可。

C++ 11 新增了<thread>线程库,使得 C++程序可以更加方便地创建线程、用于模拟实际问题。由于很多 C++教材基本不讲授多线程(和 Java 教材不同),因此这里额外补充一下有关线程的主要知识点。

每个 C++应用程序都有一个缺省的主线程。大家已经知道,C++应用程序总是从 main()函数开始执行。当操作系统加载代码,发现 main 方法之后,就会启动一个线程,这个线程称为"主线程"(main 线程),该线程负责执行 main()函数。那么在 main()函数的执行中再创建的线程称为程序中的其他线程。如果 main 方法中没有创建其他的线程,那么当 main()函数执行完最后一个语句,即 main()函数返回时,操作系统就会结束 C++应用程序。如果 main 函数中又创建了其他线程,那么操作系统就要在主线程和其他线程之间轮流切换,保证每个线程都有机会使用 CPU 资源。如果机器有多个 CPU 处理器,那么操作系统就能充分利用这些 CPU,获得真实的线程并发执行,效果如图 8.8 所示。

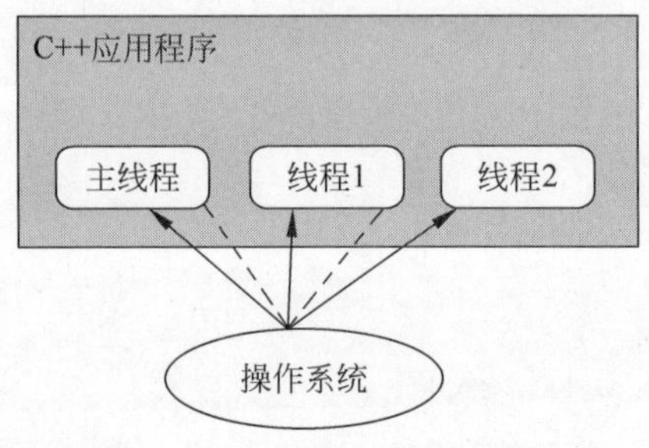

图 8.8 操作系统让线程轮流执行

注意:对于 C++程序(和 Java 不同之处)main()函数中要让其他线程执行 join(),否则 main()函数执行完毕后,其他线程会被强制结束。

创建一个线程后,例如:

```
std::thread elephant(目标函数);
```

系统会自动让 elephant 去争取 CPU 资源、执行目标函数。主线程(main()函数)需要执行 elephant.join()等待 elephant 线程的结束,否则 main()函数执行完毕后,线程 elephant 会被强制结束。

由于< thread >是 C++ 11 新增的内容,因此首先用例 8-7 掌握 std::thread 类的用法,以便后面的例 8-8 用多线程模拟排队。

例 8-7 多线程。

本例 ch8_7.cpp 中演示 main 主线程中又创建了两个线程,三个线程(含主线程)轮流使用 CPU 资源,直到三个线程都结束,程序运行效果如图 8.9 所示。

```
主线程0  大象0 轿车0 大象1 轿车1 主线程1  轿车2 大象2 轿车3 大象3 主线程2  大象4 轿车4 大象5
轿车5 主线程3  大象6 轿车6 轿车7 大象7 主线程4  主线程5  主线程6  主线程7
```

图 8.9 轮流执行线程

ch8_7.cpp

```
#include <iostream>
#include <thread>
#include <chrono>
void printElephant() {                                    //线程的目标函数
    for(int i = 0;i < 8;i++){
        std::cout << "大象" << i << " ";
                                                          //暂停当前线程执行 500 毫秒
```

```
        std::this_thread::sleep_for(std::chrono::milliseconds(500));
    }
}
void printCar() {                                          //线程的目标函数
    for(int i = 0;i < 8;i++){
        std::cout << "轿车" << i <<" ";
        std::this_thread::sleep_for(std::chrono::milliseconds(500));
    }
}
int main() {
    std::thread elephant(printElephant);                  // 创建线程并指定目标
    std::thread car(printCar);                            // 创建线程并指定目标函数
    for(int i = 0;i < 8;i++) {                            // 主线程继续执行自己的任务
        std::cout << "主线程" << i <<" ";
        std::this_thread::sleep_for(std::chrono::seconds(1)); //暂停当前线程执行 1 秒
    }
    // 等待新线程执行完毕
    elephant.join();
    car.join();
    return 0;
}
```

注意：上述程序在不同的计算机运行或在同一台计算机反复运行的结果不尽相同，输出结果依赖当前 CPU 资源的使用情况。

例 8-8　用队列模拟排队。

假设一个营业厅有 2 个服务窗口，低峰期间有一个窗口营业，高峰期间有 2 个窗口营业，每个窗口为一位顾客办理业务的耗时不尽相同。程序模拟营业厅服务若干顾客，观察两个窗口分别服务了多少顾客，停止营业后，看看还有多少顾客未能办理业务。

本例的 ServiceWindow 类封装了队列，其实例是线程的目标对象，即让线程封装队列来模拟排队。

本例的 ch8_8.cpp 中创建了两个线程模拟两个服务窗口，低峰期间有一个窗口营业，高峰期间有两个窗口营业，每天到达最多接待的服务人数就停止营业，运行效果如图 8.10 所示。

```
窗口1接待完毕94号客户
窗口2接待完毕95号客户
窗口2接待完毕97号客户
窗口1接待完毕96号客户
窗口1接待完毕98号客户
窗口2接待完毕99号客户
窗口2停止营业
窗口1接待完毕100号客户
窗口1停止营业
停业后,窗口1剩余10位顾客
停业后,窗口2剩余10位顾客
```

图 8.10　用队列模拟排队

ch8_8.cpp

```
#include <iostream>
#include <thread>
#include <chrono>
#include <queue>
std::queue<int> peopleQueue1;                        //用于排队的队列
std::queue<int> peopleQueue2;
int maxPeople = 100;                                 //用于存放接待的最大人数
void window1() {                                     //线程的目标函数
    while(true){                                     //营业中
        //平均 50 毫秒服务一个顾客:
        if(maxPeople <= 1)
            break;                                   //停止营业
        if(!peopleQueue1.empty()){
            std::this_thread::sleep_for(std::chrono::milliseconds(50));
            int number = peopleQueue1.front();
            std::cout <<"窗口 1 接待完毕"<< number <<"号客户"<< std::endl;
```

```
            peopleQueue1.pop();
            maxPeople--;
        }
    }
    std::cout<<"窗口 1 停止营业"<<std::endl;
}
void window2() {                                      //线程的目标函数
    while(true){                                      //营业中
        if(maxPeople<=1)
            break;                                    //停止营业
        //平均 20 毫秒服务一个顾客:
        if(!peopleQueue2.empty()){
            std::this_thread::sleep_for(std::chrono::milliseconds(20));
            int number = peopleQueue2.front();
            std::cout<<"窗口 2 接待完毕"<<number<<"号客户"<<std::endl;
            peopleQueue2.pop();
            maxPeople--;
        }
    }
    std::cout<<"窗口 2 停止营业"<<std::endl;
}
int main() {
    std::thread win1(window1);                        // 创建线程并指定目标
    int people = 1;
    for(;people<=20;people++){                        //低峰期,每隔 100 毫秒来一位顾客
        std::this_thread::sleep_for(std::chrono::milliseconds(100));
        peopleQueue1.push(people);
    }
    std::thread win2(window2);                        // 创建线程并指定目标函数
    for(;people<=120;people++){                       //高峰期,每隔 30 毫秒来一位顾客
        std::this_thread::sleep_for(std::chrono::milliseconds(30));
        if(peopleQueue1.size()>peopleQueue2.size())
            peopleQueue2.push(people);
        else
            peopleQueue1.push(people);
    }
    win1.join();
    win2.join();
    std::cout<<"停业后,窗口 1 剩余"<<peopleQueue1.size()<<"位顾客"<<std::endl;
    std::cout<<"停业后,窗口 2 剩余"<<peopleQueue2.size()<<"位顾客"<<std::endl;
    return 0;
}
```

习题 8

扫一扫

习题

扫一扫

自测题

第 9 章 二叉树与set类

本章主要内容

- 二叉树的基本概念；
- 遍历二叉树；
- 二叉树的存储；
- 平衡二叉树；
- 二叉查询树和平衡二叉查询树；
- 创建 std::set 平衡二叉查询树；
- std::set 树的基本操作；
- std::set 树与数据统计；
- std::set 树与过滤数据；
- std::set 树与节目单。

第 1 章曾简单介绍了树，对于一般的树结构，很难给出有效的算法，所以本章只介绍可以在其上形成有效算法的二叉树。与前面的链表、栈、队列等不同，二叉树中的结点不必是线性关系，通常是非线性关系。

9.1 二叉树的基本概念

一棵树上的每个结点至多有两个子结点，称这样的树是二叉树。没有任何结点的二叉树被称为空二叉树。这里说的二叉树是严格区分左和右的，一个结点如果有两个子结点，那么把一个称为左子结点，把另一个称为右子结点，如果只有一个子结点，那么这个子结点也要分为是左子结点还是右子结点。就像生活中的岔路口，如果岔路口有两条岔路，那么一条是左岔路，另一条是右岔路，如果岔路口只有一条岔路，也要注明是左岔路还是右岔路。再如，生活中的举手，如果举起两只手，那么一只手是左手，另一只手是右手，如果只举起一只手，也要区分是左手还是右手。

1. 父子关系与兄弟关系

一个结点和它的左、右子结点是父子关系。一个结点的左、右子结点是兄弟关系，二者互称为兄弟结点，即有相同父结点的结点是兄弟结点。

2. 左子树与右子树

如果把二叉树的一个结点的左子结点看作一棵树的根结点，那么以左子结点为根的树也是一棵二叉树，称作该结点的左子树(如果没有左子结点，左子树是空树)；同样如果把此结点的右子结点看作一棵树的根结点，以右子结点为根的树也是一棵二叉树，称作该结点的右子树(如果没有右子结点，右子树是空树)。一棵树由根结点和它的左子树、右子树所构成。

3. 树的层

在第 1 章说过，树用倒置的树状来表示，结点按层从上向下排列，根结点是第 0 层。二叉树从根开始定义，根为第 0 层，根的子结点为第 1 层，以此类推。除了第 0 层，每一层上的结点和上一层中的一个结点有关系，但可能和下一层的至多两个结点有关系，即根结点没有父结点，其他结点有且只有一个父结点，但最多有两个子结点，叶结点没有子结点。

4. 满二叉树(Full Binary Tree)

每个非叶结点都有两个子结点的二叉树是满二叉树。

5. 完美二叉树(Perfect Binary Tree)

各层的结点数目都是满的，即第 m 层有 2^m 个结点，如果二叉树一共有 k 层(最下层的编号是 $k-1$)，那么完美二叉树一共有 2^k-1 个结点。

6. 完全二叉树(Complete Binary Tree)

完全二叉树从根结点到倒数第 2 层的结点数目都是满的，最下一层可以不满，但最下一层的叶结点都是靠左对齐(按最下一层从左向右的序号，一个挨着一个靠左对齐)，并且从左向右数，只允许最后一个叶结点可以没有兄弟结点，而且如果最后一个叶结点没有兄弟结点，它必须是左子结点。

完美二叉树一定是完全二叉树，也是满树。但完全二叉树不一定是满二叉树，也不必是完美二叉树，如图 9.1 所示。

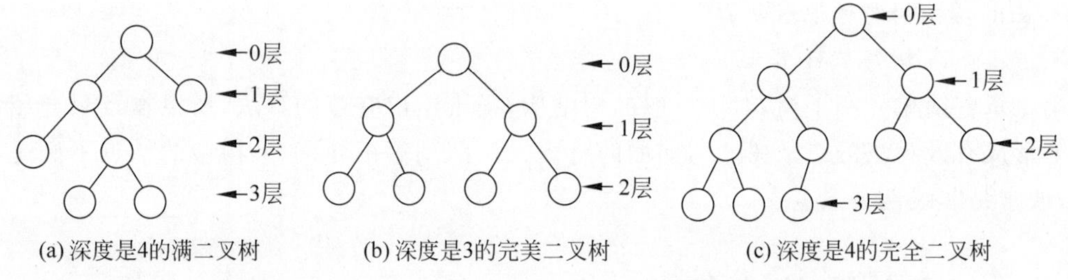

图 9.1　满二叉树、完美二叉树、完全二叉树以及树的深度

7. 树的高度与深度

对于二叉树还有两个常用的术语：树的高度、树的深度。

一个叶结点所在的层的层数加 1(层是从 0 开始的，只有一个根结点的二叉树高度为 1，规定空二叉树的高度是 0)，称作这个叶结点的高度，在所有叶结点中，其高度最大者称为二叉树的高度，如图 9.1 所示。

从根结点(包括根结点)按照父子关系找到一个叶结点所经历过的结点(包括叶结点)数目，称作这个叶结点的深度。所有叶结点中，其深度最大者的深度称为树的深度。不难得知，树的深度和高度是相等的，只是叙述的方式不同而已。

完美二叉树有 n 个结点($n=2^k-1$，k 是树的深度)，那么它的树的深度是 $\log_2(n+1)$。

9.2　遍历二叉树

遍历二叉树有三种常见的方式，分别是前序遍历，中序遍历和后序遍历。

1. 前序遍历

从树上某结点 p，前序遍历以 p 为根结点的树，其递归算法用语言描述就是：①输出 p；②递归遍历 p 的左子树；③递归遍历 p 的右子树。

递归的算法实现是：

```
void preOrder(Node * p) {                    //前序遍历
    if (p != nullptr) {
        p->visited();                        //输出 p
        preOrder(p->left);                   //递归遍历左子树
        preOrder(p->right);                  //递归遍历右子树
    }
}
```

2. 中序遍历

从树上某结点 p，中序遍历以 p 为根结点的树，其递归算法用语言描述就是：①递归遍历 p 的左子树；②输出 p；③递归遍历 p 的右子树。

递归的算法实现是：

```
void inOrder(Node * p) {                     //中序遍历
      if (p != nullptr) {
         inOrder(p->left);
         p->visited();
         inOrder(p->right);
      }
}
```

3. 后序遍历

从树上某结点 p，后序遍历以 p 为根结点的树，其递归算法用语言描述就是：①递归遍历 p 的左子树；②递归遍历 p 的右子树；③输出 p。

递归的算法实现是：

```
void postOrder(Node * p) {                        //后序遍历
      if (p != nullptr) {
         postOrder(p->left);
         postOrder(p->right);
         p->visited();
      }
}
```

如果读者对递归比较陌生，建议先学习第 3 章中的有关内容，特别是非线性递归，需要慢慢画图才能理解递归产生的效果，对于如图 9.2 所示的二叉树，前序遍历、中序遍历和后序遍历的结果如下：

```
前序(如图 9.2(a)所示):A B D F E C G
中序(如图 9.2(b)所示):F D B E A C G
后序(如图 9.2(c)所示):F D E B G C A
```

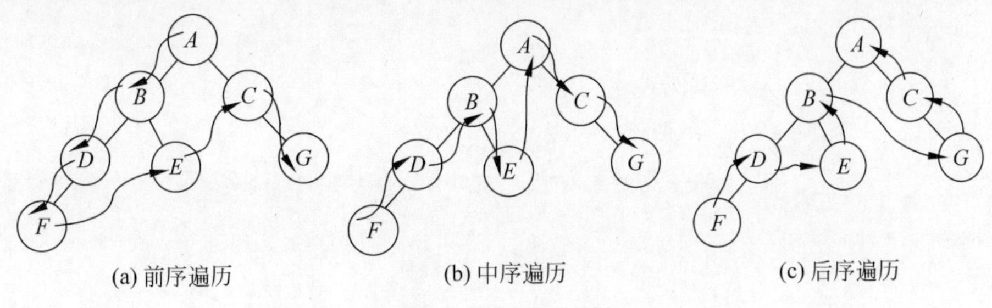

图 9.2　遍历二叉树

建议读者通过画图理解递归的输出结果。

9.3 二叉树的存储

二叉树的结点的存储方式通常为链式存储，即一个结点中含有一个数据，以及左子结点和右子结点的地址，以后我们提到结点的值或结点值，就是指结点中的数据。如果采用链式存储，对于一个没有增加限制的二叉树，给出通用的添加、删除结点的算法是不可能的，理由是在链式存储的二叉树中，要确定一个结点的位置，需要知道它的父结点和它在父结点下的位置（是左子结点还是右子结点）。因此，在进行添加或删除操作时，需要先找到要添加或删除的结点的位置，而这个过程会涉及一系列的判断和遍历操作，因而比较复杂。不同的二叉树可能有不同的限制条件，所以没有通用的算法适用于所有的情况。但是，对于二叉查询树可以给出有关的算法（见 9.5 节）。

理论上二叉树的存储也可以采用数组来实现（实际应用中不多见），例如用数组 a 来实现，存储结点的规律是：一个结点如果存储在 $a[i]$中，那么该结点的左子结点存储在 $a[2*i+1]$中，右子结点存储在 $a[2*i+2]$中。用数组存储结点的缺点是可能浪费大量的数组元素，即有很多数组的元素并未参与存储树上的结点（除非二叉树是完美二叉树）。

例 9-1 遍历查询二叉树。

本例 binary_tree.cpp 中的 BinaryTree 类负责创建二叉树，其结点 Node 是链式存储的。

binary_tree.cpp

```
#include <iostream>
class Node {
public:
    int data;                          //结点中的数据 data 是可以比较大小的
    Node* left;
    Node* right;
    Node(int data) : data(data), left(nullptr), right(nullptr) {}
    void visited() const {             //使用 const,访问数据但不允许修改
        std::cout << data << " ";
    }
};
class BinaryBST {
public:
    Node* root;
    BinaryBST() : root(nullptr) {}
    BinaryBST(Node* p) : root(p) {}
    void inOrder(Node* p) const {      // 中序遍历
        if (p != nullptr) {
            inOrder(p->left);
            p->visited();
            inOrder(p->right);
        }
    }
    bool find(Node* root, const Node* node) const { //使用 const,查询但不允许修改
        bool boo = false;
        while (root != nullptr) {
            if (node->data == root->data ) {
                boo = true;
                return boo;
            } else if (node->data < root->data ) {
                root = root->left;
            } else {
```

```
                root = root->right;
            }
        }
        return boo;
    }
};
```

本例 ch9_1. cpp 中使用 binary_tree. cpp 中的 BinaryTree 类创建了如图 9.2 所示的二叉树，并分别使用前序、中序和后序遍历了这棵二叉树，同时查询了某个数据是否和树上的某个结点中的数据相同，运行效果如图 9.3 所示。

```
前序遍历树结点:A  B  D  F  E  C  G
中序遍历树结点:F  D  B  E  A  C  G
后序遍历树结点:F  D  E  B  G  C  A
G是树上的结点吗？1
W是树上的结点吗？0
```

图 9.3　遍历与查询二叉树

ch9_1. cpp

```
#include <iostream>
#include "binary_tree.cpp"
int main() {
    Node * nodeA = new Node("A");
    Node * nodeB = new Node("B");
    Node * nodeC = new Node("C");
    Node * nodeD = new Node("D");
    Node * nodeE = new Node("E");
    Node * nodeF = new Node("F");
    Node * nodeG = new Node("G");
    nodeA->left = nodeB;
    nodeA->right = nodeC;
    nodeB->left = nodeD;
    nodeB->right = nodeE;
    nodeC->right = nodeG;
    nodeD->left = nodeF;
    BinaryTree tree(nodeA);
    std::cout <<"\n 前序遍历树结点:";
    tree.preOrder(tree.root);
    std::cout <<"\n 中序遍历树结点:";
    tree.inOrder(tree.root);
    std::cout <<"\n 后序遍历树结点:";
    tree.postOrder(tree.root);
    Node * node = new Node("G");
    std::cout <<"\n"<< node->data <<"是树上的结点吗?"<< tree.find(nodeA,node);
    node = new Node("W");
    std::cout <<"\n"<< node->data <<"是树上的结点吗?"<< tree.find(nodeA,node);
    return 0;
}
```

注意：find(Node * root, Node * node)函数的时间复杂度是 $O(n)$（n 是二叉树的结点数目）。

9.4　平衡二叉树

创建平衡二叉树是为了不让树以及子树上的结点倾斜。

满足下列要求的二叉树是平衡二叉树：

(1) 左子树和右子树深度之差的绝对值不大于 1。

(2) 左子树和右子树也都是平衡二叉树。

二叉树上结点的左子树的深度减去其右子树的深度称为该结点的平衡因子,平衡因子只可以是 0,1,−1,否则就不是平衡二叉树。例如,前面的图 9.1(a)不是平衡二叉树,图 9.1(b)和图 9.1(c)是平衡二叉树。

根据平衡二叉树的特点,可以用数学函数证明平衡二叉树的高度(深度)最大是 $1.44\log_2(n+2)-1$,最小是 $\log_2(n+1)-1$,其中 n 是二叉树上结点的数目(证明略)。

注意:完全二叉树是平衡二叉树,但平衡二叉树不一定是完全二叉树,因为平衡二叉树不要求没有兄弟结点的结点必须是左结点,而且最下一层的叶结点也不必靠左对齐。

9.5 二叉查询树和平衡二叉查询树

由于笼统的二叉树很难能形成有效算法,所以本节先给出二叉查询树,然后介绍两种经典的平衡二叉查询树。

1. 二叉查询树

二叉查询树(Binary Search Tree,BST)的每个结点 Node 都存储一个可比较大小的数据,且满足以下条件。

(1) Node 的左子树中所有结点中的数据都小于 Node 结点中的数据。

(2) Node 的右子树中所有结点的对象都大于或等于 Node 结点中的对象。

(3) 左、右子树都是二叉查询树。

二叉查询树的任意结点中的数据大于左子结点中的数据,小于或等于右子结点中的数据(如图 9.4(a)所示)。但是,如果一个二叉树的任意结点中的数据大于左子结点中的数据,小于或等于右子结点中的数据,它不一定是二叉查询树,如图 9.4(b)中根结点 E 的右子树中的 B 结点值不大于 E 结点值,所以它不是二叉查询树。

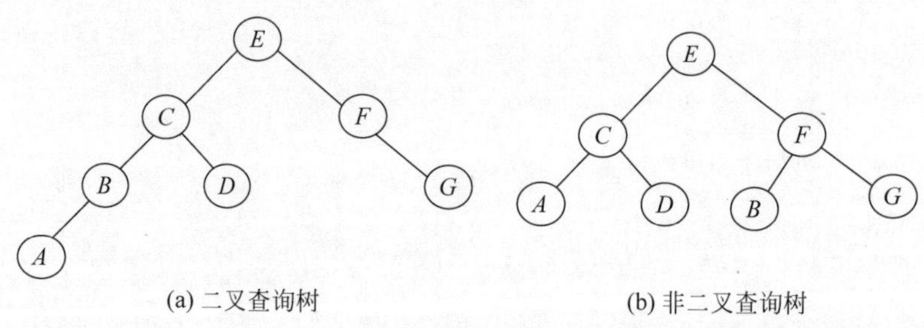

(a) 二叉查询树　　(b) 非二叉查询树

图 9.4 二叉查询树和非二叉查询树

如果按中序遍历二叉查询树,输出的数据刚好是升序排列。所以也称二叉查询树是有序二叉树。

例 9-2 中序遍历二叉查询树。

本例 ch9_2.cpp 使用例 9-1 的 binary_tree.cpp 中的 BinaryTree 类创建了如图 9.4(a)所示的二叉树查询树,并按中序遍历输出了树上结点中的数据(升序),效果如图 9.5 所示。

```
中序遍历树结点:A B C D E F G
```

图 9.5 二叉查询树与中序遍历

ch9_2.cpp

```
#include <iostream>
#include "binary_tree.cpp"
```

```
int main() {
    Node * nodeA = new Node("A");
    Node * nodeB = new Node("B");
    Node * nodeC = new Node("C");
    Node * nodeD = new Node("D");
    Node * nodeE = new Node("E");
    Node * nodeF = new Node("F");
    Node * nodeG = new Node("G");
    nodeE->left = nodeC;
    nodeE->right = nodeF;
    nodeC->left = nodeB;
    nodeC->right = nodeD;
    nodeF->right = nodeG;
    nodeB->left = nodeA;
    BinaryTree tree(nodeE);
    std::cout <<"\n 中序遍历树结点:";
    tree.inOrder(tree.root);
    return 0;
}
```

2. 平衡二叉查询树

不加其他附属条件限制的二叉查询树可以退化为线性结构或非常倾斜(称为斜树),查询复杂度是 $O(n)$,如图 9.6 所示。

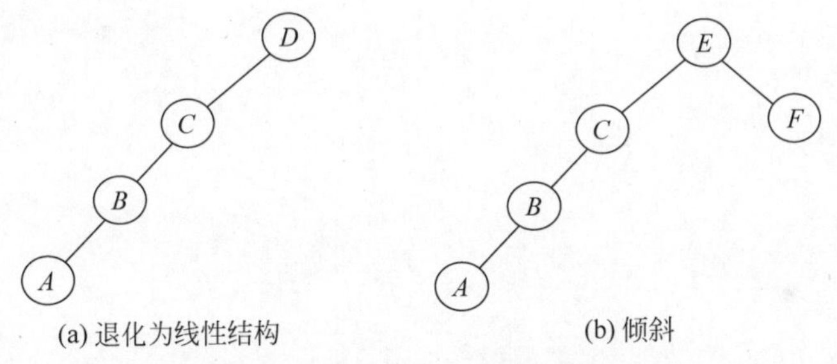

图 9.6　倾斜的二叉查询树

为了能让二叉查询树的查询复杂度是 $O(\log_2 n)$,就需要让二叉查询树是平衡二叉查询树。二叉查询树的特点特别适合查询数据,因为如果要找的数据不在当前的结点中,那么如果大于当前结点中的数据,就只需到右子树中继续查找;如果小于当前结点中的数据,就只需到左子树中继续查找。二叉树是平衡树,才能使得查询复杂度是 $O(\log_2 n)$,因为平衡二叉树的深度(高度)最大是 $1.44\log_2(n+2)-1$,最小是 $\log_2(n+1)-1$,那么查询叶结点的最大深度不会超过 $1.44\log_2(n+2)-1$,因此查询时间复杂度是 $O(\log_2 n)$。平衡二叉查询树的查找操作非常类似二分法,由于是平衡二叉查询树,在查询过程中结点的数目近似以 2 的幂次方在减小,所以它的查询时间复杂度和二分法的查询时间复杂度相同,都是 $O(\log_2 n)$(见例 2-9)。

例 9-3　创建平衡二叉查询树。

本例 binaryBST.cpp 中的 BinaryBST 类负责创建二叉树,如果创建的二叉树是平衡二叉查询树,那么其中的 find()函数的时间复杂度就是 $O(\log_2 n)$。

binaryBST.cpp

```
#include <iostream>
class Node {
public:
```

```
    int data;                                          //结点中的数据 data 是可以比较大小的
    Node * left;
    Node * right;
    Node(int data) : data(data), left(nullptr), right(nullptr) {}
    void visited() const {                             //使用 const,访问数据但不允许修改
        std::cout << data << " ";
    }
};
class BinaryBST {
public:
    Node * root;
    BinaryBST() : root(nullptr) {}
    BinaryBST(Node * p) : root(p) {}
    void inOrder(Node * p) const {                     // 中序遍历
        if (p != nullptr) {
            inOrder(p->left);
            p->visited();
            inOrder(p->right);
        }
    }
//和例 9-1 比较,find()函数不是递归算法,如果树是平衡二叉查询树,它的时间复杂度是 O(log2n)
    bool find(Node * root, const Node * node) const {  //使用 const,查询但不允许修改
        bool boo = false;
        while (root != nullptr) {
            if (node == root ) {
                boo = true;
                return boo;
            } else if (node < root ) {
                root = root->left;
            } else {
                root = root->right;
            }
        }
        return boo;
    }
};
```

本例 ch9_3.cpp 用 binaryBST.cpp 中的 BinaryBST 类创建了如图 9.7 所示的平衡二叉查询树,同时查询了某个数据是否和树上的某结点中的数据相同,和例 9-1 比较,本例中的 find()函数不是递归算法,本例创建的是平衡二叉查询树,使得 find()函数的时间复杂度是 $O(\log_2 n)$,运行效果如图 9.8 所示。

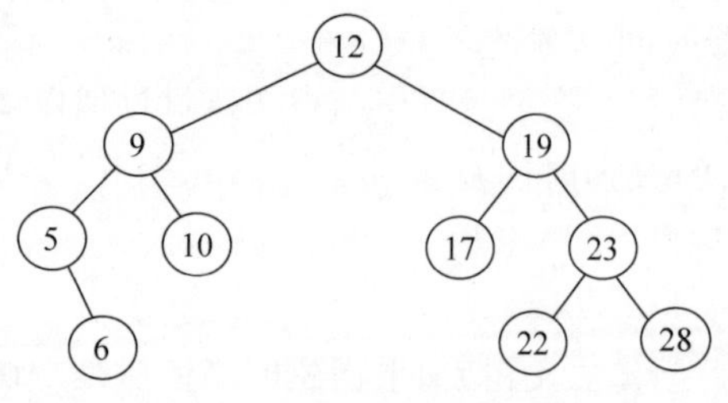

图 9.7　平衡二叉查询树

```
中序遍历树结点(升序):
5 6 9 10 12 17 19 22 23 28
17和树上某结点值相同吗? :1
100和树上某结点值相同吗? :0
```

图 9.8　创建平衡二叉查询树,按升序输出、查询

ch9_3.cpp

```
#include <iostream>
#include "binaryBST.cpp"
int main() {
```

```
        Node * node12 = new Node(12);
        Node * node9 = new Node(9);
        Node * node19 = new Node(19);
        Node * node5 = new Node(5);
        Node * node10 = new Node(10);
        Node * node17 = new Node(17);
        Node * node23 = new Node(23);
        Node * node6 = new Node(6);
        Node * node22 = new Node(22);
        Node * node28 = new Node(28);
        node12->left = node9;
        node12->right = node19;
        node9->left = node5;
        node9->right = node10;
        node19->left = node17;
        node19->right = node23;
        node5->right = node6;
        node23->left = node22;
        node23->right = node28;
        BinaryBST tree(node12);
        std::cout <<"中序遍历树结点(升序):"<< std::endl;
        tree.inOrder(tree.root);
        Node * node = new Node(17);
        std::cout <<"\n"<< node->data <<"和树上某结点值相同吗?:"<<
        tree.find(tree.root,node);
        node = new Node(100);
        std::cout <<"\n"<< node->data <<"和树上某结点值相同吗?:"<<
        tree.find(tree.root,node);
        return 0;
    }
```

二叉查询树还涉及(动态)添加结点、删除结点等操作。例9-1～例9-3给出的树都是不可变树,即没有提供添加结点和删除结点的函数,这样的树属于干树或死树,实际应用价值不大。

添加或删除结点必须要保持二叉树仍然是平衡二叉树,而且保持平衡的算法时间复杂度最好也是$O(\log_2 n)$。以下讲解两种重要的平衡二叉树:红黑树和AVL树。

1) 红黑树

红黑树是一种平衡的二叉查询树。它的平衡性质的维护主要是通过颜色标记结点等操作来达成。红黑树中的所有结点都被标记为红色或黑色,并且满足以下规则。

(1) 根结点是黑色的。

(2) 每个叶结点是黑色的。

(3) 如果一个结点是红色的,则其左、右子结点都是黑色的。

(4) 任何一条从根结点到叶结点的路径上黑色结点的数量都是相同的。

通过这些规则,红黑树可以保证搜索、插入和删除等操作的复杂度都是$O(\log_2 n)$。

2) AVL树

AVL树是根据两位发明者Adelson-Velsky和Landis命名的一种平衡的二叉查询树。它的平衡性质的维护主要通过旋转子树等操作来完成,使得AVL树的查询、插入和删除等操作的时间复杂度都是$O(\log_2 n)$。

9.6 创建 std::set 平衡二叉查询树

平衡二叉查询树是一种有序的集合(按中序遍历，见例 9-2)，它要求树上结点中的数据必须是可以比较大小的。如果结点中的数据是对象，那么创建对象的类可以重载“<”(小于)运算符，以定义对象之间的大小；重载“==”(等于)运算符，使得平衡二叉树可以查找结点中的数据(有关运算符重载参见附录 A)。

std::set 是 C++标准模板库中的模板类，用于实现平衡二叉树数据结构(也称 std::set 是 STL 的容器之一)。需要注意，当 std 使用作用域运算符(也称解析运算符)“::”访问 set 时不要误写为 str::Set，即不可以将 set 的首字母写成大写的 S。

我们称 std::set 模板类的对象(实例)为 std::set 平衡二叉查询树，以下简称 std::set 树。std::set 树基于红黑树实现平衡二叉查询树，采用的存储方式是链式存储。std::set 树上不允许有两个结点的数据相同，即大小一样的数据。

注意：当遍历输出 std::set 树的结点的数据时，std::set 树会按中序遍历二叉树，刚好是从小到大输出数据(二叉搜索树是有序树)。

1. 创建 std::set 树

使用 std::set 类创建 std::set 树时，必须要指定模板类中的参数的具体类型，类型可以是 C++允许的数据类型，如 int、float、char 和类等，即指定 std::set 树上的结点中的数据的类型。例如，指定 std::set 树 treeInt 的结点中的数据的类型是 int 类型：

```
std::set< int > treeInt;                        //空的平衡二叉查询树
```

然后，std::set 树就可以使用 insert() 函数向该树上添加结点，例如：

```
treeInt.insert(211);
treeInt.insert(985);
```

也可以用已有的 std::set 树，例如用 treeInt 树上的结点创建一棵新的 std::set 树 treeNew：

```
std::set< int > treeNew(listint);
```

treeNew 的结点中的数据和 treeInt 的相同。如果 treeNew 修改了结点中的数据，不会影响 treeInt 结点中的数据；如果 treeInt 修改了结点中的数据，也不会影响 listNew 结点中的数据。

注意：在 C++中，std::set 树的结点是通过内部类 std::set::Node 来表示的(用户程序不能直接使用这个内部类)。当 std::set 树使用 insert() 函数时，std::set 自动用 Node 创建结点，结点包含了存储的数据以及指向左子结点和右子结点的指针。

2. 指定结点数据的大小关系

创建 std::set 树时可以使用 Lambda 表达式指定结点的大小关系：

```
std::set <类型,decltype(Lambda)> 二叉树名(Lambda);
```

decltype 是一个关键字，用于获取表达式的类型。它的作用是根据给定的表达式推导出对应的类型，并可以在编译时确定该类型。例如：

```
auto f = [](int a, int b){ return a * a - b * b < 0;};                //Lambda 表达式
std::set< int,decltype(f)> tree(f);
```

std::set 树 tree 上的结点将按整数的平方比较大小。

也可以定义一个结构体，在结构体中使用 bool operator()函数规定结点的大小关系，然后创建 std::set 树时使用此结构体指定结点的大小关系：

```
std::set<类型,结构体名> 二叉树名;
```

例如：

```
struct Mod {
    bool operator() (const int& m, const int& n) const {
        return m/10 % 10 < n/10 % 10;                    //按十位上的数字比较大小
    }
};
std::set< int,Mod> treeMod;
```

3. 用数组或其他数据结构创建 std::set 树

可以用一个相同数据类型的数组中的全部或部分元素创建一棵 std::set 树，例如用 int 型数组 arr：

```
std::set< int > treeSet(arr + i,arr + j);
```

treeSet 的结点依次是数组下标[i,j)的范围内的元素，即第 i 个～第 j 个的元素，但不含第 j 个元素。例如：

```
int a[] = {0,1,2,3,4,5,6};
std::set< int > treeSet(a + 1,a + 5) ;             //treeSet 中结点是{1,2,3,4}
```

也可以用一个相同数据类型的链表、顺序表等数据结构中的全部或部分节点创建一棵 std::set 树，例如用 int 链表 list 的全部节点创建一棵 std::set 树 treeSet：

```
std::list< int > treeSet = {1,2,3,4,5}
std::set< int > treeSet(list.begin(),list.end());
```

4. 初始化

创建 std::set 树时，也可以给出 std::set 树的初始结点，例如：

```
std::set< int > treeSet = {22,55,66};
```

例 9-4　创建 std::set 平衡二叉树。

本例 ch9_4.cpp 中首先创建一棵空的 std::set 树 treeInt，然后向 treeInt 添加 4 个结点，随后再用 treeInt 创建 std::set 树 treeNew。用新的大小关系创建 std::set 树 tree，然后向 tree 添加结点，结点中的数据和 treeInt 的相同，运行效果如图 9.9 所示。

```
treeInt结点中的数据（升序）：
28 57 106 315
treeNew插入11,10结点,treeNew结点中的数据（升序）：
10 11 28 57 106 315
treeNew删除一个结点（28）.
treeNew结点中的数据（升序）：
10 11 57 106 315
treeInt结点中的数据（升序）：
28 57 106 315
tree结点中的数据（按个位数大小升序）：
315 106 57 28
treeMod结点中的数据（按十位数大小升序）：
106 315 28 57
```

图 9.9　创建 std::set 平衡二叉查询树

ch9_4.cpp

```
#include < iostream >
#include < set >
```

```
struct Mod {
    bool operator() (const int& m, const int& n) const {
        return m/10 % 10 < n/10 % 10;                    //按十位数比较大小
    }
};
int main() {
    std::set < int > treeInt;
    treeInt.insert(106);
    treeInt.insert(315);
    treeInt.insert(57);
    treeInt.insert(28);
    std::cout <<"treeInt 结点中的数据(升序):"<< std::endl;
    for (const auto& value : treeInt) {                   //按中序遍历二叉树
        std::cout << value << " ";
    }
    std::set < int > treeNew(treeInt);
    std::cout <<"\ntreeNew 插入 11,10 结点,";
    treeNew.insert(11);
    treeNew.insert(10);
    std::cout <<"treeNew 结点中的数据(升序):"<< std::endl;
    for (const auto& value : treeNew) {                   //按中序遍历二叉树
        std::cout << value << " ";
    }
    std::cout <<"\ntreeNew 删除一个结点(28).";
    treeNew.erase(28);
    std::cout <<"\ntreeNew 结点中的数据(升序):"<< std::endl;
    for (const auto& value : treeNew) {                   //按中序遍历二叉树
        std::cout << value << " ";
    }
    std::cout <<"\ntreeInt 结点中的数据(升序):"<< std::endl;
    for (const auto& value : treeInt) {                   //按中序遍历二叉树
        std::cout << value << " ";
    }
    auto f = [](int a, int b){ return abs(a) % 10 - abs(b) % 10 < 0;};       //lambda 表达式
    std::set < int, decltype(f)> tree(f);
    tree.insert(treeInt.begin(), treeInt.end());
    std::cout <<"\ntree 结点中的数据(按个位数大小升序):"<< std::endl;
    for (const auto& value : tree) {                      //按中序遍历二叉树
        std::cout << value << " ";
    }
    std::set < int, Mod > treeMod;
    treeMod.insert(treeInt.begin(), treeInt.end());
    std::cout <<"\ntreeMod 结点中的数据(按十位数大小升序):"<< std::endl;
    for (const auto& value : treeMod) {                   //按中序遍历二叉树
        std::cout << value << " ";
    }
    return 0;
}
```

9.7 std::set 树的基本操作

std::set 类提供的添加(insert())、删除(erase())、查找(find())结点的函数的时间复杂度都是 $O(\log_2 n)$，因此 std::set 类提供的 std::set 树适合需要快速查找、删除、添加数据的应用问题。

1. 添加

(1) void insert(value): std::set 树使用该函数添加结点,结点中的数据是 value。

(2) void insert(other. iterStart,other. iterEnd): std::set 树使用该函数把另外一个集合 other(other 可以是 std::set、std::list、std::vector 等)的 iterStart～iterEnd 位置上(不含 iterEnd 位置)的结点(节点)中的数据添加到当前 std::set 树上。例如,把链表的全部节点中的数据添加到 std::set 树 tree 上:

```
std::list<int> list = {1,2,3,4,5};
tree.insert(list.begin(),list.end());
```

需要注意的是,std::set 树上不允许有两个结点的数据相同,如果树上已经有值是 value 的结点,那么 insert()函数无法将此结点添加到树上。

2. 查询

(1) find(value): 在 std::set 树中查找值是 value 的结点,如果找到返回指向此结点的 const 迭代器(不允许使用这样的迭代器修改结点的值),否则不指向任何结点(指向的位置对用户程序是未知的)。

(2) count(value): 返回 std::set 树中结点值与 value 相等的结点数量。

(3) lower_bound(value): 返回指向第一个不小于 value 的结点的 const 迭代器。

(4) upper_bound(value): 返回指向第一个大于 value 的结点的 const 迭代器。

(5) begin():返回指向最小值结点的 const 迭代器(迭代器按中序迭代)。

(6) end():返回指向最大值结点位置后的 const 迭代器。

(7) empty(): 使用 empty()函数判断 std::set 树上是否有结点,如果没有返回 1(true),否则返回 0(false)。

(8) size(): 返回 std::set 树上结点的数量。

3. 删除

(1) erase(value): 从 std::set 树中删除值是 value 的结点。

(2) erase(iter): 从 std::set 树中删除迭代器 iter 指向的结点。

(3) clear(): 删除 std::set 树中的所有结点,使之成为空树。

注意: std::set 树有着特殊的结构,可以实现添加、查询、删除结点的操作,但无法实现更新结点中数据的操作。因为直接修改结点的值可能会破坏红黑树的排序性质。如果需要更新结点的数据,可以先删除原来的结点,然后再插入新的结点。

注意: 把 n 个可比较大小的不同的数据放入 set::set 树,由于 insert()函数的时间复杂度是 $O(\log_2 n)$,那么对这 n 个数据实现排序的时间复杂度就是 $n\log_2 n$。

例 9-5　使用 set::set 树模拟双色球。

std::set 树删除结点的时间复杂度 $O(\log_2 n)$要小于链表删除节点(链表使用节点一词)的时间复杂度 $O(n)$。例 5-10 使用链表获得 n 个互不相同的随机数,其时间复杂度是 $O(n^2)$。本例 random_by_tree. cpp 中的 getRandom(int number,int n)函数获得 n 个 1～number 的随机数的时间复杂度是 $O(n\log_2 n)$(小于 $O(n^2)$)。

random_by_tree. cpp

```
#include <iostream>
#include <set>
#include <time.h>
```

```
#include <stdexcept>
// 获得[1,number]中 n 个互不相同的随机数
std::set<int> getRandomByTree(int number, int n) {
    if (number <= 0 || n <= 0) {
        throw std::invalid_argument("数字不是正整数");
    }
    std::set<int> result;                    // 使用 std::set 树存放得到的随机数
    srand(time(NULL));                       //用当前时间做随机种子
    while (result.size() < n) {\
        int random_number = 1 + rand() % number;
        result.insert(random_number);        //插入随机数,std::set 树不允许有相同的随机数
    }
    return result; // 返回 std::set 树 result,result 的每个结点的值是一个随机数
}
```

双色球的每注投注号码由 6 个红色球号码和 1 个蓝色球号码组成。6 个红色球的号码互不相同,号码是 1～33 的随机数;蓝色球号码是 1～16 的一个随机数。本例 ch9_5. cpp 中首先使用了 std::set 树的一些常用方法,然后使用 random_by_tree. cpp 中的 getRandom(int number,int n)函数模拟双色球,运行效果如图 9.10 所示。

```
12 56 100 112 315
tree的结点数量:5
tree的结点:100
和12相等的结点数量:1
红色球:8  13  26  30  32  33
蓝色球:5
```

图 9.10 模拟双色球

ch9_5. cpp

```
#include <iostream>
#include <set>
#include <stdexcept>
std::set<int> getRandomByTree (int number, int n);
int main() {
    int a[] = {12,12,315,56,100,112};
    std::set<int> tree;
    tree.insert(a,a + sizeof(a)/sizeof(int));
    for (int number : tree) {
        std::cout << number << " ";
    }
    std::cout << std::endl;
    std::cout <<"tree 的结点数量:"<< tree.size()<< std::endl;
    int num = 100;
    auto iter = tree.find(num);
    std::cout <<"tree 的结点:"<< * iter << std::endl;
    num = 12;
    std::cout <<"和"<< num <<"相等的结点数量:"<< tree.count(num)<< std::endl;
    try {
        std::set<int> red = getRandomByTree (33, 6);            //双色球中的 6 个红色球
        std::set<int> blue = getRandomByTree (16,1);            //双色球中的 1 个蓝色球
        std::cout <<"红色球:";
        for (int number : red) {
            std::cout << number << " ";
        }
        std::cout <<"\n 蓝色球:";
        for (int number : blue) {
            std::cout << number << " ";
        }
        std::cout << std::endl;
    }
    catch (const std::invalid_argument& e) {
```

```
        std::cerr << "数字不是正数" << std::endl;
    }
    return 0;
}
```

例 9-6　求最大、最小连接数。

本例借助 std::set 树解决这样的问题：设有 n 个正整数，将它们连接在一起，求能组成最大和最小的整数。

一个想法就是把这 n 个正整数从大到小排列（或从小到大排列），然后再连接在一起，就会得到最大的连接数（或最小连接数）。这个算法看似可行，但实际上并不正确。算法既要有可行性，又必须有正确性。例如 52 和 520，52 在前、520 在后的连接数 52520 就比 520 在前、52 在后的连接数 52052 大。即两个数做连接时大的在前、小的在后得到的连接数不一定大于小的在前、大的在后得到的连接数。

其实这个想法并不完全没有道理，关键是怎么定义大小。换个思路，即重新定义正整数之间的大小关系。假设 a 和 b 是任意两个正整数，把 a 和 b 的连接数以及 b 和 a 的连接数分别记作 ab 和 ba，然后如下定义 a 和 b 的大小关系：

（1）如果 $ab>ba$，规定 a 大于 b。

（2）如果 $ab<ba$，规定 a 小于 b。

（3）如果 $ab=ba$，规定 a 等于 b。

按照这样的大小关系把正整数添加到 std::set 树上，那么把此树的结点从大到小连接在一起就得到最大的连接数，从小到大连接在一起就得到最小的连接数。

例 9-6 的 connect_number.cpp 中的 int getMaxConnectNumber(std::vector < int > arr)函数返回几个正整数最大的连接数，int getMinConnectNumber(std::vector < int > arr)函数返回几个正整数的最小连接数。

connect_number.cpp

```
#include <set>
#include <string>
#include <vector>
long getMaxConnectNumber(std::vector<int> arr){                //返回最大连接数
   auto f = [](int a,int b){ std::string s1 = std::to_string(a) + std::to_string(b);
                             std::string s2 = std::to_string(b) + std::to_string(a);
                             return s1 < s2;
                           };                                  //lambda 表达式
   std::set<int,decltype(f)> tree(f);                          //规定 tree 中结点值的大小关系
   for(int n:arr){
        tree.insert(n);
   }
   std::string link = "";
   for(auto iter = tree.rbegin();iter!= tree.rend();iter++){  //从大到小遍历
        link += "" + std::to_string( * iter);
   }
   return std::stol(link);
}
long getMinConnectNumber(std::vector<int> arr){                //返回最小连接数
   auto f = [](int a,int b){ std::string s1 = std::to_string(a) + std::to_string(b);
                             std::string s2 = std::to_string(b) + std::to_string(a);
                             return s1 < s2;
                           };                                  //lambda 表达式
   std::set<int,decltype(f)> tree(f);                          //规定 tree 中结点值的大小关系
   for(int n:arr){
```

```
        tree.insert(n);
    }
    std::string link = "";
    for(auto iter = tree.begin();iter!= tree.end();iter++) {      //从小到大遍历
        link += "" + std::to_string( * iter);
    }
    return std::stol(link);
}
```

本例 ch9_6.cpp 使用 connect_number.cpp 中的函数获得几个正整数的最大、最小连接数,运行效果如图 9.11 所示。

```
7  13  5  6
最大连接数:76513
最小连接数:13567
52和520最大连接数:52520
52和520最小连接数:52052
```

图 9.11　最大、最小连接数

ch9_6.cpp

```
#include <iostream>
#include <vector>
long getMaxConnectNumber(std::vector<int> arr);
long getMinConnectNumber(std::vector<int> arr);
int main() {
    std::vector<int> a = {7,13,5,6};
    for(const auto& num:a){
        std::cout << num <<" ";
    }
    std::cout <<"\n 最大连接数:"<< getMaxConnectNumber(a)<< std::endl;
    std::cout <<"最小连接数:"<< getMinConnectNumber(a)<< std::endl;
    std::vector<int> b = {52,520};
    std::cout <<"52 和 520 最大连接数:"<< getMaxConnectNumber(b)<< std::endl;
    std::cout <<"52 和 520 最小连接数:"<< getMinConnectNumber(b)<< std::endl;
    return 0;
}
```

9.8 std::set 树与数据统计

std::set 树的查找、添加、删除操作的时间复杂度都是 $O(\log_2 n)$,而且提供了几个适合统计数据的函数,可以用于解决下列数据统计问题。

(1) 把若干不相同的整数排序。

(2) 求若干不相同的整数的最大、最小整数。

(3) 求若干不相同的整数中小于或等于某个值的整数。

(4) 求若干不相同的整数中大于或等于某个值的整数。

(5) 求若干不相同的整数的平均值。

例 9-7　统计随机数。

本例统计了随机数,程序运行效果如图 9.12 所示。

```
30个随机数(升序):
1  7  11  13  14  17  22  26  27  31  37  38  47  50  55  56  63  64  68  69  72  75  76  78  79  84  91  95  97  100
30个随机数的平均数:52.1
最小和最大数:1和100
60个随机数中小于:60的数:
1  7  11  13  14  17  22  26  27  31  37  38  47  50  55  56
60个随机数中大于:60的数:
63  64  68  69  72  75  76  78  79  84  91  95  97  100
```

图 9.12　统计随机数

ch9_7.cpp

```
#include <iostream>
#include <set>
#include <time.h>
int main() {
    std::set<int> tree;
    int n = 30;
    srand(time(NULL));                    //用当前时间做随机种子
     while (tree.size() < n) {
        int random_number = 1 + rand() % 100;
        tree.insert(random_number);      //插入随机数,std::set 树不允许有相同的随机数
    }
    std::cout << n <<"个随机数(升序):"<< std::endl;
    int aver = 0;
    for(const auto& num:tree){
        std::cout << num <<" ";
        aver += num;
    }
    std::cout << std::endl;
    std::cout << n <<"个随机数的平均数:"<<(float)aver/tree.size()<< std::endl;
    std::cout <<"最小和最大数:"<< *tree.begin()<<"和"<< *tree.rbegin()<< std::endl;
    n = 60;
    auto iter = tree.lower_bound(n);
    std::cout << n <<"个随机数中小于:"<< n <<"的数:"<< std::endl;
    for(auto it =tree.begin();it!= iter;it++){
        std::cout << *it <<" ";
    }
    std::cout << std::endl;
    iter = tree.upper_bound(60);
    std::cout << n <<"个随机数中大于:"<< n <<"的数:"<< std::endl;
    while(iter!= tree.end()){
        std::cout << *iter <<" ";
        iter++;
    }
    return 0;
}
```

9.9　std::set 树与过滤数据

4.3.2 节曾讲述了过滤数组,即去除数组中的某些数据。使用 std::set 树来过滤数据会更加方便,而且能发挥 std::set 树在删除、查询方面的速度优势。

例 9-8　使用 std::set 树过滤数据。

本例 ch9_8.cpp 使用 std::set 树实现过滤数据,运行效果如图 9.13 所示。

```
30个随机数（升序）:
2 5 6 11 12 13 14 15 16 20 21 23 27 28 35 36 39 44 47 54 62 65 79 83 85 86 94 95 97 100
30个随机数去除偶数后:
5 11 13 15 21 23 27 35 39 47 65 79 83 85 95 97
```

图 9.13　使用 std::set 树过滤数

ch9_8.cpp

```
#include <iostream>
#include <set>
#include <time.h>
int main() {
    std::set<int> tree;
```

```
    int n = 30;
    srand(time(NULL));
    while (tree.size() < n) {
      int random_number = 1 + rand() % 100;
      tree.insert(random_number);
    }
    std::cout << n <<"个随机数(升序):"<< std::endl;
    for(const auto& num:tree){
       std::cout << num <<" ";
    }
    std::cout << std::endl;
    std::set < int > filter ;
    for(int i = 2;i < = 100;i = i + 2){
       filter.insert(i);
    }
    for(auto iter = tree.begin();iter!= tree.end();){
       if(filter.count( * iter) > 0){
            iter = tree.erase(iter);            //注意:返回的迭代器自动指向下一个位置
       }
       else {
            ++iter;
       }
    }
    std::cout << n <<"个随机数去除偶数后:"<< std::endl;
    for(const auto& num:tree){
       std::cout << num <<" ";
    }
    std::cout << std::endl;
    return 0;
}
```

用 filter 过滤 tree 不可以用如下的 for 语句:

```
for(auto value : tree){
    if(filter.count(value > 0))
                tree.erase(value);
}
```

上面的代码尽管没有编译错误,但无法实现过滤,原因是 erase()操作会让迭代器失效。因为程序代码中必须显式地返回新的迭代器才能让循环继续进行,但是此语句隐藏了所使用的迭代器,所以使用户程序无法使用代码恢复失效的迭代器。

例 9-9 处理重复的数据。

在例 4-12 中曾处理数组中重复的数据,即让重复的数据只保留一个(数据重复属于冗余问题,冗余可能给具体的实际问题带来危害,见 4.4.2 节)。std::set 树不允许有两个结点的数据相同,即大小一样的两个结点(见前面 9.6 节),利用 std::set 树的这一特点,可以方便地处理数组中重复的数据(因为使用的 str::set 树,本例代码的效率要好于例 4-12)。

本例 handle_recurring.cpp 中的 std::vector < int > handle(std::vector < int > arr)函数处理数组 arr 中重复的数据,该函数返回的数组中的数据是 arr 中去掉重复数据后的数据(重复的数据只保留一个)。

注意,想动态更改 tree1 树上结点的大小关系,就需要使用 set::set 创建一棵新的 std::set 树 tree2,该树使用 insert()函数插入 tree1 的全部结点。tree1 按数组元素值排序数组,并去掉重复的数据，tree2 按数组索引排序就可以保持去掉重复数据后数组元素值的先后位置不发生变化。

handle. cpp

```
#include <iostream>
#include <set>
#include <vector>
class Node {
public:
    int number;
    int index;
    Node(int num, int idx) : number(num), index(idx) {}
};
std::vector<int> handle(std::vector<int> arr) {
    auto f = [](Node a, Node b) { return a.number < b.number; };        //Lambda 表达式定义大小
    std::set<Node, decltype(f)> tree1(f);
    for (int i = 0; i < arr.size(); i++) {
        tree1.insert(Node(arr[i], i));
    }
    auto g = [](Node a, Node b) { return a.index < b.index; };
    std::set<Node, decltype(g)> tree2(g);
    tree2.insert(tree1.begin(), tree1.end());
    std::vector<int> result;
    for (const auto& node : tree2) {
        result.push_back(node.number);
    }
    return result;
}
```

本例 ch9_9. cpp 使用 handle_recurring. cpp 中的 std::vector<int> handle()函数处理数组中重复的数据，运行效果如图 9.14 所示。

```
处理重复数据之前的数据:
[3, 3, 100, 89, 89, 5, 5, 6, 7, 12, 12, 90, -23, -23]
处理重复数据之后的数据:
[3, 100, 89, 5, 6, 7, 12, 90, -23]
```

图 9.14 处理重复的数据

ch9_9. cpp

```
#include <iostream>
#include <vector>
std::vector<int> handle(std::vector<int> arr);
int main() {
    std::vector<int> arr = {3,3,100,89,89,5,5,6,7,12,12,90, -23, -23};
    std::cout << "处理重复数据之前的数据: "<< std::endl;;
    for (const auto& num : arr) {
        std::cout << num << " ";
    }
    std::cout << std::endl;
    std::vector<int> output = handle(arr);
    std::cout << "处理重复数据之后的数据: "<< std::endl;;
    for (const auto& num : output) {
        std::cout << num << " ";
    }
    std::cout << std::endl;
    return 0;
}
```

9.10 std::set 树与节目单

编辑一场舞台演出节目单，最糟糕的是把两个不同的节目安排在了相同的演出时间，引起麻烦。如果使用 std::set 树来存放节目单中的节目，就会避免这样的麻烦事情发生，理由是，节目单里的节目按演出时间比较大小，std::set 树能保证二叉树上不能有大小相同的两个对象。

例 9-10 使用 sdt::set 树存放节目单中的节目。

本例 ch9_10.cpp 中的 ProgramList 类的实例用来保存节目名称和播放时间，ProgramList 类的实例按时间比较大小（运算符重载的知识点可参见附录 A）。本例 main()函数将节目单的节目存放在 set::set 树上，然后输出 std::set 树上的节目，程序运行效果如图 9.15 所示。

```
4个节目的节目单:
小品演出时间:2026/12/31,20:22:00
歌舞演出时间:2026/12/31,20:30:00
相声演出时间:2026/12/31,21:00:00
民乐演出时间:2026/12/31,22:28:29
```

图 9.15 std::set 树与节目单

ch9_10.cpp

```
#include <iostream>
#include <set>
#include <string>
class ProgramList {
private:
    std::string play_name;
    std::string play_time;
public:
    ProgramList(std::string name,std::string time): play_name(name),play_time(time) {}
    bool operator <(const ProgramList& other) const {                    //重载小于运算符
        return play_time < other.play_time;
    }
    std::string toString() {
        std::string mess = play_name + "演出时间:" + play_time ;
        return mess;
    }
};
int main() {
    std::set <ProgramList> tree;
    tree.insert(ProgramList("歌舞","2026/12/31,20:30:00"));
    tree.insert(ProgramList("民乐","2026/12/31,22:28:29"));
    tree.insert(ProgramList("小品","2026/12/31,20:22:00"));
    tree.insert(ProgramList("相声","2026/12/31,21:00:00"));
    std::cout << tree.size() << "个节目的节目单:" << std::endl;
    for (auto program : tree) {
        std::cout << program.toString()<< std::endl;
    }
    return 0;
}
```

习题 9

扫一扫

习题

扫一扫

自测题

第 10 章　散列表与unordered_map类

本章主要内容

- 散列结构的特点；
- 简单的散列函数；
- 创建散列表；
- 散列表的基本操作；
- 遍历散列表；
- 散列表与字符、单词频率；
- 散列表与数据缓存；
- 重载 hash()函数；
- Std::map 类。

前面学习了线性结构的链表、顺序表、栈、队列以及树状结构的 std::set 树，本章将学习一种非常特别的结构——散列结构。

10.1 散列结构的特点

生活中有些数据之间可能是密切相关的一对，例如一副手套、一双鞋子、一对夫妻等，即数据的逻辑结构是成对的，既不是线性结构也不是树结构，一对数据与另一对数据之间也无须有必然的关系。那么如何存储这样的数据对呢？以下要介绍的散列结构就是存储“数据对”的最重要的办法之一(10.8 节介绍的是另一种办法)。

1. 散列结构与散列表

数据对也称作“键-值”对，键和值都是某种类型的数据。叙述时可以把这个“键-值”对记作(Key,Value)，称 Key 是关键字、Value 是键值或值。

散列结构使用两个集合存储数据，一个集合称作关键字集合，记作 Key；另一个集合是值的集合，记作 Value。

Key 集合中的节点(或称元素)负责存储关键字，所有关键字对应的全部值称作散列结构的值集合，记作 Value，即 Value 中的节点负责存储值。称 Value 为散列结构中的散列表(hash 表，也常被称作哈希表)。简单地说，散列结构是根据关键字直接访问数据的数据结构，其核心思想是使用散列函数(hash()函数)把关键字映射到散列表中一个位置，即映射到散列表中的某个节点。

散列结构为 Value 集合分配的是一块连续的内存(即数组)，负责存储 Value 中的节点。这块连续的内存的地址是连续编号的，因此可以用一个数组 hashValue[]表示这块连续的内存。内存的地址的首地址是 hashValue[0]的地址，那么第 i 个地址就是 hashValue[i]的地址。散列结构使用被称作散列函数的一个映射，通常记作 hash()(也常被称作哈希函数)，为关键字指定一个值，即为关键字在 Value 中指定一个存储位置，以便将来用这个关键字查找存储在这个位置上的值。为 Value 分配的是一块连续的内存,假设其内存大小为 n,即 hashValue[]数组的长度为 n,抽象成数学问题,即 hash()函数本质上就是集合 Key 到整数集合 **N** 的一个映射:

$$\text{Key} \rightarrow \mathbf{N} = \{0,1,2,\cdots,n\}$$

对于一个关键字,例如 Key1,如果 hash(Key1)=98,那么 Key1 关键字对应的节点就是数组 hashValue 第 98 个元素,即 hashValue[98],如图 10.1 所示。

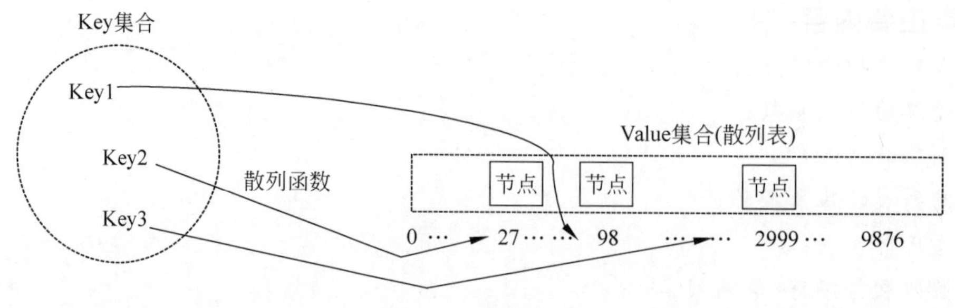

图 10.1 散列函数

一个散列函数(即 hash()函数)需保证以下两点。

(1) 对于不同的关键字,例如 Key1 和 Key2 是 Key 中的两个节点,即两个关键字,一定有 hash(Key1)不等于 hash(Key2),也就是 hash(Key1)和 hash(Key2)是两个不同的节点。但节点中的对象可能是相同的(数组的两个不同的元素中的值可能是相同的)。

(2) 为了保证第(1)点,让 hash()函数映射出的全部节点分散地分布在一块连续的内存中,这也是人们把 Value 称作一个散列表的原因。由于散列表中的节点是随机、分散分布的,所以不在散列表上定义任何关系(见第 1 章)。散列表或散列二字不是指数据之间的关系,而是形容存储形式的特点(hash()函数映射存储位置)。

如果出现 hash(Key1)和 hash(Key2)相同,就称关键字有冲突。散列算法就是研究如何避免冲突或减少冲突的可能性,以及在冲突不可避免时能给出解决问题的算法。

为了保证第(1)点和第(2)点,散列函数除了在算法上要有全面的考虑外(本章不介绍繁杂的 hash()函数算法,理解其作用即可),还需要通过装载因子来保证第(1)点。装载因子就是 Value 中节点的数目与给其分配的一块连续的内存大小的比值,即 Value 中节点的数目和数组 hashValue[]的长度的比值。装载因子是 0.75 被公认是比较好的数值,它是时间和空间成本之间的良好折中,因为给的内存空间越大,越能保证第(1)点,但同时会使得 hash()函数的映射速度慢一些。当 Value 中节点的数目越来越多时,例如达到总内存大小的一半时,就要重新调整内存,即分配新的数组,并把原数组 hashValue[]的值复制到新的数组中,新的数组成为 Value 的新的一块连续内存。

另外,还可以用链接法解决冲突,散列函数把和关键字 Key 有相同值的关键字所对应的存储位置依次设置为一个链表中不同的节点(链表头节点是 Key 对应的存储位置),这样就会增大查询 Value 中值的时间复杂度。如果散列函数设计得合理,那么一般不会发生关键字冲突或发生关键字冲突的概率非常小,因此也就不需要使用链接法解决冲突或使用链接法解决冲突的概率很小。链接法是最后保证不同关键字对应的不同节点(不同的存储位置)的最后办法。

2. 查找、添加、删除的特点

由散列结构的特点可知,使用关键字查找、删除、添加 Value 中的节点,时间复杂度通常都

是 $O(1)$，特殊情况，也是最坏情况，时间复杂度是 $O(n)$（如果关键字冲突，使用了链接法）。

散列结构具有数组的优点，即非常快的查询速度（随机访问的时间复杂度是 $O(1)$），同时又将查询数据（Value）的索引分离到另一个独立的集合（Key）中。数组最大的缺点就是将索引（下标）和数组元素绑定，因此一旦创建数组，就无法更改索引，即无法再改变数组的长度。散列结构可以随时添加一个"键-值"对（一个关键字，一个相应的值），或删除一个"键-值"对。

注意：散列结构的核心是处理"键-值"对，所以也习惯称散列结构（散列表）是通过关键字访问数据的一种数据结构。

10.2 简单的散列函数

本节的目的不是研究散列函数，而是通过简单的例子——停车场，进一步理解散列结构，后面使用 C++的 std::unordered_map 类来实现散列结构。

1. 顺序扩建停车位

汽车停车场（模拟散列表）初始状态有 10 个连续的车位，相当于散列结构中分配给散列表 Value 的一块连续的内存空间（数组的长度是 10）。假设汽车的车牌号是 3 位数的正整数，相当于散列结构中的 Key 集合中节点里的关键字。停车场可以根据需要随时顺序地扩建停车位。

假设 carNumber 是车牌号，n 是总的车位个数，这里假设 $n=10$（即数组的长度），randomNumber 是小于或等于 carNumber、大于或等于 0 的随机数，location 表示停车位置，那么停车场采用的停车策略如下：

$$\text{location} = \text{randomNumber}\%\text{n}$$

假设车牌号 123 得到的随机数 randomNumber 是 90，由于假设的 n 是 10，所以计算出 location 是 0，该车就停放在车位是 0 的位置上（即数组的第 0 个元素）；车牌号 259 得到的随机数 randomNumber 是 134，那么 location 就是 4，该车就停放在车位是 4 的位置上（即数组的第 4 个元素）；车牌号 876 得到的随机数 randomNumber 是 178，那么 location 就是 8，该车就停放在车位是 8 的位置上（即数组的第 8 个元素），如图 10.2 所示（深色填充的表示已经有车辆停放在该车位）。

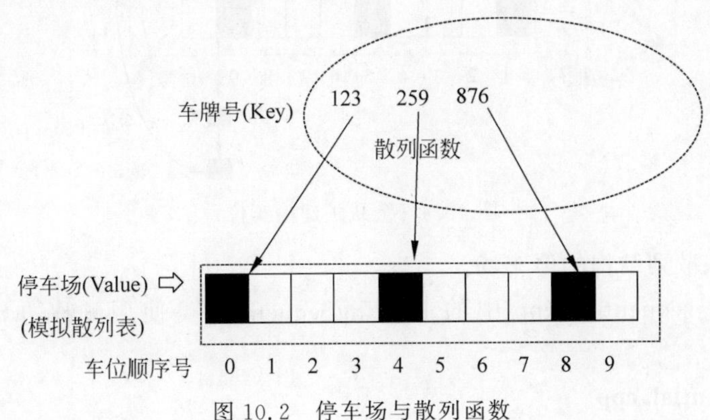

图 10.2 停车场与散列函数

每当一辆车来到停车场，如果用散列函数计算了若干次，例如计算了 10 次后，得到的车位号对应的车位上都是已经停放了车辆（被占用），这个时候就扩建停车场，让其容量增加两倍，然后再用散列函数计算车位号……如此这般，只要内存足够大，总能找到停车位，如

图 10.3 所示。由于用散列函数的算法是随机的，所以在某个时刻以后扩建停车场的概率就很小了。

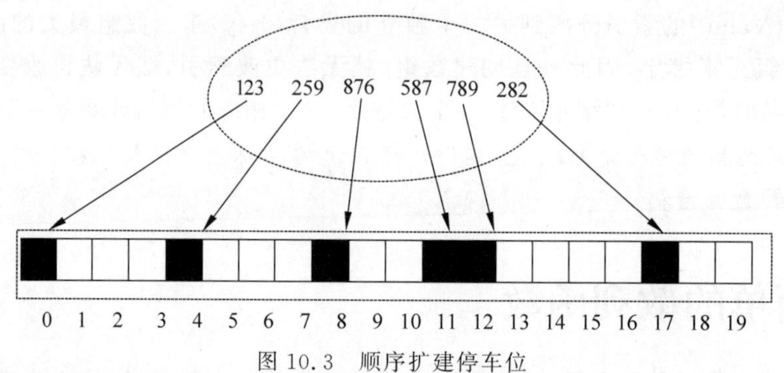

图 10.3　顺序扩建停车位

2. 链式扩展停车位

假设停车场可以根据需要扩大，但和前面的不同，不是顺序地（相邻地）扩建停车位，而是不相邻地增加车位来扩建停车场。

对于多个车牌号，当用散列函数计算出同样的车位数时，例如都是 9，则把它们的停车位分别指定为同一个链表中的多个节点，链表的头节点是数组的第 9 个元素，如图 10.4 所示。即停车场采用的停车策略如下：

$$\text{车位位置} = \text{链表的某个节点}$$

此链表的头节点是停车场的第 k 个位置（数组的第 k 个元素，如图 10.4 所示，$k=9$），其中 k 是随机数 randomNumber（小于或等于 carNumber、大于或等于 0 的随机数）和 n（车位数目）求余的结果：

$$k = \text{randomNumber} \% n$$

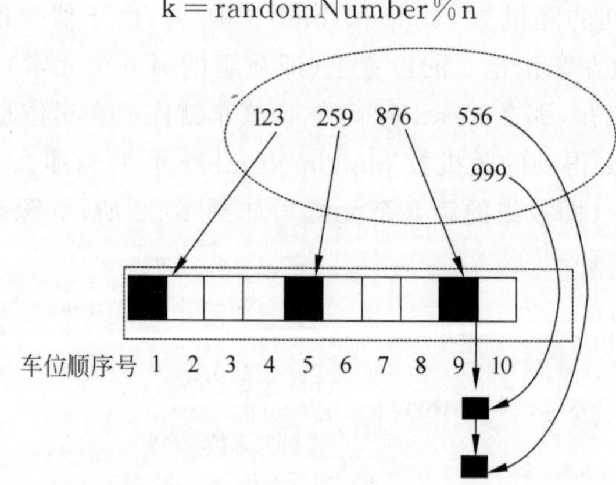

图 10.4　链式扩建停车位

例 10-1　模拟散列结构的停车场。

本例 parking_sequential.cpp 中的 ParkingSequential 类使用顺序办法增加停车场的车位。

parking_sequential.cpp

```
#include <iostream>
#include <vector>
#include <time.h>
class ParkingSequential {
```

```
private:
    std::vector<int> parking;                     // 停车位顺序表(动态数组)
public:
    ParkingSequential(int initialSize) : parking(initialSize) {
    }
    void putCar(int carNumber) {
        int n = parking.size();
        srand(time(NULL));                         //用当前时间做随机种子
        int randomNumber = rand() % carNumber;//根据车牌号得到随机数
        int location = randomNumber % n;       //计算停车位
        while (parking[location] != 0) {       //当停车位被占用时
            if (n >= 9999999) {
                //不能无休止地扩建(除非内存足够大,就总能找到停车位)
                std::cout << "停车场容量不足,无法停车" << std::endl;
                return;
            }
            int k = 1;
            while(k <= n){                      //继续寻找空车位
                randomNumber = rand() % carNumber;
                location = randomNumber % n;
                if(parking[location] == 0){
                    break;                      //找到停车位
                }
                k++;
            }
            if(k > n){                          //没有找到空车位,扩建停车场
                n *= 2;
                parking.resize(n);              //扩容
                location = randomNumber % n;

            }
        }
        parking[location] = carNumber;          //carNumber 号码车停在 location
        std::cout << "车牌号为" << carNumber << "的车停放在 ParkingSequential 停车场的 "
        << location <<"号位置上."<< std::endl;
    }
};
```

本例 parking_chained.cpp 中的 ParkingChained 类使用链式办法增加停车场的车位。

parking_chained.cpp

```
#include <iostream>
#include <vector>
#include <list>
#include <time.h>
class ParkingChained {
private:
    std::vector<std::list<int>> parking;      //停车位顺序表(但顺序表的类型是 std::list)
public:
    ParkingChained(int initialSize) : parking(initialSize) {}
    void putCar(int carNumber) {
        int n = parking.size();
        srand(time(NULL));                         //用当前时间做随机种子
        int randomNumber = rand() % carNumber;//根据车牌号得到随机数
        int location = randomNumber % n;
        auto list = parking[location] ;         //链表保证了有停车位
        int index = list.size();
        list.push_back( carNumber);
        std::cout << "车牌号为" << carNumber << "的车停放在 ParkingChained 停车场的第"
```

```
        << location <<"个链表的第"<< index <<"节点中。" << std::endl;
    }
};
```

本例 ch10_1. cpp 使用 parking_sequential. cpp 和 parking_chained. cpp 中的类创建对象模拟两个停车场的停车情况，运行效果如图 10.5 所示。

```
车牌号为126的车停放在ParkingSequential停车场的92号位置上。
车牌号为257的车停放在ParkingSequential停车场的57号位置上。
车牌号为956的车停放在ParkingSequential停车场的18号位置上。
车牌号为126的车停放在ParkingChained停车场的第17个链表的第0节点中。
车牌号为257的车停放在ParkingChained停车场的第7个链表的第0节点中。
车牌号为956的车停放在ParkingChained停车场的第0个链表的第0节点中。
```

图 10.5　散列结构的停车场的停车情况

ch10_1. cpp

```
#include "parking_sequential.cpp"
#include "parking_chained.cpp"
int main() {
    ParkingSequential sequentialParking(25);
    sequentialParking.putCar(126);
    sequentialParking.putCar(257);
    sequentialParking.putCar(956);
    ParkingChained chainedParking(25);
    chainedParking.putCar(126);
    chainedParking.putCar(257);
    chainedParking.putCar(956);
    return 0;
}
```

10.3　创建散列表

std::unordered_map 是 C++(C++ 11 开始)标准模板库中的模板类，用于实现基于哈希映射的散列表。需要注意，当 std 使用作用域运算符（也称解析运算符）“::”访问 unordered_map 时不要误写为 unordered_Map，即不可以将 map 的首写字母写成大写的 M。

我们称 std::unordered_map 模板类的对象（实例）为散列表（严格说，std::unordered_map 模板类的对象维护的 Value 是散列表）。std::unordered_map 模板类的实例，即散列表的 Key 集合和 Value 集合可以是 C++允许的数据类型，Key 集合中不允许有两个节点中的对象相同，即大小一样的两个节点，Key 中不同的 key 对应的 Value 中的节点是不同的，但 Value 中的节点中的数据可以是相同的，就像数组的不同元素（节点）里可以存放相同的数据。std::unordered_map 模板类提供的添加、删除、查找操作的时间复杂度都是 $O(1)$，因此 std::unordered_map 模板类的对象非常适合需要快速查找、删除、添加对象的应用问题。

1. 创建空散列表

使用 std::unordered_map 类创建散列表时，必须指定模板类中的参数的具体类型，即指定 Key 和 Value 的具体类型，类型可以是 C++允许的数据类型，比如 int、float、char 和类等，即指定散列表 Key 节点和 Value 节点的数据的类型。例如，指定散列表 carMap 的 Key 节点中的数据的类型是 int 类型、Value 节点中的数据类型是 str::string：

```
std::unordered_map< int , std::string> carMap;                    //空散列表
```

散列表可以使用下标运算或使用 insert()函数添加“键-值”对，例如：

```
carMap[956] = "宝马赛车";
carMap.insert(std::make_pair(18, "奥迪 A6"));
```

散列表 carMap 的关键字集合 Key 存储的数据的类型是 int，值集合 Value 存储的数据的类型是 std::string。这时散列表 carMap 中就有了两个“键-值”对，Key 中的节点和 Value 节点之间的对应关系由相应的 hash()函数负责完成。如果 Key 节点中数据类型不是用户自定义的类，那么不需要用户程序编写 hash()函数，否则用户程序需要重载 hash()函数（见 10.8 节）。

散列表中的“键-值”对，比如 pair，可以使用 first 和 second：pair.first、pair.second 分别得到“键-对”中的 key 和 value。

2. 用已有散列表创建散列表

我们也可以用已有的相同数据类型的散列表，例如用 catMap 散列表中的“键-值”对创建一个新的散列表 mapNew：

```
std::unordered_map<int, std::string> mapNew(carMap);
```

散列表 mapNew 的“键-值”对和 catMap 的相同。如果链表 mapNew 修改了“键-值”对，不会影响 carMap 的“键-值”对；如果链表 carMap 修改了“键-值”对，也不会影响 mapNew 的“键-值”对。

例 10-2 创建散列表并添加、删除“键-值”对。

本例 ch10_2.cpp 中首先创建一个空散列表 carMAp，然后向散列表 carMap 添加 4 个“键-值”对，再用 carMap 创建另一个散列表 mapNew。修改散列表 mapNew 的“键-值”对，并不影响散列表 carMap 中的“键-值”对，运行效果如图 10.6 所示。

```
catMap中的键-值对一共有:4对:
(18,奥迪A6) (956,宝马赛车) (257,Jeep越野车) (126,奔驰轿车)
newMap中的键-值对一共有:4对:
(18,奥迪A6) (956,宝马赛车) (257,Jeep越野车) (126,奔驰轿车)
carMap删除一个键-值对(126,奔驰轿车):
mapNew修改一个键-值对(257,Jeep越野车):
catMap中的键-值对一共有:3对:
(18,奥迪A6) (956,宝马赛车) (257,Jeep越野车)
newMap中的键-值对一共有:3对:
(18,奥迪A6) (956,宝马赛车) (257,Jeep指南者越野车) (126,奔驰轿车)
```

图 10.6 创建散列表

ch10_2.cpp

```
#include <iostream>
#include <unordered_map>
#include <string>
int main() {
    std::unordered_map<int , std::string> carMap;
    carMap[126] = "奔驰轿车";                    // 插入"键 - 值"对
    carMap[257] = "Jeep 越野车";
    carMap[956] = "宝马赛车";
    carMap.insert(std::make_pair(18, "奥迪 A6"));
    std::cout <<"catMap 中的键 - 值对一共有:"<< carMap.size()<<"对:"<< std::endl ;
    for (const auto& pair : carMap) {
        std::cout <<"("<< pair.first << "," << pair.second <<") ";
    }
    std::cout << std::endl;
    std::unordered_map<int, std::string> mapNew(carMap); //使用 catMap 复制构造
    std::cout <<"newMap 中的键 - 值对一共有:"<< carMap.size()<<"对:"<< std::endl ;
    for (const auto& pair : mapNew) {
        std::cout <<"("<< pair.first << "," << pair.second <<") ";
```

```
    }
    std::cout << std::endl;
    std::cout <<"carMap 删除一个键 - 值对(126,奔驰轿车):"<< std::endl ;
    carMap.erase(126);                          //根据关键字删除"键 - 值"对
    std::cout <<"mapNew 修改一个键 - 值对(257,Jeep 越野车):"<< std::endl ;
    mapNew[257] = "Jeep 指南者越野车";           //根据关键字修改"键 - 值"对
    std::cout <<"catMap 中的键 - 值对一共有:"<< carMap.size()<<"对:"<< std::endl ;
    for (const auto& pair : carMap) {
        std::cout <<"("<< pair.first << "," << pair.second <<") ";
    }
    std::cout << std::endl;
    std::cout <<"newMap 中的键 - 值对一共有:"<< carMap.size()<<"对:"<< std::endl ;
    for (const auto& pair : mapNew) {
        std::cout <<"("<< pair.first << "," << pair.second <<") ";
    }
    std::cout << std::endl;
    return 0;
}
```

10.4 散列表的基本操作

1. 添加

(1) []：散列表具有数组的优点，即非常快的查询和访问速度(随机访问的时间复杂度是$O(1)$)。像数组一样，散列表 map 可以使用下标[]运算添加“键-值”对，例如“map[key] = value;”向 map 添加“键-值”对(Key,Value)。需要注意的是，如果散列表的“键-值”对中已经有“键-值”对的键是 key，那么“map[key] = value;”将更新原有的 key 对应的值。

(2) insert(std:: make_pair((key,value)))：散列表 map 可以使用 insert()函数添加“键-值”对，例如，“map.insert(std::make_pair(key,value));”向 map 添加“键-值”对(key,value)。如果散列表已有(key,value)，那么“map.insert(std::make_pair(key,value));”添加失败，这一点和(1)不同。如果添加成功，返回一个 std::pair 对象，该对象的 second 的值为 1，表示添加成功；否则 second 的值为 0，表示添加失败。

(3) emplace(key,value)：散列表 map 可以使用 emplace(key,value)函数添加“键-值”对(key,value)。如果散列表已有(key,value)，那么“map. emplace (key,value);”添加失败，这一点和(1)不同。如果添加成功，返回一个 std::pair 对象，该对象的 second 的值为 1，表示添加成功；否则 second 的值为 0，表示添加失败。emplace(key,value)和 insert()功能相同，但前者的可读性更好些。

除非特别需要下标[]添加“键-值”对的更新效果，C++建议使用 insert()函数或 emplace()函数而不是下标[]向散列表添加“键-值”对(key,value)。因为当使用下标[]添加“键-值”对时，会先进行一次查找操作，如果键已经存在，则会更新对应的值；如果键不存在，则会插入新的“键-值”对。而使用 insert()函数或 emplace()函数可以避免这种多余的查找操作，因为 insert()函数或 emplace()函数会直接尝试插入“键-值”对，如果键已经存在，则不会进行任何操作。

2. 查询与修改

(1) empty()：散列表使用 empty()函数判断散列表中是否有“键-值”对，如果没有返回 1(true)，否则返回 0(false)。

(2) size()：散列表使用 size()函数返回散列表中“键-值”对的数目。

(3) find(key)：散列表的find(key)函数使用关键值查找散列表中是否有“键-值”对(key，value)，如果找到，find(key)返回指向(key，value)的迭代器，否则返回的迭代器的位置不是end()位置上的迭代器。

(4) count(key)：如果key键存在，则计数为1；否则计数为0。

(5) at(key)：如果散列表map中有(key，value)“键-值”对，那么map.at(key)就是value；“ map.at(key) = newValue”更新key的值是newValue 。当at()函数使用key时，map.at(key)检查key是否存在，如果key不存在，map.at(key)会抛出异常信息，即at(key)函数的参数key必须是map中已有的key。

(6) []：如果散列表map中有(key，value)“键-值”对，map[key]就是value。“map[key]=newValue”向散列表添加(value，newValue)新的“键-值”对或更新了已有“键-值”对(key，value)的值为newValue。map[key]和map.at(key)的区别是，当使用key时map[key]不检查key是否存在。

3. 删除

(1) erase(iter)：散列表使用erase(iter)删除迭代器iter指向的“键-值”对。

(2) erase(key)：散列表使用erase(key)删除“键-值”对(key，value)。

(3) clear()：散列表使用clear()清空散列表。

注意：std::unordered_map模板类提供的使用关键字key进行添加、删除、查找的函数的时间复杂度都是$O(1)$。

10.5　遍历散列表

(1) 对于散列表map，可以使用for语句

```
for(auto pair:map){}
```

遍历散列表中的“键-值”对，for语句让变量pair取map中的(key，value)，那么pair.first就是key，pair.second就是value。

(2) 对于散列表map，可以借助map的迭代器并使用for语句

```
for(auto iter = map.begin();iter!= map.end;iter++){}
```

遍历散列表中的“键-值”对，for语句让iter指向map中的(key，value)，那么iter→first就是key，iter→second就是value。

注意：散列表的数据类型被系统封装为std::pair <key，value>类型。

例10-3　使用散列表的常用方法遍历散列表。

本例ch10_3.cpp使用了std::unordered_map类的常用方法，运行效果如图10.7所示。

```
1
0
散列表student中有2个键-值对:
(11,李四) (10,张三)
找到键-值对:(11,李四)
删除迭代器begin()位置上的键-值对(11,李四)
散列表student中有1个键-值对:
(10,张三)
```

图10.7　散列表的常用方法

ch10_3.cpp

```
#include <iostream>
#include <unordered_map>
#include <string>
int main() {
    std::unordered_map< int , std::string> student;
    student[10] = "张三";                    // 插入"键-值"对
    std::cout << student.insert(std::make_pair(11, "李四")).second << std::endl ; //插入成功
    std::cout << student.emplace(11, "李四").second << std::endl ; //插入失败
    std::cout << "散列表 student 中有"<< student.size()<<"个键-值对:"<< std::endl ;
    for(const auto& pair:student){
        std::cout <<"("<< pair.first <<","<< pair.second <<")"<<" ";
    }
    std::cout << std::endl;
    auto iter = student.find(11);
    if(iter!= student.end()){
       std::cout <<"找到键-值对:("<<(*iter).first <<","<< iter->second <<")";
    }
    else {
      std::cout << "未找到" ;
    }
    iter = student.begin();
    std::cout << "\n 删除迭代器 begin()位置上的键-值对("
              << iter->first << ","<< iter->second <<")";
    student.erase(iter);
    std::cout << std::endl;
    std::cout << "散列表 student 中有"<< student.size()<<"个键-值对:"<< std::endl ;
    for( iter = student.begin();iter!= student.end();iter++){
        std::cout << "("<< iter->first << ","<< iter->second <<")";
    }
    std::cout << std::endl;
    return 0;
}
```

10.6 散列表与字符、单词频率

借助关键字 key 可以统计关键字对应的数据 value。比如统计一个英文文本文件中字母、单词出现的次数频率。

(1) 每次读取文件的一个字符,如果是字母,并且散列表中还没有(key,value):(字母,次数),散列表就添加(key,value):(字母,次数);如果散列表中已经有(key,value):(字母,次数),就更新该(key,value):(字母,次数),将其次数增加 1。

(2) 每次读取文件的一个单词,如果散列表中还没有(key,value):(单词,次数),散列表就添加(key,value):(单词,次数);如果散列表中已经有(key,value):(单词,次数),就更新该(key,value):(单词,次数),将其次数增加 1。

例 10-4 统计字母、单词出现的次数。

本例 ch10_4.cpp 借助散列表统计文本文件 input.txt 中字母和单词出现的次数,程序运行效果如图 10.8 所示,input.txt 内容如下:

Every morning, we go to school. The classrooms in the school are very beautiful, and the playground is very large.

```
input.txt共出现23个字母:(p,1) (i,4) (o,10) (m,2) (n,5) (y,4) (b,1) (g,4) (r,8) (e,10) (v,3) (s,6)
(w,1) (E,1) (t,4) (c,3) (h,5) (l,6) (T,1) (a,6) (u,3) (f,1) (d,2)
input.txt共出现17个单词:(and,1) (is,1) (beautiful,1) (large,1) (very,2) (are,1) (Every,1) (the,2)
(playground,1) (we,1) (go,1) (to,1) (classrooms,1) (school,2) (in,1) (morning,1) (The,1)
```

图 10.8 统计字母、单词出现的次数

ch10_4.cpp

```cpp
#include <iostream>
#include <fstream>
#include <unordered_map>
#include <cctype>                                    // 包含用于字符处理的头文件
int main() {
    std::unordered_map<char, int> letterFrequency;       // 用于统计字母出现的次数
    std::unordered_map<std::string, int> wordFrequency; // 用于统计单词出现的次数
    std::string file_name = "input.txt";
    std::ifstream file(file_name);                       // 打开文本文件
    if (file.is_open()) {
        char c;
        std::string word;
        while (file.get(c)) {
            if (std::isalpha(c)) {                       // 如果是字母
                letterFrequency[c]++;                    // 更新字母出现的次数
                word += c;                               // 将字母添加到当前单词中
            }
            else if (!word.empty()) {                    // 如果不是字母且当前单词非空
                wordFrequency[word]++;                   // 更新单词出现的次数
                word.clear(); // 注意本算法里提取单词的技巧:c不是字母时单词结束
            }
        }
        std::cout << file_name <<"共出现"<< letterFrequency.size()<<"个字母:";
        for (const auto& pair : letterFrequency) {           // 输出字母和它出现的次数
            std::cout <<"("<< pair.first << "," << pair.second <<")"<<" ";
        }
        std::cout << std::endl;
        std::cout << file_name <<"共出现"<< wordFrequency.size()<<"个单词:";
        for (const auto& pair : wordFrequency) {             // 输出单词和它出现的次数
            std::cout <<"("<< pair.first << "," << pair.second <<")"<<" ";
        }
        std::cout << std::endl;
        file.close();                                        // 关闭文件
    }
    else {
        std::cout << "无法读取" << file_name << std::endl;
    }
    return 0;
}
```

注意：本例算法中的一个小技巧(在C语言基础课中经常使用的技巧，见参考文献[4]的第10章)：用一个字符串word来暂存当前单词，并在遇到非字母字符时更新单词出现的次数并清空word。

10.7 散列表与数据缓存

散列表在查询数据时使用关键字查询数据时间复杂度是$O(1)$，和数组使用下标访问数组元素的时间复杂度是一样的，所以散列表也适合用于数据缓存：把经常、频繁访问的数据存储

在散列表中,可以快速地检索和访问数据,提高程序的运行效率(在 3.7 节优化递归时曾以这样的方式使用过散列表)。

例如,一些程序中经常需要使用某些数的阶乘,如果每次都计算阶乘,会影响程序的运行效率(计算阶乘的时间复杂度是 $O(n)$)。可以事先使用关键字将阶乘存储在散列表中,即将(key,value)[这里指(整数,阶乘)]存储在散列表中,那么以后再使用阶乘的时间复杂度就是 $O(1)$。如果用户经常需要计算平方根,也可以将常用的平方根放在散列表中,避免每次都是现用现算,从而提高程序的运行效率。

例 10-5 使用散列表缓存数据。

本例 ch10_5.cpp 将频繁使用的阶乘放在 Hash 类的散列表中,并借助 Hash 类的散列表计算一些组合:

$$C(n,r)=\frac{n!}{r!(n-r)!}$$

比如,$C(12,5)$,$C(10,6)$等。运行效果如图 10.9 所示。

```
C(12,5) = 792
C(10,6) = 210
```

图 10.9 使用散列表缓存数据

ch10_5.cpp

```
#include <iostream>
#include <unordered_map>
class Hash {
public:
    static std::unordered_map<int, long long> map;
    static void initializeMap() {
        for (int i = 1; i <= 20; i++) {
            map[i] = factorial(i);                    // 将 20 以内的阶乘放入散列表
        }
    }
    static long long getFactorial(int n) {
        if (n <= 20) {
            return map[n];
        } else {
            long long m = factorial(n);
            map[n] = m;
            return m;
        }
    }
private:
    static long long factorial(int n) {
        if (n == 0 || n == 1) {
            return 1;
        }
        return n * factorial(n - 1);
    }
};
//确保对 Hash 类的静态成员变量 map 进行了定义和初始化:
std::unordered_map<int, long long> Hash::map;
int main() {
    Hash::initializeMap();
    int n = 12;
    int r = 5;
    long result = Hash::getFactorial(n)/(Hash::getFactorial(r) * Hash::getFactorial(n-r));
```

```
    printf("\nC( %d, %d) =  %ld\n",n,r,result);
    n = 10;
    r = 6;
    result = Hash::getFactorial(n)/(Hash::getFactorial(r) * Hash::getFactorial(n - r));
    printf("C( %d, %d) =  %ld\n",n,r,result);
    return 0;
}
```

在 C++中,类的静态成员变量需要在类外进行定义和初始化。这是因为静态成员变量是属于整个类的,而不是属于类的实例。因此,需要在类外对静态成员变量进行定义和初始化。本例 ch10_5.cpp 中 main()函数前的代码:

```
std::unordered_map< int, long long > Hash::map;
```

是在类 Hash 外部对静态成员变量 map 进行了定义和初始化。这样做可以确保静态成员变量在程序运行时被正确初始化。这种做法是 C++语言规定的,用于确保静态成员变量的正确性和可靠性。

10.8　重载 hash()函数

在 C++中,如果要将自定义的类作为 std::unordered_map 类的实例的键,用户程序需要重载 hash()函数。要重载 hash()函数,需要遵循以下原则。

(1) 在类的命名空间内定义 hash()函数,可以使用全局命名空间也可以使用类的命名空间(见例 3-14)。

(2) hash()函数应返回一个 size_t 类型的值,表示哈希结果。

(3) hash()函数应该接收一个键对象,并计算出该对象的哈希值。

(4) 对于相等的键对象,hash()函数应该产生相同的哈希值。

注意:在重载 hash()函数的同时,创建对象的类也需要重载等于"=="运算符。

例 10-6　重载 hash()函数。

用三种颜色给大小不同的许多矩形涂色,由于矩形属于用户自定义的类,因此创建矩形的类需要重载 hash()函数,以便用矩形做关键字,查找矩形的颜色。

本例的 ch10_6.cpp 在 Rect 类内定义了一个名为 Hash 的内部结构体,重载了 operator()函数作为 hash()函数。在 main 函数中创建了一个 std::unordered_map 对象,并指定了 Rect::Hash 作为 hash()函数,运行效果如图 10.10 所示。

```
(7,12)矩形的颜色: 粉色
(5,10)矩形的颜色: 红色
(12,7)矩形的颜色: 蓝色
(10,5)矩形的颜色: 红色
```

图 10.10　重载 hash()函数

ch10_6.cpp

```
#include <iostream>
#include <unordered_map>
#include <string>
class Rect {
public:
    int width;
    int height;
    Rect(int w, int h) : width(w), height(h) { }
    bool operator == (const Rect& other) const {                //不要忘记重载 ==
        return (width == other.width) && (height == other.height);
    }
    struct Hash {
```

```
        //根据重载原则的(4),在重载 hash()函数时要依据重载的" == "编写 hash
        size_t operator()(const Rect& rect) const {
            size_t hash1 = std::hash<int>{}(rect.width);
            size_t hash2 = std::hash<int>{}(rect.height);
            size_t hash = hash1 * hash1 + 7 * hash2 ;
            return hash;
        }
    };
};
int main() {
    std::unordered_map<Rect, std::string, Rect::Hash> colorMap;
    colorMap[Rect(10, 5)] = "红色";
    colorMap[Rect(12, 7)] = "蓝色";
    colorMap[Rect(5, 10)] = "红色";
    colorMap[Rect(7, 12)] = "粉色";
    for ( auto pair : colorMap) {
        std::cout <<"(" << pair.first.width << ","<< pair.first.height <<")矩形的颜色:"
                << pair.second << std::endl;
    }
    return 0;
}
```

10.9 std::map 类

1. std::unordered_map 和 std::map 的比较

std::unordered_map 是 C++(C++ 11 开始)标准模板库中的模板类,用于实现基于哈希映射的散列表(Hash Table)。std::unordered_map 的实例称作散列表,散列表通常能以 $O(1)$ 的时间复杂度进行查找、插入和删除操作。

std::map 也是 C++标准模板库中的模板类,是基于红黑树来实现“键-值”对的存储的,称 std::map 的实例为映射树,映射树能够以对数时间复杂度进行查找、插入和删除操作。

在存储数据上,std::unordered_map 和 std:: map 类似,std::map 的实例——映射树也是存储“键-值”对,但映射树不是散列结构。映射树也是使用两个集合存储对象,一个集合称作关键字集合,记作 Key;另一个是值的集合,记作 Value。映射树按照 Key 集合中的关键字的大小关系,将关键字 Key 对应的 Value,存放在一个红黑树(平衡二叉搜索树,见第 9 章)上,即映射树的 Value 是一棵红黑树,这也称 std::map 的实例为映射树的缘由。因此,映射树和散列表不同,映射树的 Value 是树结构(不是散列结构,即没有使用散列函数)。映射树的 Key 集合中的数据必须是可以比较大小的。由于映射树的 Value 是红黑树,所以映射树使用关键字进行查找、插入和删除的复杂度都是 $O(\log_2 n)$(见第 9 章)。

以下是散列表和映射树的相同之处和主要区别。

(1) 散列表的 Value 是使用散列函数得到的,不是有序的,是散列结构。映射树的 Value 是红黑树,其中的数据是按照 Key 中的关键字的大小排序的。

(2) 散列表使用了散列算法,消耗的内存空间比较大,但其查询、添加和删除等操作的时间复杂度通常为 $O(1)$,有时也会遇到关键字冲突问题,如果采用链表解决冲突,会使得时间复杂度是 $O(n)$。映射树不使用散列函数,而是使用红黑树,不涉及关键字冲突问题,使得其查询、添加和删除等操作的时间复杂度都是 $O(\log_2 n)$。

在实际应用中,可以根据问题的需求决定使用散列表还是映射树(见稍后的例 10-10)。

注意：第 9 章的 std::set 是红黑树，不允许有大小相同的结点、是按照结点中的对象的大小关系排序的(中序遍历)。Std::map 中的 Value 是红黑树，是按照 Key 中的关键字的大小关系排序的，这就意味着 Value 红黑树上可以有相同的对象，即可以有两个结点中的对象是相同的，甚至，所有结点中的对象都可以是相同的。

2. std::map 的常用方法

std::unordered_map 和 std::map 逻辑上都是处理"键-值"对，不同仅仅是存储 Value 的不同，一个是使用散列函数，另一个是使用红黑树，因此 std::map 提供的函数和 std::unordered_map 完全相同(见 10.4 节)。

3. 映射树与排序

若映射中的 Value 是按照 Key 中的关键字大小来排序的，那么相对 std::set(见第 9 章)，使用映射树对 Value 进行排序的方便之处就是可以随时更改 Key 中关键字的大小关系。

例 10-7　用映射树排序数据。

本例 ch10_7.cpp 中的 KeyStudent 类重载小于"<"运算符(有关运算符重载见附录 A)，给出了树映射的 Key 的大小关系，并使用映射树分别按数学成绩和英语成绩排序学生，运行效果如图 10.11 所示。

```
按数学成绩排序(数学, 英语):
A005:(60,99)
A004:(69,88)
A001:(75,78)
A002:(75,88)
A003:(89,68)

按英语成绩排序(数学, 英语):
A003:(89,68)
A001:(75,78)
A002:(75,88)
A004:(69,88)
A005:(60,99)
```

图 10.11　分别按数学和英语成绩排序

ch10_7.cpp

```cpp
#include <iostream>
#include <map>
#include <string>
class Student {
public:
    std::string number;
    int math, english;
    Student(std::string number, int m, int e) : number(number), math(m), english(e) {}
    std::string toString() const {
       return number + ":(" + std::to_string(math) + "," + std::to_string(english) + ")";
    }
};
class KeyStudent {
public:
    std::string number;
    int score;
    KeyStudent(std::string number, int score) : number(number), score(score) {}
    bool operator<(const KeyStudent& key) const {
       if (score != key.score) {
            return score < key.score;
       }
       else {
            return number < key.number;
       }
    }
    std::string toString() const {
       return number;
    }
};
```

```
int main() {
    std::map<KeyStudent, Student> treeMap;
    Student stu1("A001", 75, 78), stu2("A002", 75, 88), stu3("A003", 89, 68),
            stu4("A004", 69, 88), stu5("A005", 60, 99);
    KeyStudent key1(stu1.number, stu1.math), key2(stu2.number, stu2.math),
               key3(stu3.number, stu3.math), key4(stu4.number, stu4.math),
               key5(stu5.number, stu5.math);
    treeMap.emplace(key1,stu1);
    treeMap.emplace(key2,stu2);
    treeMap.emplace(key3,stu3);
    treeMap.emplace(key4,stu4);
    treeMap.emplace(key5,stu5);
    std::cout << "按数学成绩排序(数学,英语):\n";
    for (auto pair : treeMap) {
        std::cout << pair.second.toString() << std::endl;
    }
    treeMap.clear();
    key1.score = stu1.english;
    key2.score = stu2.english;
    key3.score = stu3.english;
    key4.score = stu4.english;
    key5.score = stu5.english;
    treeMap.emplace(key1,stu1);
    treeMap.emplace(key2,stu2);
    treeMap.emplace(key3,stu3);
    treeMap.emplace(key4,stu4);
    treeMap.emplace(key5,stu5);
    std::cout << "\n按英语成绩排序(数学,英语):\n";
    for (auto pair : treeMap) {
        std::cout << pair.second.toString() << std::endl;
    }
    return 0;
}
```

习题 10

习题

自测题

第 11 章 集合与unordered_set类

本章主要内容

- 集合的特点；
- unordered_set 类；
- 集合的基本操作；
- 集合与数据过滤；
- 集合与获得随机数；
- 重载 hash()函数。

数据结构的逻辑结构主要有线性结构、树结构，图结构和集合。前面的章节已经接触到了线性结构（比如链表）和树结构（例如二叉树），本章将学习集合。

11.1 集合的特点

集合是一种不在其上定义任何关系的数据结构（见第 1 章），称集合中的数据为元素。集合在数学意义上定义为由互不相同的元素构成的一个实体。

通常用大写的字母表示一个集合，例如 A，B，C 等。如果一个元素 e 属于集合 A，数学上记作 $e \in A$。如果一个元素 e 不属于集合 A，数学上记作 $e \notin A$。

关于集合的主要操作如下。

(1) 集合的并集：假设 C 是 A 和 B 的并集，那么 $e \in C$ 当且仅当 $e \in A$ 或 $e \in B$，数学上记作：

$$C = A \cup B$$

在数学上用 $A \cup B$ 表示 A 和 B 的并集。

(2) 集合的交集：假设 C 是 A 和 B 的交集，那么 $e \in C$ 当且仅当 $e \in A$ 且 $e \in B$。数学上记作：

$$C = A \cap B$$

在数学上用 $A \cap B$ 表示 A 和 B 的交集。

(3) 集合的差集：假设 C 是 A 和 B 的差集，那么 $e \in C$ 当且仅当 $e \in A$ 且 $e \notin B$。数学上记作：

$$C = A - B$$

在数学上用 $A - B$ 表示 A 和 B 的差集。

(4) 集合的对称差：假设 C 是 A 和 B 的对称集，那么 $e \in C$ 当且仅当 $e \in A$ 且 $e \notin B$ 或 $e \in B$ 且 $e \notin A$，数学上记作：

$$C = (A - B) \cup (B - A)$$

在数学上用 $(A - B) \cup (B - A)$ 表示 A 和 B 的对称差。

11.2 unordered_set 类

std::unordered_set 是 C++(C++ 11 开始)标准模板库中的模板类,用于实现基于哈希映射的集合。需要注意,当 std 使用作用域运算符(也称解析运算符)“::”访问 unordered_set 时不要误写为 unordered_Set,即不要将 set 的首字母写成大写的 S。

我们称 std::unordered_set 类的对象(实例)为散列集合,简称集合。集合元素的存储是通过散列函数(哈希函数)来实现的。std::unordered_set 在其内部对每个元素都是根据散列函数确定该元素在一块连续的存储空间(一个数组)中的索引位置,即根据内部采用的散列算法来确定元素的存储位置。当给集合添加一个元素时,集合首先按照其内部算法(知道原理即可)得到元素的存储位置;当删除集合中的一个元素时,集合首先按照其内部算法得到元素的位置,然后删除元素;当查找集合中一个元素时,集合首先按照其内部算法得到元素的位置查找元素。因此,集合的添加、查找和删除元素等操作的时间复杂度通常为 $O(1)$,最坏情况时间复杂度为 $O(n)$(如果使用链式解决散列函数出现的散列值冲突),有关原理细节见 10.1 节和 10.2 节。

std::unordered_set 和 std::set 比较(见 9.6 节),std::unordered_set 中的元素没有特定的顺序,而是根据元素的哈希值进行组织和存储,这使得在大多数情况下,std::unordered_set 比 std::set 具有更快的查找性能(std::set 在添加、查找和删除元素等操作的时间复杂度为 $O(\log_2 n)$)。另外,集合上没有任何关系,也就省去了维护关系的有关操作,只关注数学意义上的并、交、差等操作,使得集合的这些操作的效率更高。因此,如果程序里只是需要数学意义的集合,就选用 std::unordered_set 类的实例。

注意:散列二字不是指数据之间的关系,而是形容存储形式的特点(hash()映射存储位置)。数据结构的逻辑结构分类有线性结构、树状结构、图和集合(见第 1 章)。集合里的元素除了同属一个集合,元素之间再无其他任何关系。

1. 创建空集合

使用 std::unordered_set 类创建集合时,必须要指定模板类中的参数的具体类型,类型可以是 C++ 允许的数据类型,如 int、float、char 和类等,即指定集合中元素的数据的类型。例如,指定集合 intSet 的元素类型是 int 类型:

```
std::unordered_set < int > intSet;
```

2. 用已有集合创建集合

也可以用其他相同数据类型集合中的元素,例如使用 intSet 中的元素创建一个新集合 setNew:

```
std::unordered_set < int > newSet(intSet);
```

集合 setNew 的元素和 intSet 的相同。如果集合 setNew 修改了元素不会影响 intSet 的元素,同样,如果集合 intSet 修改了元素也不会影响 setNew 的元素。

3. 用数组或其他数据结构创建集合

可以用一个相同数据类型的数组中的全部或部分元素创建一个集合,例如用 int 型数组 arr:

```
std::unordered_set < int > arrSet(arr + i, arr + j);
```

arrSet 的元素依次是数组下标[i,j)的范围内的元素，即第 i 个元素至第 j 个元素之间的元素，但不含第 j 个元素。例如：

```
int a[] ={0,1,2,3,4,5,6};
std::unordered_set<int> arrSet(a+1,a+5) ;                //arrSet 中的元素是{1,2,3,4}
```

也可以用一个相同数据类型的链表、顺序表或 std::set 树等数据结构中的全部或部分节点(结点)创建一个集合，例如用 int 链表 list 的全部节点创建一个集合 listSet：

```
std::list<int> list ={1,2,3,4,5}
std::unordered_set<int> listSet(list.begin(),list.end());
```

4. 集合的初始化

创建集合时，也可以用一对花括号括起集合的初始元素，例如：

```
std::unordered_set<int> initSet = {22,55,66};
```

11.3 集合的基本操作

std::unordered_set 类提供的添加(insert())、删除(erase())、查找(find())元素的函数的时间复杂度都是 $O(1)$，因此 std::unordered_set 类的集合适合于不考虑数据之间的关系，只需要快速查找、删除、添加数据的应用问题。

1. 添加

(1) void insert(elm)：集合使用该函数添加元素 elm。

(2) void insert(other.iterStart,other.iterEnd)：集合使用该函数把其他另外一个集合 other(other 可以是 std::set、std::list、std::vector 等)的 iterStart～iterEnd 位置上(不含 iterEnd 位置)的结点(节点)中的数据添加到当前集合中。例如，把链表的全部节点中的数据添加到集合 set 中：

```
std::list<int> list={1,2,3,4,5};
set.insert(list.begin(),list.end());
```

需要注意的是，集合不允许有两个相同的元素，如果集合已经有元素 elm，那么 insert()函数无法将元素 elm 添加到集合中。

2. 查询

(1) find(elm)：在集合中查找 elm 元素，如果找到返回指向此元素的 const 迭代器(不允许使用这样的迭代器修改元素)，否则不指向任何元素(指向的位置对用户程序是未知的)。

(2) count(value)：返回集合中和 value 相等的元素的数量。

(3) lower_bound(value)：返回指向第一个不小于 value 元素的 const 迭代器。

(4) upper_bound(value)：返回指向第一个大于 value 元素的 const 迭代器。

(5) begin():返回指向最小值元素的 const 迭代器。

(6) end():返回指向最大值元素位置后的 const 迭代器。

(7) empty()：使用 empty()函数判断集合是否是空集合，如果是空集合返回 1(true)，否则返回 0(false)。

(8) size()：返回集合中元素的数量。

3. 删除

(1) erase(elm)：从集合中删除元素 elm。

（2）erase(iter)：从集合中删除迭代器 iter 指向的元素。

（3）clear()：删除集合中的所有元素，使之成为空集。

本例 ch11_1.cpp 计算了 $A\cup B$，$A\cap B$，$(A-B)\cup(B-A)$，运行效果如图 11.1 所示。

```
集合A:
6 5 4 3 2 1
集合B:
9 5 6 7 8
A与B的并集:8 7 9 1 2 3 4 5 6
A与B的交集:5 6
集合A与集合B的差集:4 3 2 1
A和B的对称差集:8 7 9 1 2 3 4
```

图 11.1　集合的基本运算

例 11-1　集合的基本运算

ch11_1.cpp

```
#include <iostream>
#include <unordered_set>
int main() {
    std::unordered_set<int> A = {1, 2, 3, 4, 5, 6};
    std::unordered_set<int> B = {5, 6, 7, 8, 9};
    std::cout << "集合 A:" << std::endl;
    for (const auto& elem : A) {
        std::cout << elem << " ";
    }
    std::cout << "\n集合 B:" << std::endl;
    for (const auto& elem : B) {
        std::cout << elem << " ";
    }
    std::cout << std::endl;
    std::unordered_set<int> unionSet = A;
    unionSet.insert(B.begin(), B.end());                    // 求并集
    std::cout << "A 与 B 的并集:";
    for (const auto& elem : unionSet) {
        std::cout << elem << " ";
    }
    std::cout << std::endl;
    std::unordered_set<int> intersectionSet;
    for (const auto& elem : A) {                            // 求交集
        if (B.count(elem) > 0) {
            intersectionSet.insert(elem);
        }
    }
    std::cout << "A 与 B 的交集:";
    for (const auto& elem : intersectionSet) {
        std::cout << elem << " ";
    }
    std::cout << std::endl;
    std::unordered_set<int> differenceSet = A;
    for (const auto& elem : B) {                            // 求差集
        differenceSet.erase(elem);
    }
    std::cout << "集合 A 与集合 B 的差集:";
    for (const auto& elem : differenceSet) {
        std::cout << elem << " ";
    }
    std::cout << std::endl;
    std::unordered_set<int> symmetricDifferenceSet = A;
    for (const auto& elem : B) {
        if (symmetricDifferenceSet.count(elem) > 0) { // 求对称差集
            symmetricDifferenceSet.erase(elem);
        }
        else {
            symmetricDifferenceSet.insert(elem);
```

```
        }
    }
    std::cout << "A 和 B 的对称差集:";
    for (const auto& elem : symmetricDifferenceSet) {
        std::cout << elem << " ";
    }
    std::cout << std::endl;
    return 0;
}
```

11.4　集合与数据过滤

使用集合过滤数据就是计算集合的差集,例如 $A-B$ 就是从集合 A 中去除属于集合 B 的元素。

曾在例 9-8 使用 std::set 树来过滤数据,std::set 树的查询、删除和添加结点的时间复杂度都是 $O(\log_2 n)$,而集合(std::unordered_set)的查询、删除和添加元素的时间复杂度都是 $O(1)$。因此,如果不需要维护数据的某种逻辑关系,使用集合来过滤数据会有更好的效率。

例 11-2　使用集合过滤数据。

本例 ch11_2.cpp 使用集合过滤数据,程序运行效果如图 11.2 所示。

```
100 99 98 97 46 45 44 43 42 41 40 39 38 37 36 35 34 33 32 31 30 29 28 27 26 25 24 23 10
 9 8 7 6 5 4 3 2 1 11 12 13 14 15 16 17 18 19 20 21 22 47 48 49 50 51 52 53 54 55 56 57
 58 59 60 61 62 63 64 65 66 67 68 69 70 71 72 73 74 75 76 77 78 79 80 81 82 83 84 85 86
 87 88 89 90 91 92 93 94 95 96
集合A过滤掉偶数后 :
99 97 45 43 41 39 37 35 33 31 29 27 25 23 9 7 5 3 1 11 13 15 17 19 21 47 49 51 53 55 57
 59 61 63 65 67 69 71 73 75 77 79 81 83 85 87 89 91 93 95
```

图 11.2　过滤数据

ch11_2.cpp

```
#include <iostream>
#include <unordered_set>
#include <set>
#include <chrono>
int main() {
    std::unordered_set<int> A;                          // 集合 A
    std::unordered_set<int> filter;
    for (int i = 1; i <= 100; i++) {
        A.insert(i);
    }
    std::cout << "集合 A :\n";
    for (const auto& elem : A) {
        std::cout << elem << " ";
    }
    for (int i = 2; i <= 100; i += 2) {
        filter.insert(i);
    }
    for (auto elm:filter) {                             //A 用 filer 过滤数据
        A.erase(elm);
    }
    std::cout <<"\n 集合 A 过滤掉偶数后 :\n";
    for (const auto& elem : A) {
        std::cout << elem << " ";
    }
```

```
    std::cout << std::endl;
    return 0;
}
```

用 filter 过滤集合 A 时可以用如下的 for 语句：

```
for (auto elm:filter) {
    A.erase(elm);
}
```

这一点和 std::set 树不同，因为集合的元素之间不需要维护任何关系，而 std::set 树需要维护树上结点的有序关系（见例 9-8）。

11.5 集合与获得随机数

我们可以借助不同的数据结构获得 n 个互不相同的随机数。例 4-8、例 5-10、例 9-5 分别借助数组、链表和 set::set 树获得 n 个互不相同的随机数。集合（unordered_set）是无任何关系的数据结构，但集合的查询、删除和添加元素的时间复杂度通常都是 $O(1)$，因此如果不需要随机数之间形成某种关系，也可以借助集合得到 n 个互不相同的随机数（相对于其他数据结构，集合是效率最高的），即将 n 个互不相同的随机数存放在一个集合中。

例 11-3 使用集合获得不同的随机数。

本例 randomBySet.cpp 中的 getRandom(int number,int n)函数获得 n 个不同的 1～number 的随机数的时间复杂度是 $O(n)$，小于 $O(n\log_2 n)$。

randomBySet.cpp

```
#include <unordered_set>
#include <vector>
#include <time.h>
#include <stdexcept>
std::vector<int> getRandom(int number, int n) {
    if (number <= 0 || n <= 0) {
        throw std::invalid_argument("数字不是正整数");
    }
    std::vector<int> result(n);                        //存放得到的随机数
    std::unordered_set<int> set;
    srand(time(NULL));                                 //用当前时间做随机种子
    while (set.size() < n) {
        int m = 1 + rand() % number;                   //m 是[1,number]中的随机数
        set.insert(m);                                 //insert()方法的时间复杂度是 O(1)
    }
    int i = 0;
    for (int m : set) {
        result[i] = m;
        i++;
    }
    return result;                                     //返回的动态数组的每个元素是一个随机数
}
```

本例 ch11_3.cpp 使用 randomBySet.cpp 中的 getRandom(int number,int n)函数获得不同的随机数，运行效果如图 11.3 所示。

```
5 个互不相同的随机数: 79 98 81 78 34
9 个互不相同的随机数: 51 83 25 91 79 98 81 78 34
```

图 11.3 使用集合获得随机数

ch11_3. cpp

```
#include <iostream>
#include <vector>
std::vector<int> getRandom(int number, int n);
int main() {
    int number = 100;
    int n = 5;
    std::vector<int> randomNumbers = getRandom(number, n);
    std::cout << n << " 个互不相同的随机数:";
    for (int num : randomNumbers) {
        std::cout << num << " ";
    }
    std::cout << std::endl;
    n = 9;
    randomNumbers = getRandom(number, n);
    std::cout << n << " 个互不相同的随机数:";
    for (int num : randomNumbers) {
        std::cout << num << " ";
    }
    std::cout << std::endl;
    return 0;
}
```

11.6　重载 hash()函数

在 C++中，如果要将自定义的类作为 std::unordered_set 类的实例的元素，用户程序需要重载 hash()函数（重载 hash()函数的原则见 10.8 节）。

例 11-4　重载 hash()函数。

本例的 ch11_4. cpp 在 Student 类内定义了一个名为 Hash 的内部结构体，重载了 operator()函数作为 hash()函数。在 main 函数中创建了一个集合，并指定了 Student::Hash 作为 hash()函数，运行效果如图 11.4 所示。

1009,李四
1008,张珊

图 11.4　重载 hash()函数

ch11_4. cpp

```
#include <iostream>
#include <unordered_set>
#include <string>
class Student {
public:
    std::string name;
    int id;
    Student(std::string str, int n) : name(str), id(n) { }
    bool operator==(const Student& other) const {                    //需要重载==
        return id == other.id;
    }
    struct Hash {
        size_t operator()(const Student& s) const {                  // 重载 hash()函数
            // 自定义 hash()函数的实现
            size_t id_hash = std::hash<int>{}(s.id);
            return id_hash ; //依据重载的 == 来重载 hash()函数
        }
    };
};
```

```
int main() {
    std::unordered_set<Student, Student::Hash> studentSet;
    studentSet.insert(Student("张珊", 1008));
    studentSet.insert(Student("李四", 1009));
    for (const auto& elm : studentSet) {
        std::cout << elm.id << "," << elm.name << std::endl;
    }
    return 0;
}
```

例 11-5 统计不同单词的数量以及出现的次数。

本例使用集合统计单词及其出现的次数，其目的是掌握重载 hash()函数。

本例的 ch11_5.cpp 在 Word 类内定义了一个名为 Hash 的内部结构体，重载了 operator()函数作为 hash()函数。在 main()函数中创建了一个集合，并指定了 Word::Hash 作为 hash()函数，由于集合不允许有相同的元素，所以使用集合存储 Word 的实例很容易统计出不同单词的数目以及单词出现的次数，运行效果如图 11.5 所示。

```
共有9个单词
girl出现2次| this出现1次| like出现1次| people出现1次| Many出现1次| day出现1次| reads出现1次| every出现1次| This出现1次|
```

图 11.5 统计不同的单词数量和出现的次数

ch11_5.cpp

```
#include <iostream>
#include <unordered_set>
#include <string>
#include <sstream>
#include <algorithm>
class Word {
public:
    std::string name;                                      // 存储单词
    int count;                                             // 存储次数
    Word(std::string str, int n) : name(str), count(n) { }
    bool operator==(const Word& other) const {
        return name == other.name;
    }
    struct Hash {
        // 重载 hash()函数
        size_t operator()(const Word& s) const {
            // 自定义 hash()函数的实现
            return std::hash<std::string>{}(s.name);
        }
    };
};
int main() {
    std::string text = "This girl reads every day.Many people like this girl.";
    std::replace_if(text.begin(), text.end(),
                    [](char c) {                           // Lambda 表达式给出替换条件
                     return !std::isalpha(c);}, ' ');      // 把非字母替换为空格
    std::unordered_set<Word, Word::Hash> wordSet;          // 存放单词的集合
    std::stringstream ss(text);                            // 指向 text 的字符串流 ss
    std::string word;
    while (ss >> word) { // ss 流用空格做分隔符每次读入一个单词存放在 word 中
        auto iter = wordSet.find(Word(word, 0));
        if (iter != wordSet.end()) {                       // 集合中已有单词 word
            int m = iter->count;
            wordSet.erase(iter); //const 迭代器不允许修改集合,所以先删除
            m++;                                           // 单词出现次数加一
```

```
                wordSet.insert(Word(word, m));          // 把单词添加到集合中
            } else {
                wordSet.insert(Word(word, 1));          // 把单词添加到集合中
            }
        }
        std::cout << "共有"<< wordSet.size()<<"个单词"<< std::endl;
        for (const auto& elm : wordSet) {
            std::cout << elm.name << "出现" << elm.count <<"次"<<"| ";;
        }
        return 0;
    }
```

习题 11

扫一扫

习题

扫一扫

自测题

第 12 章 常用算法与algorithm库 

本章主要内容

- Lambda 表达式；
- 动态遍历算法；
- 复制与替换算法；
- 排序算法；
- 查找算法；
- 删除与清零算法；
- 反转与旋转算法；
- 全排列算法。

C++标准库中的< algorithm >算法库提供了丰富的算法，用于在各种容器（数据结构）上执行各种操作，除非特别情况（见 12.4 节），这些算法可以应用于 std::list、std::vector、std::stack、std::deque、std::unordered_map、std::unordered_set、std::set 等 STL 容器以及普通的数组。本章除非特别声明，后续提到的容器可以是 STL 容器的任何一种或普通的数组，提到的元素指容器中的节点（结点）。

12.1 Lambda 表达式

< algorithm >算法库提供的许多函数（算法）开始支持 C++ 11 新增的 Lambda 表达式，这使用户程序能更加容易地解决诸多实际问题。本节简要介绍 C++ 11 新增的 Lambda 表达式以满足后续许多函数的需要。

1. Lambda 表达式

Lambda 表达式是一个匿名函数。下列 add()函数是一个通常的函数：

```
int add(int a,int b ) {
    return a + b;
}
```

Lambda 表达式是一个匿名函数，用 Lambda 表达式表达同样功能的匿名函数是：

```
[](int a,int b) {
    return a + b;
}
```

即 Lambda 表达式就是只写参数列表和函数体的匿名函数（参数列表前面是一对方括号[]）：

```
[](参数列表) {
        函数体
}
```

Lambda 表达式的值就是函数的地址，不要混淆 Lambda 表达式的值和其匿名函数的返回值(如果有返回值的话)。

Lambda 表达式非常简明扼要,C++用"[]"标识一个 Lambda 表达式,例如[](int a,int b){return a * b+100}。需要注意的是,Java 语言使用"->"标识一个 Lambda 表达式,例如(int a,int b)->{return a * b+100};Java 允许省略 Lambda 表达式中参数的类型,例如省略参数 a 和 b 的类型:(a,b)->{return a * b+100}。但 C++不允许省略 Lambda 表达式中的参数类型。另外,C++允许在 Lambda 表达式的方括号[]中用逗号列出 Lambda 表达式要引用的外部变量,例如引用 Lambda 表达式以外的变量 x 和 y:[&x,&y](int a,int b){return a+b+x * y},这项功能要强于 Java 的 Lambda 表达式。

2. std::function 模板类

Lambda 表达式的值是函数的地址,那么用什么类型的变量来存储这个地址呢?C++的<functional>库提供的 std::function 类模板的实例可以存储 Lambda 表达式的值,即匿名函数的地址,这样就可以很方便地使用 lambda 表达式。std::function 类模板的实例具有函数指针的特性,可以像普通函数一样进行调用,这种灵活性使得程序可以将 Lambda 表达式作为参数传递给其他函数。

例如:

```
std::function< int(int, int)> func = [](int a,int b) {
                                          return a + b;
                                      };
```

那么

```
int n = func(2,3);
```

就相当于:

```
int n = add(2,3);
```

C++支持变量类型推断,可以用 auto 代替 std::function<int(int, int)>,例如:

```
auto myFunc = [](int a,int b) {
                    return a + b;
                };
```

那么

```
int m = myFunc(12,10);
```

就相当于:

```
int m = add(12,10);
```

当使用 auto 时程序允许省略 #include <functional>。

例 12-1　Lambda 表达式的用法。

本例 ch12_1.cpp 中给出了 Lambda 表达式的用法,运行效果如图 12.1 所示。

```
5
17
37
```

图 12.1　Lambda 表达式

ch12_1.cpp

```
#include < iostream >
#include < functional >
int main() {
int x = 10,y = 10;
   std::function< int(int, int)> func = [](int a,int b) {
                                          return a + b;
```

```
                                        };
    int n = func(2,3);
    std::cout << n << std::endl;                //输出 5
    auto myFunc = [](int a, int b) {
                    return a + b;
                  };
    n = myFunc(12,5);
    std::cout << n << std::endl;                //输出 17
    auto myFuncTwo = [&x,&y](int a, int b) {
                    return a + b + x + y;       //使用了 Lambda 表达式外部的 x,y
                  };
    n = myFuncTwo(12,5);
    std::cout << n << std::endl;                //输出 37
    return 0;
}
```

例 12-2 使用 Lambda 表达式实现动态排序。

动态排序是指可以动态更改参与排序的数据的大小规则，这恰好适合使用 Lambda 表达式来做这样的事情，因为使用 Lambda 表达式可以把排序规则传递给排序的函数。

本例 sort_int.cpp 中的 sort(int arr[],int size, std::function < int(int,int)> func)函数是起泡排序，可以动态地将一个 Lambda 表达式传递给类型是 std::function 的参数 func，例如：

```
sort(arr,12,[](int a,int b){return a * a - b * b});
```

那么 sort()方法在排序数组 arr 时，将按照 Lambda 表达式给出的大小规则（按平方大小）排序数组 arr，运行效果如图 12.2 所示。

```
-21 10 -18 12 65 67 8
按平方排序数组a:
8 10 12 -18 -21 65 67
按个位上的数字大小排序数组b:
-18 -21 10 12 65 67 8
```

图 12.2　使用 Lambda 表达式实现动态排序

ch12_2.cpp

```
#include < iostream >
#include < functional >
void sort(int arr[], int n, std::function < int(int, int)> func){
    for(int m = 0; m < n - 1;m++) {                  //起泡法
        for(int i = 0;i < n - 1 - m;i++){
            if((func(arr[i],arr[i + 1])> = 0)){
                int t = arr[i + 1];
                arr[i + 1] = arr[i];
                arr[i] = t;
            }
        }
    }
}
int main() {
    int a[] = {-21,10,-18,12,65,67,8};
    int b[] = {-21,10,-18,12,65,67,8};
    int n = sizeof(a)/sizeof(int);
    for(auto number:a){
        std::cout << number <<" ";
    }
    std::cout << std::endl;
    std::cout <<"按平方排序数组 a:"<< std::endl;
```

```
    sort(a,n,[](int m,int n) { return m * m - n * n;
                            }) ;
    for(auto number:a){
        std::cout << number <<" ";
    }
    std::cout << std::endl;
    std::cout <<"按个位上的数字大小排序数组 b:"<< std::endl;
    n = sizeof(b)/sizeof(int);
    sort(b,n,[](int m,int n) { return m % 10 - n % 10;          //-18 的个位上的数字是 -8
                  }) ;
    for(auto number:b){
        std::cout << number <<" ";
    }
    std::cout << std::endl;
    return 0;
}
```

12.2　动态遍历算法

std::for_each(迭代器,op)：该算法对容器的迭代器指向的每个元素执行指定操作 op。使用 std::for_each(迭代器,op)遍历容器时,可以根据需要将某个 Lambda 表达式传递给 std::function 型的参数 op,该 Lambda 表达式只有一个参数,其类型和容器中的数据类型一致,不需要 return 语句,例如,使用 Lambda 表达式遍历 int 型的链表 list：

```
std::for_each(list.begin(),list.end(),[](int elm){std::cout << elm;});
```

注意：C++ 11 对 for 语句的功能给予扩充、增强以便更好地遍历各种数据结构集合中的数据(见 5.3 节),增强的 for 语句可以代替 std::for_each()函数。

例 12-3　动态遍历输出整数的二进制、平方根和水果的总花费。

本例 ch12-3.cpp 中使用 std::for_each(迭代器,op)函数输出 std::vector(顺序表)中存储的整数和对应的二进制,输出 std::unordered_map(散列表)中购买的水果的单项花费以及花费的总额,输出数组中正整数的平方根,运行效果如图 12.3 所示。

```
7的二进制表示：00000111 |13的二进制表示：00001101 |6的二进制表示：00000110 |8的二进制表示：00001000 |
香蕉花费:25.8 |西瓜花费:12.8 |苹果花费:62.5 |
花费总额:101.1
2的平方根:1.41421 |3的平方根:1.73205 |4的平方根:2 |5的平方根:2.23607 |
```

图 12.3　输出二进制、平方根和水果消费价格

ch12_3.cpp

```
#include <iostream>
#include <list>
#include <unordered_map>
#include <algorithm>
#include <functional>
#include <bitset>
#include <cmath>
int main() {
    std::list<int> list = {7, 13, 6, 8};
    std::unordered_map<std::string, float> map;
    map["苹果"] = 62.5;
    map["西瓜"] = 12.8;
    map["香蕉"] = 25.8;
```

```
    std::function<void(int)> func = [](int elm) {          //Lambda 表达式
        std::bitset<8> binary(elm); // 8 位二进制表示(也可以用 10 位,看需求而定)
        std::cout << elm << "的二进制表示:" << binary << " |";
    };
    std::for_each(list.begin(), list.end(), func);          //向 for_each()函数传递 func
    std::cout << std::endl;
    double sum = 0;
   // 使用 auto 更加方便
    auto myLambda = [&sum](std::pair<std::string,float> elm) {//散列表的类型是 std::pair
        std::cout << elm.first << "花费:" << elm.second << " |";
        sum += elm.second;
    };
    std::for_each(map.begin(), map.end(), myLambda);
    std::cout << std::endl;
    std::cout << "花费总额:" << sum << std::endl;
    int a[] = {2, 3, 4, 5};
    std::for_each(a, a + 4, [](int elm) {
        std::cout << elm << "的平方根:" << std::sqrt(elm) << " |";
    });                                   //直接向 for_each()函数传递 Lambda
    return 0;
}
```

12.3 复制与替换算法

（1）std::copy()：将容器中的元素复制到另一个容器中，细节如下：

```
std::copy(source.begin(),source.end(), destination.begin());
```

上述代码将容器 source 中的全部元素复制到另一个容器 destination，destination 容器要有足够的空间容纳 copy()函数复制到它的元素，否则 copy()函数会丢弃多余的元素。destination 容器从迭代器的 begin()位置开始放置 copy()函数复制到它的元素。destination 容器也可以不指定从 begin()位置开始放置 copy()函数复制到它的元素，而是使用 std::back_inserter()函数，让 destination 容器用插入函数把元素插入 destination 容器，这样 copy()函数就不会丢弃元素，代码如下：

```
copy(source.begin(),source.end(),std::back_inserter(destination));
```

（2）std::copy_n：将容器中的前 n 个元素复制到另一个容器中，细节如下：

```
std::copy(source.begin(),n,destination.begin());
```

或

```
std::copy(source.begin(),n,std::back_inserter(destination));
```

将容器 source 中的前 n 个元素复制到容器 destination。

（3）std::copy_if：将满足指定条件的元素复制到另一个容器中。细节如下：

```
std::copy(source.begin(),n,destination.begin(),op);
```

或

```
std::copy(source.begin(),n,std::back_inserter(destination),op);
```

将 source 容器中满足 op(Lambda 表达式)指定条件的元素复制到 destination 容器。

（4）std::replace：将容器中指定值替换为新值，细节如下：

```
std::replace(con.begin(),con.end(),oldValue,newValue);
```

将容器 con 中的所有元素值 oldValue 替换为 newValue。

(5) replace_if：将满足指定条件的元素替换为新值，细节如下：

```
std::replace_if(con.begin(),con.end(),op ,newValue);
```

将容器 con 中所有满足 op 的元素值替换为 newValue，op 是返回值为 bool 型的且只有一个参数的 Lambda 表达式。

注意：replace 和 replace_if 也可用于 std::string。

例 12-4　复制、替换算法和购物小票的消费总额。

本例 ch12-4.cpp 中使用了 std::copy、std::copy_if 和 replace_if 等函数，并计算了购物小票的消费总额，效果如图 12.4 所示。

```
1 2 3 4 15 16
1 2 3 4 15 16 1 2 3 4
100 2 100 4 100 16 100 2 100 4
香蕉: 16.8元，豆腐9元，菠菜9.9元。总额: 35.7元。
```

图 12.4　复制、替换算法和购物小票的消费总额

ch12_4.cpp

```
#include <iostream>
#include <vector>
#include <algorithm>
#include <string>
#include <sstream>
int main() {
    std::vector<int> source = {1, 2, 3 , 4};
    std::vector<int> destination = {11,12,13,14,15,16};              // 目标容器
    std::copy(source.begin(), source.end(), destination.begin());
    for (int num : destination) {
        std::cout << num << " ";
    }
    std::cout << std::endl;
    std::copy(source.begin(), source.end(), std::back_inserter(destination));
    for (int num : destination) {
        std::cout << num << " ";
    }
    std::cout << std::endl;
    // 使用 Lambda 表达式将容器中的所有奇数替换为 100
    std::replace_if(destination.begin(), destination.end(),
                [](int num) {return num % 2!= 0;},100);
    for (int num : destination) {
        std::cout << num << " ";
    }
    std::cout << std::endl;
    std::string receipt = "香蕉:16.8 元,豆腐 9 元,菠菜 9.9 元.";
    std::cout << receipt << "总额: ";
    std::replace_if(receipt.begin(), receipt.end(),
              [](char c) {                                    //Lambda 表达式给出替换条件
              return (!std::isdigit(c))&&(c!= '.');}, ' '); //把非数字替换为空格
    std::stringstream ss(receipt);                            //指向 receipt 的字符串流 ss
    std::string word;
    float sum = 0;
    while (ss >> word) {                                      //用空格做分隔符读取单词,存在 word 中
      sum += std::stof(word);                                 //把 word 转换为 float 数,并累加到 sum
    }
```

```
    std::cout << sum <<"园。";
    std::cout << std::endl;
    return 0;
}
```

12.4 排序算法

std::sort()：对支持随机访问的容器中的元素值进行排序，细节如下：

```
std::sort(con.begin(), con.end());
```

上述代码将 std::vector 容器 con 的全部元素值按默认大小规则排序。

```
std::sort(con.begin(), con.end(),op);
```

上述代码将 std::vector 容器 con 的全部元素值按照 op(Lambda)给出的大小规则进行排序，op 是返回值为 bool 型且有两个参数的 Lambda 表达式，例如，对于 int 型 std::vector 容器 con，如果 Lambda 表达"[](int a,int b){}"返回的值是 true，那么 a 小于 b，a 排在前、b 排在后，否则 b 排在前、a 排在后。

需要特别强调的是，< algorithm >算法库提供排序算法 sort()只能应用到支持随机访问的容器，比如 std::vector 顺序表，原因是< algorithm >提供 sort()函数排序时需要使用 RandomAccessIterator(随机访问迭代器)。std::list 链表不支持随机访问，因此不能使用 algorithm>提供的排序算法 sort()排序链表。std::list 模板类为链表提供了排序函数(见 5.8 节)。

注意：std::sort()是不稳定双轴快速排序，如果需要稳定的排序，使用< algorithm >库提供的 std:stable_sort()函数，该函数使用的算法是归并排序算法，两者的时间复杂度都是 $O(n\log_2 n)$(曾在 4.2 节详细介绍过这两个函数)。

例 12-5 动态排序顺序表。

本例 ch12_5.cpp 中使用 sort()方法排序链表，首先按顺序表中的数据的默认大小规则排序顺序表，然后再用 Lambda 指定的新大小规则排序顺序表，效果如图 12.5 所示。

```
排序前:
5 2 8 3 1 7 4 9 6
按整数大小排序后:
1 2 3 4 5 6 7 8 9
排序前:
5 2 8 3 1 7 4 9 6
按奇、偶排序后:
1 3 5 7 9 2 4 6 8
```

图 12.5 使用 Lambada 表达式排序顺序表

ch12_5.cpp

```
#include < iostream >
#include < vector >
#include < algorithm >
int main() {
    std::vector < int > numbers = {5, 2, 8, 3, 1, 7, 4, 9, 6};
    std::vector < int > numbersCopy (numbers);
    std::cout <<"排序前:"<< std::endl;
    for (int num : numbers) {
        std::cout << num << " ";
    }
    std::cout << std::endl;
```

```
    std::cout <<"按整数大小排序后:"<< std::endl;
    std::sort(numbers.begin(),numbers.end());
    for (int num : numbers) {
        std::cout << num << " ";
    }
    std::cout <<"\n 排序前:"<< std::endl;
    for (int num : numbersCopy) {
        std::cout << num << " ";
    }
    //使用 Lambda 表达式给出大小规则:奇数大于偶数、奇数之间或偶数之间按通常大小来比较
    std::sort(numbersCopy.begin(), numbersCopy.end(), [](int a, int b) {
        if (a % 2 != 0 && b % 2 == 0) {                    // 将奇数排在偶数前面
            return true;
        }
        else if (a % 2 == 0 && b % 2 != 0) {
            return false;
        }
        else {
            return a < b;                    // 奇数之间或偶数之间按大小排序
        }
    });
    std::cout <<"\n 按奇、偶排序后:"<< std::endl;
    for (int num : numbersCopy) {
        std::cout << num << " ";
    }
    return 0;
}
```

12.5　查找算法

(1) std::binary_search():在已排序的容器中进行二分法查找(二分法见例 2-9),细节如下:

```
std::binary_search(con.begin(),con.end(),value);
```

上述代码在已经排序的 con 容器中,使用二分法查找容器中是否有元素值是 value,如果有返回 1(true),否则返回 0(false)。

(2) std::count():统计容器中满足指定条件的元素个数,细节如下:

```
std::count(con.begin(), con.end(),value);
```

上述代码返回 con 容器中元素值是 value 的元素的个数。

(3) std::find():在容器中查找指定值的元素,细节如下:

```
auto iter = std::find(con.begin(),con.end(), value);
```

如果找到元素值是 value 的元素,那么上述代码返回指向该元素的迭代器,否则返回的迭代器等于 con.end()。

(4) std::find_if():在容器中查找满足指定条件的元素,细节如下:

```
auto iter = std::find_if(con.begin(),con.end(),op);
```

如果找到元素值满足 Lambda 表达式的元素,那么上述代码返回指向该元素的迭代器,否则返回的迭代器等于 con.end(),op 是返回值为 bool 型且只有一个参数的 Lambda 表达式。

(5) std::all_of():检查容器中的所有元素是否满足指定条件,细节如下:

```
bool is = std::all_of(con.begin(), con.end(), op);
```

如果容器中的所有元素满足 op 给出的条件,该函数返回的值 is 是 1(true),否则返回的 is 是 0(false),op 是返回值为 bool 型且只有一个参数的 Lambda 表达式。

(6) std::any_of():检查容器中是否存在一个元素满足指定条件,细节如下:

```
bool is = std::any_of(con.begin(), con.end(), op);
```

如果容器中有某个元素满足 op 给出的条件,该函数返回的值是 1(true),否则返回值是 0(false),op 是返回值为 bool 型且只有一个参数的 Lambda 表达式。

(7) std::none_of():检查容器中是否没有任何元素满足指定条件,细节如下:

```
bool is = none_of(con.begin(), con.end(), op);
```

如果容器中任何一个元素都不满足 op 给出的条件,该函数返回的值是 1(true),否则返回的值是 0(false),op 是返回值为 bool 型且只有一个参数的 Lambda 表达式。

(8) std::search():在顺序存储的容器中查找子序列,细节如下:

```
auto iter = std::search(con.begin(),con.end(), subSeq.begin(), subSeq.end());
```

如果在 con 找到子序列 subSeq,返回的迭代器指向子序列在 con 中的起始位置,否则返回的迭代器等于 con.end()。

(9) std::equal():比较数据类型相同的两个容器中的元素值是否依次相等,细节如下:

```
bool is = std::equal(con1.begin(), con1.end(), con2.begin());
```

如果容器 con1 从 begin()~end()元素值和容器 con2 从 begin()~end()元素值都相等,该函数返回的值是 1(true),否则返回的值是 0(false)。

(10) std::max_element():找到容器中的最大值,细节如下:

```
auto iter = std::max_element(con.begin(), con.end());
```

如果 con 不是空容器,函数返回的迭代器 iter 指向容器中值最大的元素之一,否则指向容器的 end()。

(11) std::min_element():找到容器中的最小值,细节如下:

```
auto iter = std::min_element(con.begin(), con.end());
```

如果 con 不是空容器,函数返回的迭代器 iter 指向容器中值最小的元素之一,否则指向容器的 end()。

注意:std::all_of()、std::any_of()、std::none_of()是 C++ 11 新增的函数,也可应用于 std::string。

例 12-6 使用常用的查找算法。

本例 ch12_6.cpp 中使用了常用的查询算法,效果如图 12.6 所示。

```
容器con:11 13 5 7 19 1 3 15 17 19
7 在con中
7766126数字6的个数:3
容器con中所有元素值小于20
容器中没有一个元素值是偶数。
java12hello由字母和数字构成
子序列:7 19 1 3 在容器con中的起始元素值: 7
容器con中的最大值之一:19
容器con中的最小值之一:1
```

图 12.6 使用常用的查找算法

ch12_6.cpp

```
#include <iostream>
#include <algorithm>
#include <vector>
#include <string>
int main() {
    std::vector<int> con = {11, 13, 5, 7, 19, 1, 3, 15, 17, 19};
    std::vector<int> conCopy(con);
    std::cout <<"容器 con:";
    for(auto elm:con){
        std::cout << elm <<" ";
    }
    std::cout << std::endl;
    int m = 7;
    std::sort(con.begin(),con.end());
    bool found = std::binary_search(con.begin(), con.end(),m);
    if (found) {
        std::cout << m << " 在 con 中" << std::endl;
    } else {
        std::cout << m << " 不在 con 中" << std::endl;
    }
    m = 7766126;
    int n = m;
    std::vector<int> digit;
    while(m!= 0){
        digit.push_back(m % 10);
        m = m/10;
    }
    int counts = std::count(digit.begin(),digit.end(),6);
    std::cout << n <<"数字 6 的个数:" << counts << std::endl;
    bool is = std::any_of(con.begin(),con.end(),[](int x) { return x >= 20; });
    if (is) {
        std::cout << "容器 con 有元素值大于或等于 20." << std::endl;
    } else {
        std::cout << "容器 con 中所有元素值小于 20" << std::endl;
    }
    is = std::none_of(con.begin(),con.end(),[](int x) { return x % 2 == 0; });
    if (is) {
        std::cout << "容器中没有一个元素值是偶数." << std::endl;
    } else {
        std::cout << "容器中有元素值是偶数" << std::endl;
    }
    std::string str = "java12hello";
    std::none_of(str.begin(),str.end(),[](char ch)
                { return std::isalpha(ch)||std::isdigit(ch); });
    if (is) {
        std::cout << str << "由字母和数字构成" << std::endl;
    } else {
        std::cout << "中含有字母和数字之外的字符" << std::endl;
    }
    std::vector<int> subSeq = {7,19,1,3};
    std::cout <<"子序列:";
    for(auto elm:subSeq){
        std::cout << elm <<" ";
    }
    auto iter = std::search(conCopy.begin(), conCopy.end(), subSeq.begin(), subSeq.end());
    if (iter != conCopy.end()) {
        std::cout << "在容器 con 中的起始元素值:" << *iter << std::endl;
    } else {
```

```
        std::cout << "未找到子序列" << std::endl;
    }
    iter = std::max_element(con.begin(), con.end());
    std::cout << "容器 con 中的最大值之一:" << * iter << std::endl;
    iter = std::min_element(con.begin(), con.end());
    std::cout << "容器 con 中的最小值之一:" << * iter << std::endl;
    return 0;
}
```

12.6 删除与清零算法

（1）std::remove()：删除容器中指定的元素，细节如下：

```
auto iter = std::remove(con.begin(), con.end(),value);
vec.erase(iter, con.end());
```

上述代码的 std::remove()函数首先把值是 value 的元素移动到容器 con 的末尾，然后返回一个指向这些元素的首元素的迭代器，最后容器使用 erase()删除这些元素。

（2）std::remove_if()：删除容器满足指定条件的元素，细节如下：

```
auto iter = std::remove_if(con.begin(), con.end(),op);
con.erase(iter, con.end());
```

上述代码的 std::remove_if()函数首先将符合 op 条件的元素移动到容器 con 的末尾，然后返回一个指向这些元素的首元素的迭代器，最后容器使用 erase()删除这些元素，op 是返回值为 bool 型且只有一个参数的 Lambda 表达式。

（3）std::unique()：让相邻重复的元素只保留一个，细节如下：

```
auto iter = std::unique(con.begin(), con.end());
con.erase(iter, con.end());
```

上述代码中的 std::unique()函数首先将重复的元素移动到容器 con 的末尾，然后返回一个指向这些元素的首元素的迭代器，最后容器使用 erase()删除这些元素。

（4）std::fill()：把容器的元素值设置成一个值(也称清零)，细节如下：

```
std::fill(con.begin(), con.end() ,value);
```

上述代码把容器 con 的所有元素的值设置为 value。

例 12-7 使用删除函数删除偶数和顺序表中的重复数据。

本例 ch12_7.cpp 中使用 move_if()函数删除偶数、使用 std::unique()函数删除顺序表中的重复元素，效果如图 12.7 所示。

```
顺序表:17 10 2 6 9 3 5 5 6 12 3 17
删除偶数后:17 9 3 5 5 3 17
删除重复数据后（排序）:3 5 9 17
```

图 12.7 使用删除算法

ch12_7.cpp

```
#include <algorithm>
#include <vector>
#include <iostream>
int main() {
    std::vector<int> vec = {17, 10, 2, 6, 9, 3, 5, 5, 6, 12,3,17};
    std::cout <<"顺序表:";
    for(const auto& elm:vec){
        std::cout << elm <<" ";
    }
```

```
    std::cout << std::endl <<"删除偶数后:";
    auto iter = std::remove_if(vec.begin(), vec.end(),[](int i) { return i % 2 == 0;});
    vec.erase(iter, vec.end());
    for(const auto& elm:vec){
        std::cout << elm <<" ";
    }
    std::sort(vec.begin(),vec.end());              //排序后,相同的数据会成为相邻的数据
    std::cout << std::endl <<"删除重复数据后(排序):";
    iter = std::unique(vec.begin(), vec.end());
    vec.erase(iter, vec.end());
    for(const auto& elm:vec){
        std::cout << elm <<" ";
    }
    return 0;
}
```

12.7 反转与旋转算法

(1) std::reverse：对容器中的元素进行反转操作，细节如下：

```
std::reverse(con.begin(), con.end());
```

上述代码对容器 con 中的元素进行反转操作，即将容器中的元素值的顺序颠倒过来。

(2) std::rotate：将顺序存储的容器中的元素值进行旋转，细节如下：

```
std::rotate(con.begin(), con.begin() + count, con.end());
```

上述代码将顺序存储结构的容器(不可以对链式存储的容器使用该函数，例如 std::list)中的元素值向左或向右旋转 count 次，count 是正整数向左旋转、是负整数向右旋转。

注意：std::reverse，std::rotate 也可以对 std::string 的字符进行反转和旋转操作。

约瑟夫问题(也称围圈留一问题)：若干人围成一圈，从某个人开始顺时针(或逆时针)数到 3 的人从圈中退出，然后继续顺时针(或逆时针)数到 3 的人从圈中退出，以此类推，程序输出圈中最后剩下的那个人。

例 12-8　解决约瑟夫问题和判断回文单词。

本例使用 std::rotate()函数向右旋转顺序表中的值来解决约瑟夫问题，把顺序表中的值向右旋转两个索引位置，即可确定出退出圈中的人，理由是此刻顺序表尾节点的值就是数到的第 3 个人，即要出圈的人。

例 4-11、例 5-3、例 8-4 分别使用数组、链表和队列解决了约瑟夫问题，建议读者把本例和所述的这些例子做个比较，体会各种解法的知识点和特点。

本例 ch12_8.cpp 中演示了 11 个人的围圈留一问题及判断几个单词是否是回文单词，效果如图 12.8 所示。

```
号码3退出圈。
号码6退出圈。
号码9退出圈。
号码1退出圈。
号码5退出圈。
号码10退出圈。
号码4退出圈。
号码11退出圈。
号码8退出圈。
号码2退出圈。
号码7是最后剩下的人。
racecar是回文单词   |level是回文单词   |rotator是回文单词   |java不是回文单词   |A是回文单词
```

图 12.8　围圈留一和判断回文单词

ch12_8.cpp

```
#include <iostream>
#include <algorithm>
#include <vector>
#include <string>
int main() {
    std::vector<int> vec = {11, 10, 9, 8, 7, 6, 5, 4, 3, 2, 1};
    int count = 2;                                              //向右旋转的次数
    while (vec.size() > 1) {
        std::rotate(vec.begin(), vec.end() - count, vec.end());    //向右旋转
        std::cout << "号码" << vec.back() << "退出圈." << std::endl;
        vec.pop_back();
    }
    std::cout << "号码" << vec.back() << "是最后剩下的人。";
    std::cout << std::endl;
    std::string str[] = {"racecar","level","rotator","java","A"};
    for(auto s:str){
        std::string sCopy = s;
        std::reverse(s.begin(), s.end());
        bool is = sCopy == s;
        if(is){
            std::cout << sCopy << "是回文单词 "<<" |";
        }else{
            std::cout << sCopy << "不是回文单词 "<<" |";
        }
    }
    return 0;
}
```

12.8 全排列算法

在 6.5 节讲解过全排列算法，C++ 11 的<algorithm>算法库把 6.5 节介绍的基于字典序的求全排列的迭代算法（见例 6-7）封装在函数中，使得用户程序可以更方便地求全排列。

std::next_permutation()：得到顺序存储容器中元素值的下一个排列，细节如下：

```
bool ok = std::next_permutation(con.begin(), con.end());
```

上述代码将容器中的元素值按字典序排列成当前容器元素值的下一个排列，如果排列成功返回 1(true)，否则返回 0(false)。如果容器中的元素值已经是最大排列，则将容器中的元素值重新排列为最小排列，并返回 0(false)。

std:: prev_permutation()：得到顺序存储容器中元素值的上一个排列，细节如下：

```
bool ok = std:: prev_permutation (con.begin(), con.end());
```

上述代码将容器中的元素值按字典序排列成当前容器元素值的上一个排列，如果排列成功返回 1(true)，否则返回 0(false)。如果容器中的元素值已经是最小排列，则将容器中的元素值重新排列为最大排列，并返回 0(false)。

注意：使用全排列 std::next_permutation()函数时，必须保证初始的容器中的元素值是升序的（按字典序）；使用全排列 std::prev_permutation()函数时必须保证初始的容器中的元素值是降序的（按字典序）。

例 12-9　生成全排列。

本例 ch12_9.cpp 演示使用 std::next_permutation()函数和 std::prev_permutation()函数来生成全排列，效果如图 12.9 所示。

```
1,2,3,4按字典序从小到大的全排列:
1 2 3 4  |1 2 4 3  |1 3 2 4  |1 3 4 2  |1 4 2 3  |1 4 3 2  |2 1 3 4  |2 1 4 3  |2 3 1 4  |2 3 4 1  |2 4 1 3  |2 4 3 1
3 1 2 4  |3 1 4 2  |3 2 1 4  |3 2 4 1  |3 4 1 2  |3 4 2 1  |4 1 2 3  |4 1 3 2  |4 2 1 3  |4 2 3 1  |4 3 1 2  |4 3 2 1

1,2,3按字典序从大到小的全排列:
3 2 1  |3 1 2  |2 3 1  |2 1 3  |1 3 2  |1 2 3  |
```

图 12.9　生成全排列

ch12_9.cpp

```
#include <iostream>
#include <algorithm>
#include <vector>
int main() {
    std::vector<int> con1 = {1, 2, 3, 4};
    std::cout <<"1,2,3,4 按字典序从小到大的全排列:"<< std::endl;
    do {
        for (const auto& num : con1) {
            std::cout << num << " ";
        }
        std::cout << " |";
    } while (std::next_permutation(con1.begin(), con1.end()));
    std::vector<int> con2 = {3, 2, 1};
    std::cout <<"\n1,2,3 按字典序从大到小的全排列:"<< std::endl;
    do {
        for (const auto& num : con2) {
            std::cout << num << " ";
        }
        std::cout << " |";
    } while (std::prev_permutation(con2.begin(), con2.end()));
    return 0;
}
```

习题 12

扫一扫　习题

扫一扫　自测题

第 13 章 图论

本章主要内容

- 无向图；
- 有向图；
- 网络；
- 图的存储；
- 图的遍历；
- 测试连通图；
- 最短路径；
- 最小生成树。

在第 1 章简单地介绍过图。相对于线性表、二叉树等数据结构，图是一种比较复杂的数据结构，而且图论本身也是数学领域中一个经典的研究分支。本章将讲解程序设计中经常用到的一些图论的知识，例如深度优先搜索、广度优先搜索、最短路径等。

图是由顶点 V、边 E 构成的一种数据结构，记作 $G=(V,E)$。

(1) 在 V 的顶点里不能有自己到自己的边，即对任何顶点 v，$(v,v)\notin E$。

(2) 对于 V 中的一个顶点 v，v 可以和其他任何顶点之间没有边，即对于任何顶点 a，(a,v) 和 (v,a) 都不属于 E；v 也可以和其他一个或多个顶点之间有边，即存在多个顶点 $a_1,a_2,\cdots,a_m$ 和 $b_1,b_2,\cdots,b_n$，使得 $(v,a_1),(v,a_2,),\cdots,(v,a_m)$ 属于 E，以及 $(b_1,v),(b_2,v),\cdots,(b_n,v)$ 属于 E。

13.1 无向图

1. 无向图的定义

对于图 $G=(V,E)$，如果 (a,b) 是边，即 $(a,b)\in E$，那么默认 $(b,a)\in E$ 即 (b,a) 也是边，并规定 (a,b) 边等于 (b,a) 边，这样规定的图 $G=(V,E)$ 是无向图。无向图的边是没有方向的。

例如，图 $G=(V,E)$ 是无向图，其中

$$V=\{v_0,v_1,v_2,v_3,v_4\}$$

$$E=\{(v_0,v_1),(v_0,v_2),(v_0,v_3),(v_2,v_3),(v_1,v_3)\}$$

对于无向图，如果 $(v_i,v_j)\in E$，那么默认 $(v_j,v_i)\in E$，因此不必再显式地将 (v_j,v_i) 写在 E 里。对于图 $G=(V,E)$，示意图如图 13.1 所示。从 n 个不同的顶点里取 2 个顶点的组合一共有 $n(n-1)/2$ 个，因此一个有 n 个顶点的无向图最多有 $n(n-1)/2$ 条边。如果一个无向图有 $n(n-1)/2$ 条边，则称这样的无向图是完整无向图或完全无向图。

2. 邻接点

对于无向图 G，如果有边连接 V 中的两个顶点 a,b，即 $(a,b)\in E$，则称 b 是 a 的邻接点、a

是 b 的邻接点,也称两个顶点 a,b 是相邻的顶点。

一个顶点的度就是它的邻接点的数目,通常记作 D(顶点),例如,对于图 13.1 所示的无向图,$D(v_0)=3$。

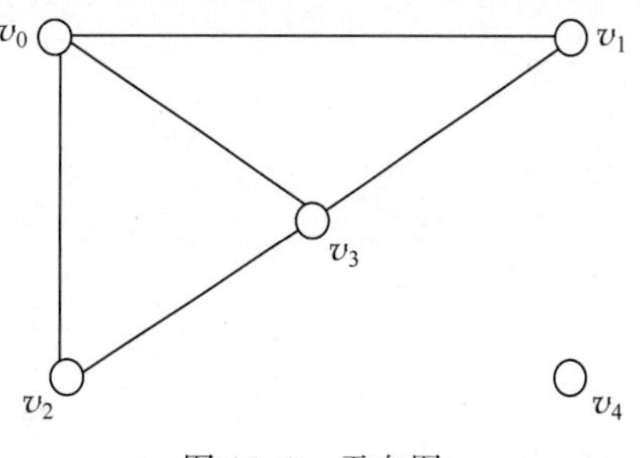

图 13.1 无向图

3. 路径

对于有 n 个顶点的无向图 $G=(V,E)$,记

$$V=\{v_0,v_1,\cdots,v_{n-2},v_{n-1}\}$$

对于顶点 v_i 和 v_j,如果存在 0 个或多个顶点 $p_1,p_2,\cdots,p_k\in V(k\geqslant 1)$,使得 $(v_i,p_1),(p_1,p_2),\cdots,(p_i,p_{i+1}),\cdots,(p_k,v_j)\in E$,则称顶点序列:

$$v_ip_1p_2\cdots p_kv_j$$

是顶点 v_i 到顶点 v_j 的路径,即路径是用无向边相连接的一个顶点序列。有时,为了形象、清楚,经常将 v_i 到顶点 v_j 的路径记作(路径中的顶点之间加上箭头):

$$v_i\to p_1\to p_2\to\cdots\to p_k\to v_j$$

对于无向图,也称路径是无向边路径。

对于 v_i 到 v_j 的路径 $v_ip_1p_2\cdots p_kv_j$,如果 $p_i\neq p_j$,即路径中间没有相同(重复的)的顶点,称这样的路径是简单路径,如果 $v_i=v_j$,并且存在多个顶点 $p_1,p_2,\cdots,p_k\in V(k\geqslant 1)$,使得 $(v_i,p_1),(p_1,p_2),\cdots,(p_i,p_{i+1}),\cdots,(p_k,v_j)\in E$,称这样的简单路径是 v_i 的一个环路(cycle)。例如,对于图 13.1 所示的图,路径 $v_0v_1v_3v_2$ 和路径 v_0v_2 都是 v_0 到 v_2 的简单路径,$v_2v_3v_0v_2$ 是 v_2 的环路。

路径的自然长度就是路径中包含的边的数目或路径中包含的顶点数目减去 1。例如路径 $v_0v_1v_3v_2$ 的自然长度是 3,v_0v_2 的自然长度是 1,环路 $v_2v_3v_0v_2$ 的自然长度是 3。

4. 连通图

对于无向图 $G=(V,E)$,如果对于 V 中任意两个不同的顶点 v_i 和 v_j,都存在至少一条 v_i 到 v_j 路径,则称该无向图是连通图。图 13.1 所示的无向图不是连通图(例如没有 v_3 到 v_4 的路径)。对于有 n 个顶点的无向连通图 $G=(V,E)$,其边数至少是 $n-1$。

注意:对于无向图,如果存在顶点 v_i 到顶点 v_j 的路径,就存在顶点 v_j 到顶点 v_i 的路径,而且两条路径中含有的边是完全相同的。

13.2 有向图

1. 有向图的定义

对于图 $G=(V,E)$,如果 (a,b)、(b,a) 都是边,规定 (a,b) 边不等于 (b,a) 边,这样规定的图是有向图。有向图的边是有方向的。

图 $G=(V,E)$ 是有向图,其中

$$V=\{v_0,v_1,v_2,v_3,v_4\}$$

$$E=\{(v_0,v_1),(v_1,v_0),(v_0,v_2),(v_2,v_3),(v_3,v_0),(v_1,v_3),(v_3,v_1),(v_3,v_4)\}$$

对于有向图,如果 $(v_i,v_j)\in E$,不一定就有 $(v_j,v_i)\in E$。因此,如果 $(v_j,v_i)\in E$ 必须显式地将 (v_j,v_i) 写在 E 中。对于有向图 $G=(V,E)$,示意图如图 13.2 所示。

从 n 个不同的顶点里取两个顶点的组合一共有 $n(n-1)/2$ 个,因此一个有 n 个顶点的有

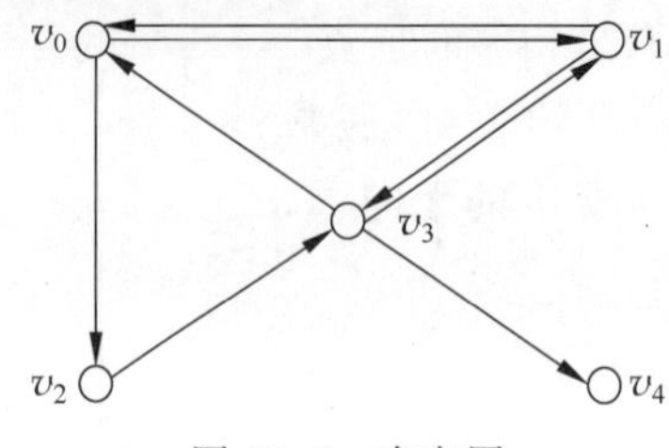

图 13.2　有向图

向图最多有 $n(n-1)$ 条边(注意边是有方向的,所以边的数目是无向图的两倍)。如果一个有向图有 $n(n-1)$条边,则称这样的有向图是完整有向图或完全有向图。

2. 邻接点

对于有向图 G,如果有边连接 V 中的两个顶点 a,b,即$(a,b)\in E$,则称 b 是 a 的邻接点。和无向图不同,对于有向图,因为边是有方向的,如果 b 是a 的邻接点,那么 a 不一定是b 的邻接点。如果 b 是a 的邻接点,a 也是b 的邻接点,就称两个顶点 a,b 是相邻的顶点。

一个顶点的度就是它的邻接点的数目,通常记作 D(顶点),例如,对于前面图 13.2 所示的有向图,$D(v_0)=2$。

3. 路径

对于有 n 个顶点的有向图$G=(V,E)$,记

$$V=\{v_0,v_1,\cdots,v_{n-2},v_{n-1}\}$$

对于顶点 v_i 和v_j,如果存在 0 个或多个顶点 $p_1,p_2,\cdots,p_k\in V(k\geqslant 1)$,使得$(v_i,p_1)$,$(p_1,p_2),\cdots,(p_i,p_{i+1}),\cdots,(p_k,v_j)\in E$,则称顶点序列:

$$v_i p_1 p_2 \cdots p_k v_j$$

是顶点 v_i 到顶点v_j 的路径,即路径是用有向边相连接的一个顶点序列。有时,为了形象、清楚,经常将 v_i 到另一个顶点v_j 的路径记作(路径中的顶点之间加上箭头):

$$v_i \to p_1 \to p_2 \to \cdots \to p_k \to v_j$$

对于有向图,也称路径是有向边路径。

对于 v_i 到v_j 的路径$v_i p_1 p_2\cdots p_k v_j$,如果 $p_i\neq p_j$,即路径中间没有相同(重复的)的顶点,称这样的路径是简单路径,如果 $v_i=v_j$,并且存在多个顶点 $p_1,p_2,\cdots,p_k\in V(k\geqslant 1)$,使得$(v_i,p_1),(p_1,p_2),\cdots,(p_i,p_{i+1}),\cdots,(p_k,v_j)\in E$,称这样的简单路径是 v_i 的一个环路(cycle)。例如,对于图 13.2 所示的图,路径 $v_0v_1v_3v_4$ 和路径 $v_0v_2v_3v_4$ 都是 v_0 到 v_4 的简单路径,$v_0v_1v_3v_0$、$v_0v_2v_3v_0$ 是 v_0 的环路。

路径的自然长度就是路径中包含的边的个数或路径中包含的顶点数目减去 1。例如路径$v_0v_1v_3v_4$ 的自然长度是 3,环路 $v_0v_1v_3v_0$ 的自然长度是 3。

4. 强连通图

对于有向图$G=(V,E)$,如果对于 V 中任意两个不同的顶点v_i,v_j,都存在至少一条v_i 到v_j 路径以及一条v_j 到v_i 的路径,则称该有向图是连通图,有向连通图也称强连通图。如图 13.2 所示的有向图不是强连通图(没有 v_3 到 v_2 的路径)。对于有 n 个顶点的有向连通图$G=(V,E)$,其边数至少是 n。

注意:与无向图不同,对于有向图,如果存在顶点v_i 到顶点v_j 的路径,不能推出就存在顶点 v_j 到顶点v_i 的路径 ,原因是有向图的边是有方向的。

13.3　网络

对于无向图或有向图 $G=(V,E)$，如果人为地给每个边[例如 (v_i, v_j)]一个权重(weight)，记作 w_{ij} 或 $w(v_i, v_j)$，称这样的无向图或有向图是无向网络或有向网络。也称网络是加权图。

如图 13.3 所示的无向网络 $G=(V,E)$，用于刻画北京、广州、成都和上海 4 个城市之间的民航航线，航线之间的权重是航线距离。

如图 13.4 所示的有向网络 $G=(V,E)$，用于刻画北京、广州、成都和上海 4 个城市之间的民航航线，航线之间的权重是航线的票价(往返的票价不尽相同)。

注意：可以把无向图或有向图当作所有的边的权重都是 1 的无向网络或有向网络。

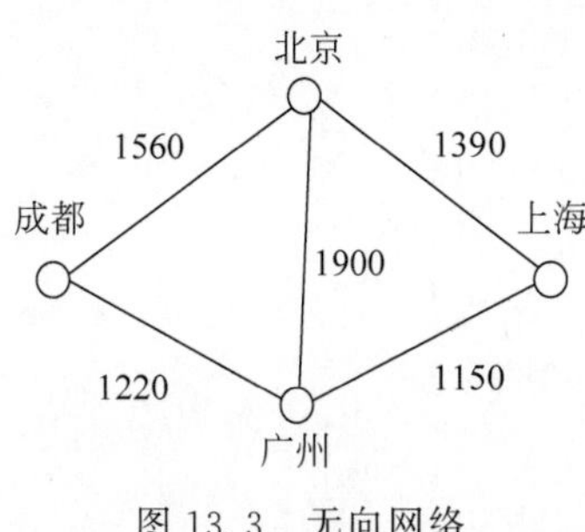

图 13.3　无向网络

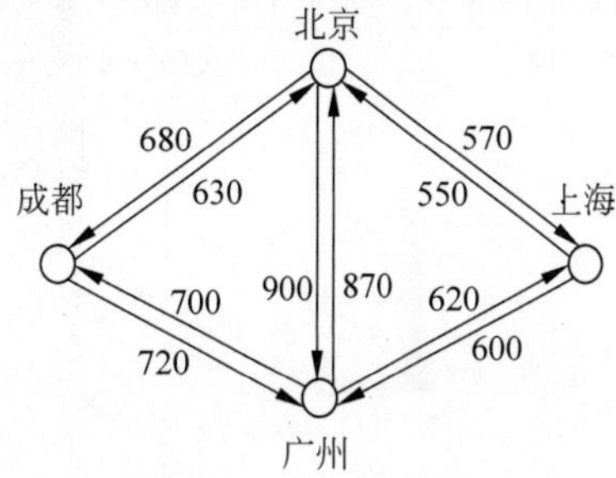

图 13.4　有向网络

13.4　图的存储

对于图或网络 $G=(V,E)$，通常使用数组或顺序表存储顶点。以下讲解怎样存储图或网络的边。

1. 邻接矩阵

对于有 n 个顶点的无向图或有向图 $G=(V,E)$，记

$$V=\{v_0, v_1, \cdots, v_{n-2}, v_{n-1}\}$$

使用一个 n 阶方阵(二维数组)表示边，n 阶方阵是 $\boldsymbol{A}=[a_{ij}]$，如果顶点 v_i 和 v_j 之间有边，a_{ij} 的值就是 1，否则是 0。n 阶方阵中的每个元素 a_{ij} 的值如下：

$$a_{ij}=\begin{cases}1 & (v_i, v_j)\in E \\ 0 & (v_i, v_j)\notin E\end{cases}$$

称 n 阶方阵 $\boldsymbol{A}=[a_{ij}]$ 是图 $G=(V,E)$ 的邻接矩阵(adjacency matrix)。图的邻接矩阵相当于存储图的边。

对于无向图，邻接矩阵一定是对称矩阵，理由是如果 $(v_i, v_j)\in E$ 就会有 $(v_j, v_i)\in E$。

对于有 n 个顶点的无向网络或有向网络，$G=(V,E)$ 的邻接矩阵 $\boldsymbol{A}=[a_{ij}]$ 定义如下：

$$a_{ij}=\begin{cases}w_{ij} & (v_i, v_j)\in E \\ \infty & (v_i, v_j)\notin E \\ 0 & i=j\end{cases}$$

如果顶点 v_i 和 v_j 之间有边，a_{ij} 的值就是此边上的权重 w_{ij}，否则是无穷大($i\neq j$)或 0($i=j$)。

网络的邻接矩阵用于存储网络的边。在代码实现时可以用大于所有权重的某个很大的数代替∞。

需要注意的是，这里的邻接矩阵是行优先，即要看边(v_i,v_j)在对应的邻接矩阵中的元素时是先查看矩阵（二维数组）的第i行，然后再查看第j列。

对于有4个顶点的无向图$G=(V,E)$，示意图以及邻接矩阵$\boldsymbol{A}$如图13.5所示。

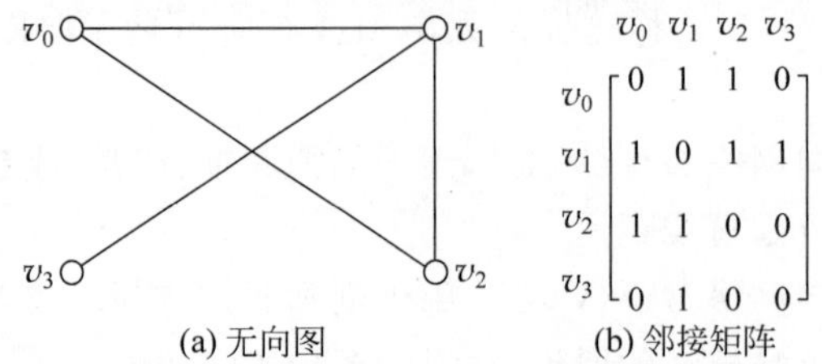

(a) 无向图　　(b) 邻接矩阵

图13.5　无向图及其邻接矩阵

对于有4个顶点的有向图$G=(V,E)$，示意图以及邻接矩阵$\boldsymbol{A}$如图13.6所示。

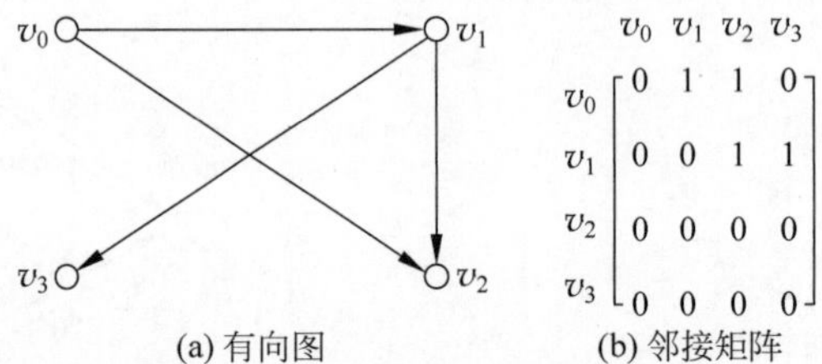

(a) 有向图　　(b) 邻接矩阵

图13.6　有向图及其邻接矩阵

对于有4个顶点的有向网络$G=(V,E)$，示意图以及邻接矩阵$\boldsymbol{A}$如图13.7所示。

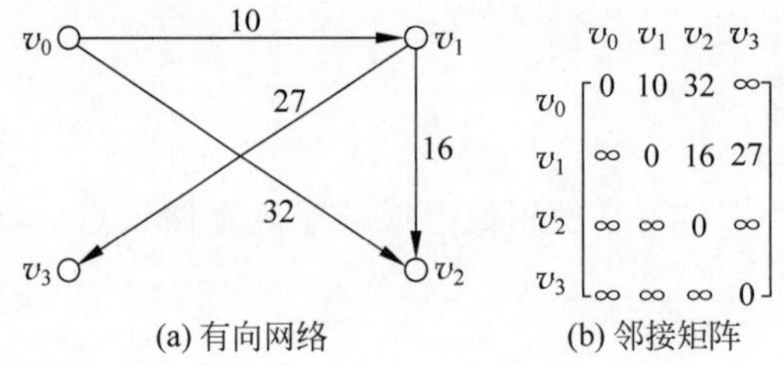

(a) 有向网络　　(b) 邻接矩阵

图13.7　有向网络及其邻接矩阵

2. 邻接链表

邻接链表(adjacency linkedlist)是图$G=(V,E)$的另一种存储方法。以下讲解如何用邻接链表存储图的边。

对于每个顶点v_i，将v_i的全部邻接点存储在一个链表中，即顶点v_i对应着一个链表list，对于list中的任何一个顶点p，都有$(v_i,p)\in E$。可以使用散列表存储各个顶点对应的链表，即将v_i对应的链表list，以“键-值”对(v_i,list)存储在一个散列表中。

对于有4个顶点的无向图$G=(V,E)$，示意图以及邻接链表如图13.8所示。

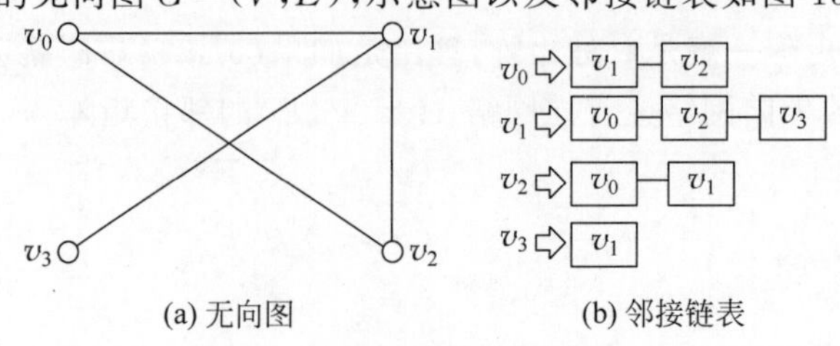

(a) 无向图　　(b) 邻接链表

图13.8　无向图及其邻接链表

对于有 4 个顶点的有向图 $G=(V,E)$，示意图以及邻接链表如图 13.9 所示。

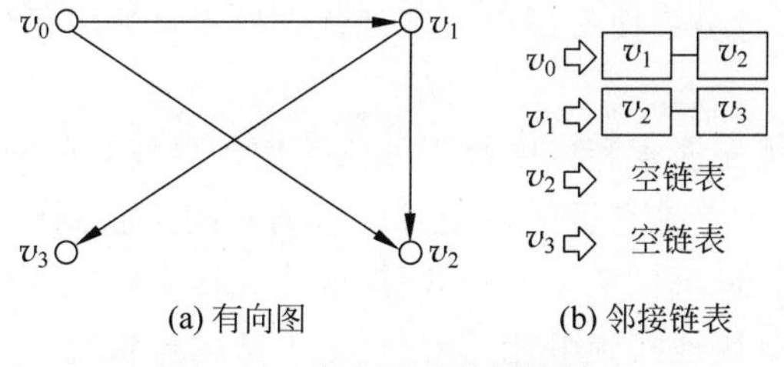

图 13.9 有向图及其邻接链表

对于有 4 个顶点的有向网络 $G=(V,E)$，示意图以及邻接链表如图 13.10 所示。

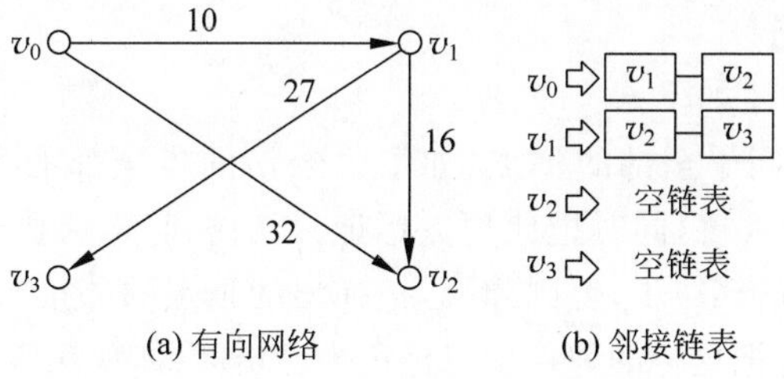

图 13.10 有向网络及其邻接链表

3. 邻接矩阵与邻接链表的比较

在实际应用中，到底是采用邻接矩阵还是采用邻接链表存储一个图，要看具体的问题，如果图的问题主要是处理顶点的邻接点，那么采用邻接链表更好，因为找出全部邻接点的时间复杂度是 O(顶点的度)。如果采用邻接矩阵，找出全部邻接点的时间复杂度是 $O(n)$，n 是顶点个数。但是，如果经常需要删除或添加顶点的邻接点，采用邻接矩阵比较好，理由是只需将邻接矩阵的某个元素的值由 1 变成 0 或由 0 变成 1，而采用邻接链表，就需要对链表进行删除或添加操作。

对于大部分搜索问题，往往仅仅涉及顶点、边，一般不涉及边的权重，因此在深度或广度优先搜索问题中，可以采用邻接矩阵或邻接链表存储图；在求最短路径的问题中，要使用邻接矩阵存储图，因为邻接矩阵里蕴含着“距离”信息，即包含着边的权重（见 13.7 节）。

13.5 图的遍历

深度优先搜索（DFS）和广度优先搜索（BFS）都是图论里关于图的遍历算法，二者在许多算法问题中都有广泛的应用。在 7.6 节和 8.6 节分别使用过深度优先搜索和广度优先搜索的算法思想。

深度优先搜索（DFS）的基本思路是从某个起点 v 开始，沿着一条路径依次访问该路径上的所有顶点，直到到达路径的末端（深度优先），然后回溯到最近的一个没有访问过的顶点，将该顶点作为新的起点，继续重复这个过程。如果回溯过程回到最初的起点 v，则结束此次遍历过程。如果图中仍然有没访问过的顶点，则在没访问过的顶点中选择一个顶点重新开始遍历。深度优先搜索一直到图中再也没有可访问的顶点时结束搜索过程。深度优先搜索算法中可以用栈这种数据结构体现深度优先。

广度优先搜索则是从起点开始，逐层访问所有路径可达到的顶点，一层一层地往外扩展（广度优先），直到所有路径可达到的顶点都被访问到，结束此次遍历过程。如果图中仍然有没访问过的顶点，则在没访问过的顶点中选择一个顶点重新开始遍历。广度优先搜索一直到图中再也没有可访问的顶点时结束搜索过程。广度优先搜索算法中可以用队列这种数据结构体现广度优先。

在实际应用中，深度优先搜索和广度优先搜索可用于寻找某些问题的解，不一定遍历全部的顶点。深度优先搜索的优点是它可能在相对较短的时间内找到解，例如老鼠走迷宫就适合通过深度优先搜索来找到出口（见 7.6 节）。而广度优先搜索则在搜索目标范围比较大的情况下更为有效，因为它能够更快地找到可能的解（见 8.6 节的排雷）。

深度优先搜索或广度优先搜索在算法实现时，一个小技巧就是一旦访问过某顶点，需要把该顶点标记为“已访问”。

1. 深度优先搜索算法

深度优先搜索算法描述如下。

(1) 检查是否已经访问了全部的顶点，如果已经访问了全部的顶点，执行第(3)步；否则将一个不曾访问的顶点压入栈，同时把此顶点标记为已访问，然后执行第(2)步。

(2) 如果栈是空，执行第(1)步，否则弹栈，把弹出的顶点的邻接顶点压入栈，但压入的条件是它们还未被访问过，同时把这样的邻接顶点标记为已访问（体现深度优先），再执行第(2)步。

(3) 算法结束。

例 13-1 深度优先搜索。

本例 ch13_1.cpp 中的 dfs()函数是深度优先搜索算法，为了代码的简洁，dfs()函数中直接用整数 0,1,2,…,n 来表示 n 个顶点，并用邻接矩阵和栈来实现深度优先搜索。ch13_1.cpp 的 main()函数使用 dfs()函数深度优先遍历如图 13.11 所示的有 8 个顶点(0,1,2,4,5,6,7,8)的无向图，运行效果如图 13.12 所示。

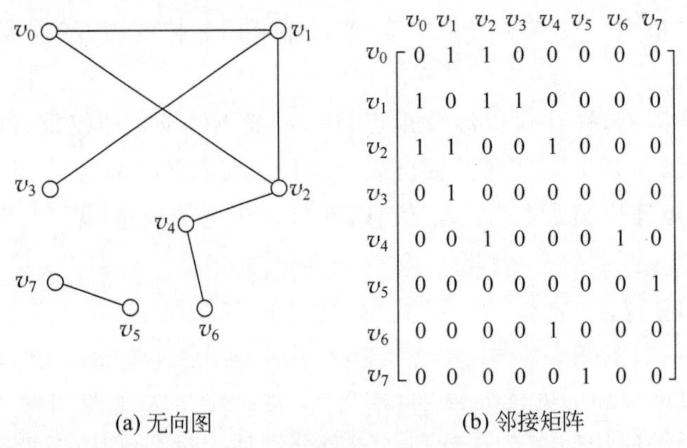

(a) 无向图　　(b) 邻接矩阵

图 13.11　有 8 个顶点的无向图与邻接矩阵

```
深度优先搜索结果:
从v0顶点开始:
v0被访问1次 |v2被访问1次 |v4被访问1次 |v6被访问1次 |v1被访问1次 |v3被访问1次 |
从v5顶点开始:
v5被访问1次 |v7被访问1次 |
```

图 13.12　深度优先搜索运行效果

ch13_1.cpp

```
#include <iostream>
#include <stack>
const int MAX = 100;
```

```
int A[MAX][MAX] = {0};                      //使用邻接矩阵 A 表示图
int count[MAX] = {0};                       //记录顶点是否被访问
void dfs(int startVertex, int allVertexs) {
    std::stack< int > stack;                //栈用于体现深度优先
    stack.push(startVertex);
    count[startVertex] += 1;                //标记顶点被访问过
    while (!stack.empty()) {
        int vertex = stack.top();
        stack.pop();
        std::cout <<"v"<< vertex <<"被访问"<< count[vertex]<<"次 |";
        for (int j = 0; j < allVertexs; j++) {
            if (A[vertex][j] && count[j] == 0) {
                stack.push(j);
                count[j] += 1;              //标记顶点被访问过
            }
        }
    }
}
int main() {
    int a[8][8] ={{0,1,1,0,0,0,0,0},
                  {1,0,1,1,0,0,0,0},
                  {1,1,0,0,1,0,0,0},
                  {0,1,0,0,0,0,0,0},
                  {0,0,1,0,0,0,1,0},
                  {0,0,0,0,0,0,0,1},
                  {0,0,0,0,1,0,0,0},
                  {0,0,0,0,0,1,0,0}};  //图的邻接矩阵
  int allVertexs = 8;
  for(int i = 0;i < allVertexs;i++){
      for(int j = 0;j < allVertexs;j++){
            A[i][j] = a[i][j];
      }
  }
  std::cout << "深度优先搜索结果: ";
  for(int i = 0;i < allVertexs;i++){
      if(count[i] == 0) {                   //如果顶点未被访问
         std::cout << "\n 从 v"<< i <<"顶点开始:"<< std::endl;
         dfs(i, allVertexs);                //从未被访问的顶点开始进行深度优先搜索
      }
  }
  std::cout << std::endl;
  return 0;
}
```

2. 广度优先搜索算法

广度优先搜索算法描述如下。

(1) 检查是否已经访问了全部的顶点,如果已经访问了全部的顶点,执行第(3)步;否则,将一个不曾访问的顶点入列,同时把此顶点标记为已访问,然后执行第(2)步。

(2) 如果队列是空,执行第(1)步,否则出列,把出列的顶点的邻接顶点入列,但入列的条件是它们还未被访问过,同时把这样的邻接顶点标记为已访问(体现广度优先),再执行第(2)步。

(3) 算法结束。

例 13-2 广度优先搜索。

本例 ch13_2.cpp 中的 bfs()函数是广度优先搜索算法,为了代码的简洁,在 bfs()函数中直接用整数 0,1,2,…,n 来表示 n 个顶点,并用邻接矩阵和队列来实现广度优先搜索。ch13_2.cpp 的 main()函数使用 bfs()函数广度优先遍历如图 13.11 所示的有 8 个顶点(0,1,2,4,5,6,7,8)

的无向图，运行效果如图 13.13 所示。

```
广度优先搜索结果:
从v0顶点开始:
v0被访问1次 |v1被访问1次 |v2被访问1次 |v3被访问1次 |v4被访问1次 |v6被访问1次 |
从v5顶点开始:
v5被访问1次 |v7被访问1次 |
```

图 13.13　广度优先搜索运行效果

ch13_2.cpp

```
#include <iostream>
#include <queue>
const int MAX = 100;
int A[MAX][MAX] = {0};                              // 使用邻接矩阵 A 表示图
int count[MAX] = {0};                               //记录顶点是否被访问
void bfs(int startVertex, int allVertexs) {
    std::queue<int> queue;                          //队列用于体现广度优先
    queue.push(startVertex);
    count[startVertex] += 1;                        //标记顶点被访问过
    while (!queue.empty()) {
        int vertex = queue.front();
        queue.pop();
        std::cout <<"v"<< vertex <<"被访问"<< count[vertex]<<"次 |";
        for (int j = 0; j < allVertexs; j++) {
            if (A[vertex][j] && count[j] == 0) {
                queue.push(j);
                count[j] += 1;                      //标记顶点被访问过
            }
        }
    }
}
int main() {
    int a[8][8] = {{0,1,1,0,0,0,0,0},
                   {1,0,1,1,0,0,0,0},
                   {1,1,0,0,1,0,0,0},
                   {0,1,0,0,0,0,0,0},
                   {0,0,1,0,0,0,1,0},
                   {0,0,0,0,0,0,0,1},
                   {0,0,0,0,1,0,0,0},
                   {0,0,0,0,0,1,0,0}};              //图的邻接矩阵
    int allVertexs = 8;
    for(int i = 0;i < allVertexs;i++){
        for(int j = 0;j < allVertexs;j++){
            A[i][j] = a[i][j];
        }
    }
    std::cout << "广度优先搜索结果: ";
    for(int i = 0;i < allVertexs;i++){
        if(count[i] == 0) {                         //如果顶点未被访问
            std::cout << "\n从v"<< i <<"顶点开始:"<< std::endl;
            bfs(i, allVertexs);                     //从未被访问的顶点开始进行广度优先搜索
        }
    }
    std::cout << std::endl;
    return 0;
}
```

13.6　测试连通图

对于有向图 $G=(V,E)$，如果 V 中任意两个不同的顶点 v_i，v_j，都存在至少一条 v_i 到 v_j 的路径以及一条 v_j 到 v_i 的路径，则称该有向图是连通图，有向连通图也称强连通图。使用广度优先搜索算法或深度优先搜索算法从任意顶点开始遍历，遍历结束后，如果图的所有顶点都被访问了一次，那么该图就是连通图或强连通图；如果从某个顶点开始遍历，遍历结束后，图中还有某些顶点未被访问，那么此图就不是连通图。

例 13-3　测试图是否是连通图。

本例使用深度优先搜索测试了图 13.14(a)无向图是连通图，图 13.14(b)不是连通图，运行效果如图 13.15 所示。

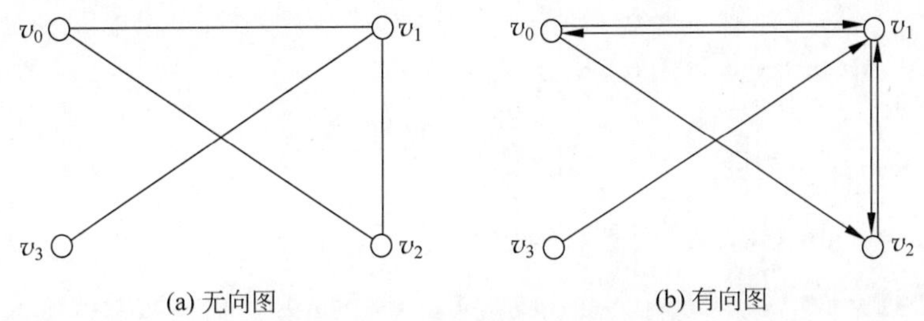

(a) 无向图　　(b) 有向图

图 13.14　无向图和有向图

```
v0被访问1次 |v2被访问1次 |v1被访问1次 |v3被访问1次 |v1被访问1次 |v3被访问1次 |v2被访问1次 |v0被访问1次 |v2被访问1次 |
v1被访问1次 |v3被访问1次 |v0被访问1次 |v3被访问1次 |v1被访问1次 |v2被访问1次 |v0被访问1次
a图是连通图。
v0被访问1次 |v2被访问1次 |v1被访问1次 |
b图不是连通图。
```

图 13.15　测试连通性

ch13_3. cpp

```
#include <iostream>
#include <stack>
#include <algorithm>
const int MAX = 100;
int A[MAX][MAX] = {0};
int count[MAX] = {0};
void dfs(int startVertex, int allVertexs) {                    //深度优先搜索
    std::stack<int> stack;
    stack.push(startVertex);
    count[startVertex] += 1;
    while (!stack.empty()) {
        int vertex = stack.top();
        stack.pop();
        std::cout <<"v"<< vertex <<"被访问"<< count[vertex]<<"次 |";
        for (int j = 0; j < allVertexs; j++) {
            if (A[vertex][j] && count[j] == 0) {
                stack.push(j);
                count[j] += 1;
            }
        }
    }
}
bool isConnection(int allVertexs){                              //测试连通
    bool connection = true;
    for(int i = 0;i < allVertexs;i++){
        dfs(i, allVertexs);                                      // 深度优先搜索
```

```
        //检查是否所有顶点都被访问到了
        bool is = std::all_of(count,count + allVertexs,
                              [](int x){ return x >= 1;});
        if(is == false){
            return false;                                          //不是连通图
        }
        std::fill(count,count + allVertexs,0);                     //计数清 0
    }
    return connection;
}
int main(){
    int a[4][4] = {{0,1,1,0},{1,0,1,1},{1,1,0,0},{0,1,0,0}};      //无向图的邻接矩阵
    int allVertexs = 4;
    for(int i = 0;i < allVertexs;i++){
        for(int j = 0;j < allVertexs;j++){
                A[i][j] = a[i][j];
        }
    }
    bool is = isConnection(allVertexs);
    std::cout << std::endl;
    if(is){
      std::cout <<"a 图是连通图."<< std::endl;
    } else {
      std::cout <<"a 图不是连通图."<< std::endl;
    }
    int b[][4] = {{0,1,1,0},{1,0,1,0},{0,1,0,0},{0,1,0,0}};       //有向图的邻接矩阵
    allVertexs = 4;
    for(int i = 0;i < allVertexs;i++){
        for(int j = 0;j < allVertexs;j++){
                A[i][j] = b[i][j];
        }
    }
    is = isConnection(allVertexs);
    std::cout << std::endl;
    if(is){
      std::cout <<"b 图是连通图。"<< std::endl;
    } else {
      std::cout <<"b 图不是连通图。"<< std::endl;
    }
}
```

13.7 最短路径

最短路径问题是图论中的经典问题,相关的经典算法也有不少,其中非常经典的最短路径算法是 Floyd(弗洛伊德)和 Dijkstra(迪杰斯特拉)给出的最短路径算法。

由于无向图和有向图都可以看成是权重为 0 或 1 的网络(将无边连接的顶点之间的权重设置为无穷大即可),因此只需讨论网络的最短路径。

在一个顶点 u 到另一个顶点 v 的所有路径中,如果路径:

$$u \to p_1 \to p_2 \to \cdots \to p_k \to v$$

的权值总和最小,即 $w(u,p_1)+w(p_1,p_2)+\cdots+w(p_i,p_{i+1})+\cdots+w(p_k,v)$ 最小[$w(a,b)$ 表示边(a,b)上的权值],就称该路径是顶点 u 到顶点 v 的最短路径。以下谈及(最短)路径的长不是指路径的自然长度,而是路径的权值总和。

Floyd 算法以创始人 Floyd(1978 年图灵奖获得者,斯坦福大学计算机科学系教授)命名。

Floyd 算法是求解网络(赋权值的图)中每对顶点间的最短距离的经典算法,而且允许权值是负值。Floyd 算法的时间复杂度是 $O(n^3)$(n 是顶点数目)。Floyd 算法也称为多源、多目标最短路径算法,即算法可以求出图中任意两个顶点之间的最短路径(如果二者之间有路径)。

Dijkstra 算法以创始人 Dijkstra(1972 年图灵奖获得者,荷兰莱顿大学计算机科学系教授)命名。Dijkstra 算法可以求单源、无负权值的最短路径。所谓单源是指算法每次能求出一个点和图中其他各个点的最短路径(如果有路径)。Dijkstra 算法时间复杂度略好于 Floyd 算法,其时间复杂度为 $O(n^2+m)$(n 是顶点数目,m 是边的数目)。

Floyd 算法相比 Dijkstra 算法,不仅可以允许负权值,其可读性和简练性也远远好于 Dijkstra 算法。在实际应用中,建议使用 Floyd 算法而不是 Dijkstra 算法。Floyd 算法相比 Dijkstra 算法的唯一不足仅仅是时间复杂度略高于 Dijkstra 算法。对于初学者而言,Dijkstra 算法比 Floyd 算法更复杂一些,所以本书不讨论 Dijkstra 算法。如果真是因为效率问题需要使用 Dijkstra 算法,再去学习 Dijkstra 算法。

Floyd 算法从 $n\times n$ 邻接矩阵 $\mathbf{A}=[a(i,j)]$,迭代地对邻接矩阵 $\mathbf{A}$ 进行 n 次更新,即由初始矩阵 $\mathbf{A}_0=\mathbf{A}$,按一个公式计算出一个新的邻接矩阵 $\mathbf{A}_1$,再用同样的公式由 $\mathbf{A}_1$ 计算出新的邻接矩阵 $\mathbf{A}_2$……最后再用同样的公式用 $\mathbf{A}_{n-1}$ 计算出新的邻接矩阵 $\mathbf{A}_n$。把最终计算得到的邻接矩阵 $\mathbf{A}_n$ 称为网络的距离矩阵,那么 $\mathbf{A}_n$ 的 i 行 j 列元素的值便是顶点 i(编号为 i 的顶点)到顶点 j 的最短路径的长度。在 Floyd 算法中同时使用一个矩阵 path 来记录两顶点间的最短路径(path(i,j)的值表示顶点 i 到顶点 j 的最短路径上顶点 i 的后继顶点)。

Floyd 算法的关键是采用松弛技术(松弛操作),对在 i 和 j 之间的所有其他点进行一次松弛。

注意:邻接矩阵是行优先,即要看边(v_i,v_j)在邻接矩阵中对应的元素时,是先查看矩阵(二维数组)的第 i 行,然后再查看第 j 列。

观察图 13.16(a),注意到顶点 v_1 到顶点 v_2 的最短路径并不是路径 v_1v_2(路径长是 9),而是 $v_1v_3v_2$(路径长是 8)。算法的关键是改变初始的邻接矩阵,将 v_1v_2 路长改变为 8,同时记住顶点 v_3。

以下结合如图 13.16 所示的有向网络讲解 Floyd 最短路径算法。

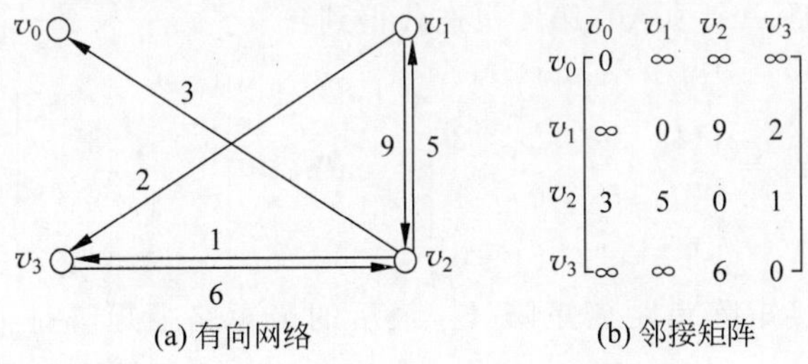

图 13.16　有向网络的权值和邻接矩阵

初始矩阵 $\mathbf{A}_0$ 和矩阵 $\mathbf{path}_0$ 是:

$$\mathbf{A}_0=\begin{bmatrix}0 & \infty & \infty & \infty\\ \infty & 0 & 9 & 2\\ 3 & 5 & 0 & 1\\ \infty & \infty & 6 & 0\end{bmatrix}\quad \mathbf{path}_0=\begin{bmatrix}0 & 0 & 0 & 0\\ 0 & 1 & 2 & 3\\ 0 & 1 & 2 & 3\\ 0 & 0 & 2 & 3\end{bmatrix}$$

假如 $\mathbf{A}[i][j]$不是无穷大,那么 path[i][j]的值是 j,否则是 0。path[i][j]的值表示顶

点 i 到顶点 j 的最短路径上顶点 i 的后继顶点。

对于任意一个顶点 k,迭代公式如下。

```
for(int i = 0;i<n;i++) {
    for(int j = 0;j<n;j++){
      if(A[i][k] + A[k][j]<A[i][j]) {
                A[i][j] = A[i][k] + A[k][j];
                path[i][j] = path[i][k]; //将顶点 i 的后继顶点更新为更短路径上的顶点 k
      }
}
```

迭代公式的关键是,对于任意一个顶点 k,按照当前的邻接矩阵 $\mathbf{A}$,查找满足 $\mathbf{A}[i][k]+\mathbf{A}[k][j]<\mathbf{A}[i][j]$的顶点 i 和顶点 j,然后进行松弛操作:

$$\mathbf{A}[i][j]=\mathbf{A}[i][k]+\mathbf{A}[k][j]$$

取第 0 个顶点,第 1 次迭代得到:

$$\mathbf{A}_1=\begin{bmatrix}0&\infty&\infty&\infty\\ \infty&0&9&2\\ 3&5&0&1\\ \infty&\infty&6&0\end{bmatrix}\quad \mathbf{path}_1=\begin{bmatrix}0&0&0&0\\ 0&1&2&3\\ 0&1&2&3\\ 0&0&2&3\end{bmatrix}$$

取第 1 个顶点,第 2 次迭代得到:

$$\mathbf{A}_2=\begin{bmatrix}0&\infty&\infty&\infty\\ \infty&0&9&2\\ 3&5&0&1\\ \infty&\infty&6&0\end{bmatrix}\quad \mathbf{path}_2=\begin{bmatrix}0&0&0&0\\ 0&1&2&3\\ 0&1&2&3\\ 0&0&2&3\end{bmatrix}$$

取第 2 个顶点,第 3 次迭代得到:

$$\mathbf{A}_3=\begin{bmatrix}0&\infty&\infty&\infty\\ 12&0&9&2\\ 3&5&0&1\\ 9&11&6&0\end{bmatrix}\quad \mathbf{path}_3=\begin{bmatrix}0&0&0&0\\ 2&1&2&3\\ 0&1&2&3\\ 2&2&2&3\end{bmatrix}$$

取第 3 个顶点(最后一个顶点),第 4 次迭代得到:

$$\mathbf{A}_4=\begin{bmatrix}0&\infty&\infty&\infty\\ 11&0&8&2\\ 3&5&0&1\\ 9&11&6&0\end{bmatrix}\quad \mathbf{path}_4=\begin{bmatrix}0&0&0&0\\ 3&1&3&3\\ 0&1&2&3\\ 2&2&2&3\end{bmatrix}$$

那么最后一个邻接矩阵是距离矩阵 $\mathbf{A}_4$,最后的最短路径矩阵是 path_4。由此得到如下结论:

顶点 0 到顶点 0 的最短路径:0,路径长 0。

顶点 0 到顶点 1 无路径。

顶点 0 到顶点 2 无路径。

顶点 0 到顶点 3 无路径。

顶点 1 到顶点 0 的最短路径:1→3→2→0,路径长 11。

顶点 1 到顶点 1 的最短路径:1,路径长 0。

顶点 1 到顶点 2 的最短路径:1→3→2,路径长 8。

顶点 1 到顶点 3 的最短路径：1→3，路径长 2。

顶点 2 到顶点 0 的最短路径：2→0，路径长 3。

顶点 2 到顶点 1 的最短路径：2→1，路径长 5。

顶点 2 到顶点 2 的最短路径：2，路径长 0。

顶点 2 到顶点 3 的最短路径：2→3，路径长 1。

顶点 3 到顶点 0 的最短路径：3→2→0，路径长 9。

顶点 3 到顶点 1 的最短路径：3→2→1，路径长 11。

顶点 3 到顶点 2 的最短路径：3→2，路径长 6。

顶点 3 到顶点 3 的最短路径：3，路径长 0。

这里介绍如何从最后得到的最短路径矩阵 $path_4$ 查找最短路径。例如，要查找顶点 1 到顶点 0 的最短路径，首先在矩阵 $path_4$ 中按索引找(1,0)，发现 path(1,0)=3，接着按索引找(3,0)，发现 path(3,0)=2，接着按索引找(2,0)，发现 path(2,0)=0，所以最短路径为 1→3→2→0。

例 13-4 Floyd 最短路径。

本例 ch13_4. cpp 中的 Floyd 类的 void floyd(std::vector < std::vector < int >> & graph) 函数是经典的 Floyd 最短路径算法，main()函数使用 Floyd 类的 floyd()函数输出了图 13.16 网络中各个顶点之间的最短路径，运行效果如图 13.17 所示。

```
距离矩阵:
0       ∞       ∞       ∞
11      0       8       2
3       5       0       1
9       11      6       0
------------------------------
路径矩阵:
0       0       0       0
3       1       3       3
0       1       2       3
2       2       2       3
------------------------------
顶点0到顶点1无路径.
顶点0到顶点2无路径.
顶点0到顶点3无路径.
顶点1到顶点0的最短路径:1→3→2→0, 路径长11.
顶点1到顶点2的最短路径:1→3→2, 路径长8.
顶点1到顶点3的最短路径:1→3, 路径长2.
顶点2到顶点0的最短路径:2→0, 路径长3.
顶点2到顶点1的最短路径:2→1, 路径长5.
顶点2到顶点3的最短路径:2→3, 路径长1.
顶点3到顶点0的最短路径:3→2→0, 路径长9.
顶点3到顶点1的最短路径:3→2→1, 路径长11.
顶点3到顶点2的最短路径:3→2, 路径长6.
```

图 13.17 Floyd 最短路径算法

ch13_4. cpp

```
#include <iostream>
#include <vector>
#include <climits>
void outPut(const std::vector < std::vector < int >> & a);
class Floyd {
public:
    int inf = INT_MAX;                                    // 表示无穷大
    std::vector < std::vector < int >> distance;          // 存放图中顶点之间的距离
    std::vector < std::vector < int >> path;              // 保存最短路径上的顶点
    void floyd(std::vector < std::vector < int >> & graph) { // Floyd 最短路径算法
        int n = graph.size();
        path.resize(n, std::vector < int >(n, 0));
        distance.resize(n, std::vector < int >(n, 0));
        for (int i = 0; i < n; i++) {//复制数组,在算法进行中保留原始的 graph 的元素值
            distance[i] = graph[i];
        }
        for (int i = 0; i < n; i++) { // 初始化路径矩阵
```

```
            for (int j = 0; j < n; j++) {
                if (distance[i][j] != inf) {
                    path[i][j] = j; //path(i,j)表示 i 到 j 的最短路径上顶点 i 的后继顶点
                }
            }
        }
        // Floyd 最短路径的关键算法
        for (int k = 0; k < n; k++) {
            for (int i = 0; i < n; i++) {
                for (int j = 0; j < n; j++) {
                    if (distance[i][k] < inf && distance[k][j] < inf) {
                        if (distance[i][k] + distance[k][j] < distance[i][j]) {
                            distance[i][j] = distance[i][k] + distance[k][j];
                            path[i][j] = path[i][k];
                            // 将顶点 i 的后继顶点更新为更短路径上的顶点 k
                        }
                    }
                }
            }
        }
    }
    // 顶点编号是 0,1,…,n-1
    std::vector<int> getShortestPath(int startVertex, int endVertex) {
        std::vector<int> shortestPath;
        shortestPath.push_back(startVertex);
        while (startVertex != endVertex) {
            startVertex = path[startVertex][endVertex];
            shortestPath.push_back(startVertex);
        }
        return shortestPath;
    }
};
int main() {
    int inf = INT_MAX;                              // 表示无穷大
    std::vector<std::vector<int>> A = {
        {0, inf, inf, inf},
        {inf, 0, 9, 2},
        {3, 5, 0, 1},
        {inf, inf, 6, 0}
    };                                              // 有向网络的邻接矩阵
    int n = A.size();                               // 顶点数目(顶点序号从 0 开始)
    Floyd floyd;
    floyd.floyd(A);
    auto dis = floyd.distance;
    auto path = floyd.path;
    std::cout << "距离矩阵:" << std::endl;
    outPut(dis);
    std::cout << "路径矩阵:" << std::endl;
    outPut(path);
    for (int i = 0; i < n; i++) {
        for (int j = 0; j < n; j++) {
            if (dis[i][j] == inf) {
                std::cout << "顶点" << i << "到顶点" << j << "无路径." << std::endl;
            } else if (i != j) {
                auto list = floyd.getShortestPath(i, j);
                std::cout << "顶点" << i << "到顶点" << j << "的最短路径:";
                for (int m = 0; m < list.size(); m++) {
                    if (m != list.size() - 1) {
                        std::cout << list[m] << "→";
```

```
                    } else {
                        std::cout << list[m] << ",";
                    }
                }
                std::cout << "路径长" << dis[i][j] << "." << std::endl;
            }
        }
    }
    return 0;
}
void outPut(const std::vector<std::vector<int>> & a) {
    for (int i = 0; i < a.size(); i++) {
        for (int j = 0; j < a[0].size(); j++) {
            if (a[i][j] == INT_MAX) {
                std::cout << "∞ ";
            } else {
                std::cout << a[i][j] << "  ";
            }
        }
        std::cout << std::endl;
    }
    std::cout << "------------------------" << std::endl;
}
```

注意：算法的优秀不仅仅在于出色的运行效率，更在于它独特的设计思路与精妙的实现方案，Floyd 最短路径算法简明扼要、精练完美、非常巧妙，让人不由得为之惊叹。

13.8 最小生成树

对于一个连通的网络 $G=(V,E)$（有向或无向），如果一个连通子图 $M=(U,F)$，$U=V$，F 是 E 的子集，没有回路，即是一棵树，称这样的连通子图是连通网络 $G=(V,E)$ 的生成树。简单地说，生成树是包含连通网络的所有顶点，但可能只包含连通网络中的部分边。

一个网络可能有很多生成树，但人们关心的往往是最小生成树。最小生成树是生成树中边的权值总和最小的某个生成树（可能有多个生成树的权值总和相同，同时也是最小之一）。如果网络中的权值互不相同，那么最小生成树一定是唯一的。

城市管道、电缆铺设等方面就要考虑用最小生成树方法设计，使得能保证服务所有的客户（连通网络中的顶点），同时又尽可能地节省材料（边的权值总和最小）。如果连通网络有 n 个顶点，那么它最小生成树有 $n-1$ 条边。

图 13.18(a)中所示的网络的两棵生成树如图 13.18(b)和图 13.18(c)所示，其中 13.18(c)是最小生成树。

关于最小生成树（Minimum Spanning Tree，MST）的算法有不少，但比较流行和著名的是 Prim 给出的 MST 算法（1957 年由美国计算机科学家普里姆独立发现），称作 Prim 算法。该算法可以从网络的任何一个顶点开始得到最小生成树。算法描述如下。

首先进行如下的初始化。

- 集合 mtsSet：包含连通网络中的一个顶点，例如顶点序号为 0 的顶点 v。并标记 v 已被访问。
- 树集 tree：让其包含和 v 连接的所有边，并将 tree 中的边按边的权值从小到大排序。
- 树集 mtsEdge：一个用于存放生成树边的集合，初始化 mtsEdge 没有包含任何边。

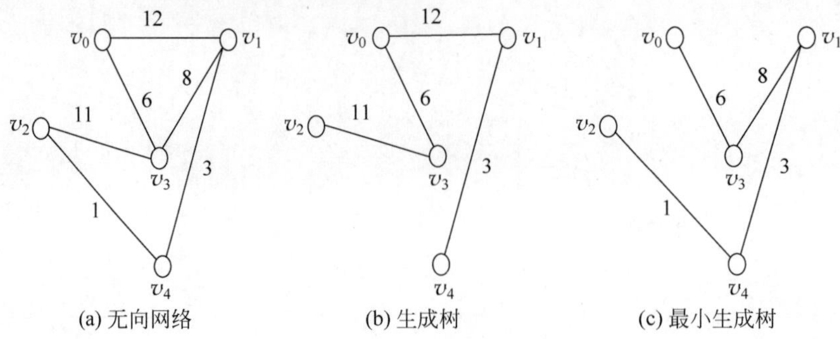

(a) 无向网络　　(b) 生成树　　(c) 最小生成树

图 13.18　网络及其生成

然后进行(1)。

(1) 如果顶点集合 mtsSet 中的顶点数目大小或等于连通网络的顶点数目或 tree 是空集合(不含任何边)，进行(3)，否则进行(2)。

(2) 把 tree 中的最小边(x，y)，即权值最小的边，添加到边集合 mtsEdge，把边(x，y)中的顶点 y 添加到顶点集合 mtsSet，并将 y 标记为被访问过的顶点。然后从 tree 中删除边(x，y)，再将顶点 y 的所有未被访问的邻接点和 y 连接的边添加到 tree，即将(y，p)或(p，y)添加到 tree，其中 p 是还未被访问的连通网络中的某个顶点，并将 tree 中的边按边的权值从小到大排序。接着进行(1)。

(3) 结束。

例 13-5　使用 Prim 算法求最小生成树。

本例 ch13_5.cpp 中的 GraphMTS 类的 mitPrim(const std::vector < std::vector < int >> & graph)函数是经典的 Prim 算法。main()函数使用 GraphMTS 类的 mitPrim()函数输出了如图 13.18(a)所示的网络中最小生成树(最小生成树的示意图如图 13.18(c)所示)，运行效果如图 13.19 所示。

```
最小生成树中的顶点:
0 1 2 3 4
最小生成树中的边:
(4,2) 权重:1 |(1,4) 权重:3 |(0,3) 权重:6 |(3,1) 权重:8 |
```

图 13.19　Prim 最小生成树算法

ch13_5.cpp

```
#include <iostream>
#include <set>
#include <vector>
#include <climits>
class Edge {
public:
    int x, y;
    int weight;                              // 边的权重
    Edge(int x, int y) : x(x), y(y), weight(0) {}
    void setWeight(int weight) {
        this->weight = weight;
    }
    bool operator<(const Edge& edge) const {
        return weight < edge.weight;
    }
    std::string toString() {
        return "(" + std::to_string(x) + "," + std::to_string(y) + ") " + "权重:" +
                    std::to_string(weight);
    }
```

```
};
class GraphMTS {
public:
    int inf = INT_MAX;                                          // 表示无穷大
    std::set<int> mtsSet;                                       // 最小生成树中的顶点
    std::set<Edge> mtsEdge;                                     // 最小生成树中的边
    std::set<Edge> tree;
    std::vector<bool> visited;                                  // 记录顶点是否被访问过
    GraphMTS() {
        tree.clear();
        mtsSet.clear();
        mtsEdge.clear();
    }
    void initTree(int k, const std::vector<std::vector<int>>& graph) {
        int n = graph.size();
        for (int j = 0; j < n; j++) {
            if (graph[k][j] != 0 && graph[k][j] != inf) {
                if (!visited[j]) {                              // 顶点 j 未被访问
                    Edge edge(k, j);
                    edge.setWeight(graph[k][j]);
                    tree.insert(edge);                          // 添加顶点 k 的所有未被访问的边
                }
            }
        }
    }
    void mitPrim(const std::vector<std::vector<int>>& graph) {
        int n = graph.size();                                   // 顶点数目
        visited.resize(n, false);
        mtsSet.insert(0);                                       // 生成树的初始点是第 0 个顶点
        visited[0] = true;                                      // 顶点 0 被访问
        initTree(0, graph);                                     // 初始化 tree
        while (mtsSet.size() < n && !tree.empty()) {
            Edge edge = *tree.begin();                          // 弹出最小的边
            tree.erase(tree.begin());
            int v = edge.y;
            mtsSet.insert(v);
            visited[v] = true;                                  // 顶点 v 被访问
            mtsEdge.insert(edge);
            initTree(v, graph);
        }
    }
};
int main() {
    int inf = INT_MAX;                                          // 表示无穷大
    std::vector<std::vector<int>> A = {
        {0, 12, inf, 6, inf},
        {12, 0, inf, 8, 3},
        {inf, inf, 0, 11, 1},
        {6, 8, 11, 0, inf},
        {inf, 3, 1, inf, 0}
    }; // 邻接矩阵
    GraphMTS graphMTS;
```

```
    graphMTS.mitPrim(A);
    std::cout << "最小生成树中的顶点:" << std::endl;
    for (auto& v : graphMTS.mtsSet) {
        std::cout << v << " ";
    }
    std::cout << std::endl;
    std::cout << "最小生成树中的边:" << std::endl;
    for (auto edge : graphMTS.mtsEdge) {
        std::cout << edge.toString() << " |";
    }
    return 0;
}
```

习题 13

扫一扫

习题

扫一扫

自测题

第 14 章 经典算法思想 

本章主要内容

- 贪心算法；
- 动态规划；
- 回溯算法。

经典算法思想是经过长时间的实践积累总结出来的。通过运用经典算法思想来分析问题，采用抽象的数学模型来描述问题，然后使用算法进行求解，能够提高算法的效率和解决问题的质量。很多重要且具有特色的算法都是在经典算法思想的基础上发展起来的，例如深度学习中的神经网络就是基于动态规划和优化的思想而发展起来的。总之，经典算法思想的重要性不仅在于它们被广泛应用于解决实际问题，更在于这些思想具有一定的普适性和通用性，是学习算法设计者必须了解和掌握的。

本章讲解贪心算法、动态规划和回溯算法这 3 种经典的算法思想，这些算法思想和普通的具体算法(例如起泡排序、二分法、遍历二叉树等算法)不同，不会给出具体的代码流程，仅是提供一种算法的设计思想或解决问题的算法思路。这些思想应用于不同的具体问题时，所呈现的具体代码可能有很大差异。

14.1 贪心算法

1. 贪心算法简介

贪心算法(也称贪婪算法)是指在对问题求解时总是做出在当前看来最好的选择。即不从整体最优上加以考虑，算法得到的是在某种意义上的局部最优解。

贪心算法并不是对所有问题都能得到整体最优解，关键在于贪心策略的选择。也就是说，不从整体最优上加以考虑，做出的只是在某种意义上的局部最优解。贪心算法的特点是一步一步地进行，以当前情况为基础，不考虑整体情况，根据某个策略给出最优选择，即通过每一步贪心选择可得到局部最优解。贪心算法每一步是局部最优解，因此，如果使用贪心算法，必须判断是否得到了最优解。

例如蒙眼爬山，蒙眼爬山者选择的策略是每次在周围选择一个最陡峭的方向爬行一小步(局部最优选择)，但是他们最后爬上去的山可能不是最高的(因为周围是多峰山)，假设蒙眼爬山者携带了一个自动通报海拔高度的小仪器，每次都报告海拔高度，当发现周围没有陡峭的方向可走了，报告海拔高度恰好是想要的高度，那么就找到了最优解，否则就知道自己陷入了局部最优解，无法继续前进。

贪心算法仅仅是一种思想，不像大家熟悉的选择法、二分法等有明确的算法步骤。

2. 老鼠走迷宫

这里将贪心算法用于老鼠走迷宫，让二维数组的元素值代表迷宫的点。元素值取 int 的最大值 INT_MAX 代表出口，元素值取最小值 INT_MIN 代表墙，元素值在最大值和最小值之间代表路点（初值是 0）。

贪心策略如下（这里称二维数组元素为路点，其值为路值）。

(1) 如果当前路点不是出口（最大值），即不是最优解，就降低优先度，将当前路值减 1，进行(2)，如果当前路点是出口（最大值）进行(4)。

(2) 在当前路点的东、西、南、北方向选出路值比当前路值大的最大新路点，如果找到，进行(3)，否则回到(1)。

(3) 老鼠到达选出的新路点，进行(1)。

(4) 结束。

如果路点的路值不会被减到等于墙的值（INT_MIN），一定能到达出口，否则某个路点或墙会被当成出口（因为 INT_MIN－1 等于 INT_MAX，老鼠陷入局部最优解）。

例 14-1 贪心算法与老鼠走迷宫。

本例 ch14_1.cpp 中的 walkMaze()函数使用了贪心算法，main()函数使用 walkMaze()演示了老鼠走迷宫、老鼠找到了出口，运行效果如图 14.1 所示。注意显示效果的提示：如果路值是－1 表示老鼠走过此路点 1 次、－2 表示老鼠走过此路点 2 次……以此类推。

```
N表示墙:
0       N       0       0       0
0       0       0       0       N
N       0       N       0       0
0       0       0       N       2147483647
老鼠走过的位置:
(0,0)  (1,0)  (1,1)  (2,1)  (3,1)  (3,2)  (3,2)  (3,1)  (3,0)  (3,0)  (3,0)
(3,1)  (2,1)  (1,1)  (1,2)  (0,2)  (0,3)  (1,3)  (2,3)  (2,4)  (3,4)
找到最优解: 2147483647
老鼠最后的位置(3,4)
老鼠走迷宫情况,-1表示老鼠走过此路点1次, -2表示老鼠走过此路点2次...:
N表示墙:
-1      N       -1      -1      0
-1      -2      -1      -1      N
N       -2      N       -1      -1
-3      -3      -2      N       2147483647
```

图 14.1 贪心算法与老鼠走迷宫

ch14-1.cpp

```
#include <iostream>
#include <climits>
const int MAX = 100;
int maze[MAX][MAX] = {0};                          // 默认都是路点,0 值代表路点
void showMaze(int,int);
void walkMaze(int yes,int no,int rows, int columns) {
    int Y = yes;                                   //最优解
    int N = no;                                    //无解(墙)
    int mousePI = 0;                               //老鼠初始位置
    int mousePJ = 0;                               //老鼠初始位置
    std::cout << "老鼠走过的位置:" << std::endl;
    while (maze[mousePI][mousePJ] != Y) {
       std::cout << "(" << mousePI << "," << mousePJ << ") ";
       maze[mousePI][mousePJ] = maze[mousePI][mousePJ] - 1;
       int m = mousePI;
       int n = mousePJ;
       int max = maze[mousePI][mousePJ];
       //贪心算法:当前位置周围的最大的整数之一是局部最优解之一,
       //即老鼠选择的下一个位置
       if (mousePI < rows - 1 && maze[mousePI + 1][mousePJ] > max){
           max = maze[mousePI + 1][mousePJ]; //检查南边是否是局部最优
           m = mousePI + 1;
           n = mousePJ;
```

```
        }
        if (mousePI >= 1 && maze[mousePI - 1][mousePJ] > max) {
            max = maze[mousePI - 1][mousePJ];
            m = mousePI - 1;
            n = mousePJ;
        }
        if (mousePJ < columns - 1 && maze[mousePI][mousePJ + 1] > max) {
            max = maze[mousePI][mousePJ + 1];
            m = mousePI;
            n = mousePJ + 1;
        }
        if (mousePJ >= 1 && maze[mousePI][mousePJ - 1] > max) {
            max = maze[mousePI][mousePJ - 1];
            m = mousePI;
            n = mousePJ - 1;
        }
        mousePI = m;
        mousePJ = n;
  }
  std::cout << "(" << mousePI << "," << mousePJ << ") ";
  std::cout << "\n 找到最优解:" << maze[mousePI][mousePJ] << std::endl;
  std::cout << "老鼠最后的位置(" << mousePI << "," << mousePJ << ")" << std::endl;
  std::cout << "老鼠走迷宫情况,-1 表示老鼠走过此路点 1 次,-2 表示老鼠走过此路点 2 次...:"
        << std::endl;
}
int main() {
    int Y = INT_MAX;                              //最优解
    int N = INT_MIN;                              //无解(墙)
    int a[4][5] = {{0, N, 0, 0, 0},
                   {0, 0, 0, 0, N},
                   {N, 0, N, 0, 0},
                   {0, 0, 0, N, Y}};              //迷宫二维数组
    int rows = 4;
    int columns = 5;
    for(int i = 0;i < rows;i++){
       for(int j = 0;j < columns;j++){
              maze[i][j] = a[i][j];
       }
    }
    showMaze(rows, columns);
    walkMaze(Y, N, rows, columns);
    showMaze(rows, columns);
    return 0;
}
void showMaze(int rows, int columns) {
    std::cout <<"N 表示墙:"<< std::endl;
    for (int i = 0; i < rows; i++) {
      for (int j = 0; j < columns; j++) {
            if (maze[i][j] == INT_MIN)
                printf("%-6s","N");         //std::cout << "N"<<" "; //N 代表墙
            else
                printf("%-6d",maze[i][j]); //std::cout << maze[i][j]<<" "
      }
      std::cout << std::endl;
   }
}
```

14.2 动态规划

1. 动态规划

动态规划(Dynamic Programming)的思想是将一个问题分解为若干子问题，通过不断地解决子问题最终解决最初的问题。动态规划会使用递归算法，其递归公式在动态规划中被称为动态规划的动态方程，也称DP方程。3.7节使用了动态规划的思想，只是没有正式提及动态规划。动态规划问题的难度在于针对实际问题得到动态方程，算法的实现的思想基本都是一样的。

2. 0-1背包问题

0-1背包是背包问题中最简单的问题，动态规划的思想很适合用于解决0-1背包问题。0-1背包问题如下。

有 n 件物品(标号索引为 $0\sim n-1$)，n 件物品的质量依次为非负的 w_0、w_1、…、w_{n-1}，n 件物品的价值依次为非负的 v_0、v_1、…、v_{n-1}(注意标号索引从0开始)。背包能承受的最大质量是weight，即背包的载量是weight。取若干件物品放入背包里，限定每件物品只能选0或1件、背包中物品的总质量不超过weight，让物品的总价值最大。

0-1背包问题中每种物品有且只有一个，并且使用质量属性作为约束条件。用数学公式抽象描述就是求

$$v_0x_0+v_1x_1+\cdots+v_{n-1}x_{n-1}\quad(x_i\in\{0,1\})$$

的最大值，质量约束条件是：

$$w_0x_0+w_1x_1+\cdots+w_{n-1}x_{n-1}\leqslant \text{wight}\quad(x_i\in\{0,1\})$$

0-1背包问题中的价值和质量仅仅是问题的一种描述形式，对于某些实际问题，质量可能是体积等其他单位，例如用集装箱装载货物的0-1背包问题可能用体积代替质量。

对于0-1背包的问题，得到其DP方程的思路是，用DP(i,weight)表示在前 i 个物品(物品的编号从0开始)中选取若干物品放入载量为weight的背包中所得到的最大价值。那么DP方程如下：

(1) 前 i 件物品中，当第 i 件物品的质量超过weight，即 $w_i>$weight时

$$\text{DP}(i,W)=\text{DP}(i-1,\text{weight})$$

也就是第 i 件物品不能放入背包中，所以最大价值就是前 $i-1$ 个物品中放入载量为weight的背包中所得到的最大价值。

(2) 当第 i 件物品可以放入背包中，即 $w_i\leqslant$weight时，有两种情况：①第 i 件物品不放入背包中(放入将超重)，此时最大价值就是前 $i-1$ 个物品中放入载量为weight的背包中所得到的最大价值，即DP(i,weight)=DP($i-1$,weight)。②第 i 件物品放入背包中(放入不超重)，此时最大价值是前 $i-1$ 个物品中放入载量为weight$-w_i$ 的背包中所得到的最大价值与第 i 件物品的价值之和，即DP(i,weight)=DP($i-1$,weight$-w_i$)$+v_i$。DP(i,weight)的值应该是这两种情况中价值最大的那一个，即：

$$\text{DP}(i,\text{weight})=\max\{\text{DP}(i-1,\text{weight}),\text{DP}(i-1,\text{weight}-w_i)+v_i\}$$

例14-2 用动态规划求解0-1背包问题。

本例ch14_2.cpp中的DP()函数是背包算法，本例main()函数中使用DP()函数解决了下列两个背包问题，程序运行效果如图14.2所示。

```
背包最大价值:17
最多学分是15学分
```

图 14.2　求解 0-1 背包问题

(1) 背包最多可以载量 8kg 的物品，现在有质量依次为 2、4、5、1(单位是 kg)的 4 件物品，对应的价值依次为 7、6、8、2(单位是元)。怎样让背包中放置的物品价值最大？

(2) 学生选课时限制总学时为 100 个学时，现有 5 门选修课，这 5 门选修课的学时依次为 20、20、60、40、50。对于 5 门选修课中的每门课程，学生修完该课程对应的全部学时才能得到这门课程的学分(要么不选，选了就必须完成课程规定的学时)，这 5 门课程对应的学分依次为 6、3、5、4、6。怎样选课可以让学分最多？

ch14_2. cpp

```cpp
#include <iostream>
#include <cmath>
long DP(int i,int weight,int w[],int v[]){
    long r = 0;
    if(i == -1||weight == 0)                //背包无物品或载量是 0
        return 0;
    if(w[i]> weight)
        r = DP(i-1,weight,w,v);
    else
        r = std::max(DP(i-1,weight,w,v),DP(i-1,weight-w[i],w,v)+v[i]);
    return r;
}
int main() {
    int w1[] = {2,4,5,1};
    int v1[] = {7,6,8,2};
    int weight = 8;                         //背包载量
    int index = sizeof(w1)/sizeof(int)-1;   //注意标号从 0 开始(这里要减 1)
    long r = DP(index,weight,w1,v1) ;
    std::cout <<"\n背包最大价值:"<< r << std::endl;
    int w2[] = {20,20,60,40,50};
    int v2 [] = {6,3,5,4,6};
    weight = 100;                           //背包载量
    index = sizeof(w2)/sizeof(int)-1;       //注意标号从 0 开始(这里要减 1)
    r = DP(index,weight,w2,v2) ;
    std::cout <<"\n最多学分是"<< r <<"学分";
}
```

注意：有关动态规划的优化可参见 3.7 节。

14.3　回溯算法

1. 回溯算法

回溯算法又称为试探算法，它是一种算法思想，其核心思想是不断地按某种条件求“中间解”来寻找“目标解”，但当进行到某一步时，也称为达到一个“搜索点”时，发现已经无法按既定条件继续求“中间解”时，即无法在此搜索点达到下一个搜索点，就要进行回退操作，这种算法无法进行下去就回退的思想为回溯算法，而满足回溯条件的某个搜索点称为“回溯点”。

2. 八皇后问题

国际象棋棋盘是一个 8×8 的方格棋盘、由 64 个黑白交替的方格组成。国际象棋的棋子有兵、马、象、车、皇后、国王,其中皇后(Queen)是最强大的棋子,她可以在水平、垂直和对角线上不限距离地移动。八皇后问题起源于国际象棋中的皇后棋子、由国际象棋棋手马克斯·贝瑟尔于1848年提出的问题:要在8×8的国际象棋棋盘上放置8个皇后,使得她们互相之间无法攻击到对方(如图14.3所示),即任意两个皇后都不能在同一行、同一列或同一对角线上。数学家高斯认为八皇后问题有76个解(方案),后来数学家用图论的方法给出了92个解。计算机出现以后,八皇后问题成为递归算法、回溯搜索算法的经典示例。

图 14.3 八皇后问题

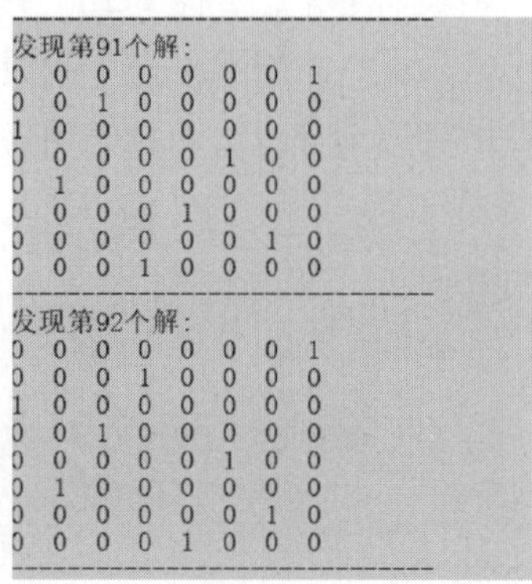

图 14.4 用回溯法求解八皇后问题

例 14-3 用回溯法求解八皇后问题。

本例 ch14_3.cpp 使用回溯算法来求解八皇后问题,其算法的关键是每次放置后检查是否安全(是否和其他皇后在一条线上),当不安全时就回溯到上一个位置。当找到一个满足条件的解时输出棋盘上满足条件的8个皇后的位置(数字1代表一个皇后的位置),运行效果如图14.4所示。

ch14_3.cpp

```
#include <iostream>
#include <vector>
void printSolution();
const int MAX = 8;
int board[MAX][MAX] = {0};                         //初始化棋盘
int count = 0;                                     //八皇后解的个数
bool isSafe(int row, int col) {
    // 检查当前位置是否安全,即不会被其他皇后攻击
    for (int i = 0; i < row; i++) {
        if (board[i][col] == 1) {
            return false;                          // 检查同一列
        }
        if (col - (row - i) >= 0 && board[i][col - (row - i)] == 1) {
            return false;                          // 检查左上对角线
        }
        if (col + (row - i) < MAX && board[i][col + (row - i)] == 1) {
            return false;                          //检查右上对角线
        }
    }
    return true;
}
void backtrack(int row) {
    if (row == MAX) {
        count++;
        printSolution();                           // 找到一个解
        return;
```

```
    }
    for (int col = 0; col < MAX; col++) {
        if (isSafe( row, col)) {
            board[row][col] = 1;                    //当前位置安全,放置皇后
            backtrack( row + 1);                    //继续放置下一行的皇后
            board[row][col] = 0;                    //回溯,尝试下一个位置
        }
    }
}
void printSolution() {                              // 输出找到的解
    std::cout << "发现第"<< count <<"个解:" << std::endl;
    for (int i = 0; i < MAX; i++) {
        for (int j = 0; j < MAX; j++) {
            printf(" % - 6d",board[i][j])
        }
        std::cout << std::endl;
    }
    std::cout << " ------------------------------ " << std::endl;
}
int main() {
    backtrack(0);                                   // 从第 0 行开始放置皇后
    return 0;
}
```

习题 14

扫一扫

习题

扫一扫

自测题

附录A 运算符重载、模板类和std::string

本附录主要内容

- 重载关系运算符；
- 类模板的基础知识；
- std::string 类。

本附录补充了许多 C++ 教材中没有讲述或讲述的内容没有达到本教材需求的几个知识点。

A.1 重载关系运算符

如果数据是对象，那么创建对象的类通过重载小于(<)运算符、大于(>)运算符和等于(==)运算符以定义类创建的对象之间的大小关系。本教材中频繁需要重载运算符的知识点(例如例 4-4 和例 5-14 等)，以下通过一个简单 Rect 类说明重载运算符的知识点。

如果要按矩形的面积比较矩形之间的大小，那么创建矩形的类(例如 Rect 类)负责重载大小关系运算符。重载"<"运算符的语法如下：

```
bool operator <( Rect& other) {
   函数体的内容
}
```

其中的 bool operator<(Rect& other)是一个函数的声明用来重载小于运算符"<"，这个函数声明的语法结构是 C++ 中用来定义运算符重载的一种特殊语法。在这个函数声明中，"operator<"是函数名，它表示重载小于运算符；bool 是函数的返回类型，表示这个重载的运算符会返回一个布尔类型的值；"Rect& other"是函数的参数，表示这个运算符重载函数接收一个 Rect 类型的参数；"函数体内容"可根据需要由用户给出，例如：

```
bool operator <( Rect& other) {
        //width,height 是 Rect 的成员变量
        return width * height < other.width * other.height;
}
```

Rect 类的两个对象 rect1 和 rect2 比较大小时，例如：

```
bool boo  =  rect1 < rect2
```

那么 rect2 是"bool operator<(Rect& other)"中的 other。

"bool operator<"函数的参数有以下几种形式。

(1) bool operator<(Rect other)：使用变量 other，即不使用引用变量，那么在对象比较大小时 other 要复制参与比较的对象的值。尽管这种方式浪费时间，但允许 other 修改自己的值、调用函数。

(2) bool operator<(Rect& other)：使用引用变量 other 避免比较大小时进行对象值的

复制，从而提高性能。

(3) bool operator<(const Rect& other)：const 可以限制对象修改自己的值，例如在进行比较的过程中，other 只能提供自己的值(例如 width)，但不能修改 width，同时也禁止 other 调用函数(调用函数意味着 other 可能修改自己的值)。

例 A-1　比较矩形的大小。

本例 rect.cpp 中的 Rect 类重载了大小关系运算符，运行效果如图 A.1 所示。

```
rect1的宽为7,高为5, 面积为35
rect2的宽为3,高为4, 面积为12
rect3的宽为2,高为6, 面积为12
rext1小于rect2吗？false
rext1大于rect2吗？true
rext2大于rect3吗？false
rext2等于rect3吗？true
```

图 A.1　重载大、小运算符比较对象大小

rect.cpp

```
#include <iostream>
class Rect {
private:
    int width;
    int height;
public:
    Rect() : width(0), height(0) {}
    Rect(int w, int h) : width(w), height(h) {}
    int getWidth() {
        return width;
    }
    int getHeight() {
        return height;
    }
    void setWidth(int w) {
        if(w>0)
            width = w;
    }
    void setHeight(int h) {
        if(h>0)
            height = h;
    }
    int getArea() {
        return width * height;
    }
    // 重载 == 运算符
    bool operator==(const Rect& other) {
        return (width * height) == (other.width * other.height);
    }
    // 重载 < 运算符
    bool operator<(Rect& other) {
        return getArea() < other.getArea();              //可以调用函数
    }
    // 重载 > 运算符
    bool operator>(const Rect& other) {
        return (width * height) > (other.width * other.height);   //不可以调用函数
    }
};
int main() {
    Rect rect1;                                          // 使用无参数构造方法创建对象 rect1
    rect1.setWidth(7);
    rect1.setHeight(5);
    Rect rect2(3, 4);                                    // 使用有参数构造方法创建对象 rect2
    Rect rect3(2, 6);
    std::cout << "rect1 的宽为" << rect1.getWidth() << ",高为" << rect1.getHeight()
              <<",面积为"<< rect1.getArea()<< std::endl;
```

```
    std::cout << "rect2 的宽为" << rect2.getWidth() << ", 高为" << rect2.getHeight()
              <<",面积为"<< rect2.getArea()<< std::endl;
    std::cout << "rect3 的宽为" << rect3.getWidth() << ", 高为" << rect3.getHeight()
              <<",面积为"<< rect3.getArea()<< std::endl;
    bool boo = rect1 < rect2;    //boo 取值是 1 或 0
    std::cout <<"rect1 小于 rect2 吗?"<<(boo ? "true" : "false")<< std::endl;
    boo = rect1 > rect2;
    std::cout <<"rect1 大于 rect2 吗?"<<(boo ? "true" : "false")<< std::endl;
    boo = rect2 > rect3;
    std::cout <<"rect2 大于 rect3 吗?"<<(boo ? "true" : "false")<< std::endl;
    boo = rect2 == rect3;
    std::cout <<"rect2 等于 rect3 吗?"<<(boo ? "true" : "false")<< std::endl;
    return 0;
}
```

A.2 类模板的基础知识

C++教材都讲了类模板,这里通过一个例子简要复习一下类模板,并掌握怎样写一个类模板来验证某个数据是否是某种数据结构中的数据。

在 C++中的类模板是一种通用的类定义,可以用于创建具有通用类型的类。类模板的主要用途是为了实现通用的数据结构和算法,以便能够在不同的数据类型上进行操作。类模板使得能够编写可以处理多种数据类型的通用类,而不需要为每种数据类型都编写一个单独的类。通过类模板可以实现通用的数据结构,例如 C++标准模板库提供的 std::list、std::vector、std::stack、std::set 等都是实现某种数据结构的类模板。

例 A-2 检查一个值是否是栈中的类模板。

第 4~10 章都涉及怎样判断一个数据是否是该数据结构中的数据,例如判断一个 int 型数据是否是 std::list<int>链表中的数据。通过本例可以掌握怎样使用类模板来验证某个数据是否是某种数据结构中的数据。

本例 checker.cpp 中 StackChecker 类是一个类模板,可以用 StackChecker 类模板来验证某个数据是否是 std::stack 栈中的数据,效果如图 A.2 所示。

```
66是intStack中的数据。
java是stringStack中的数据。
C#不是stringStack中的数据。
```

图 A.2 用于检查数据的类模板

checker.cpp

```
#include <iostream>
#include <stack>
template <typename T>                    //T 是通用类型
class StackChecker {                     //类模板
public:
    bool isValueInStack(std::stack<T> stack, T value) {
        while (!stack.empty()) {
            if (stack.top() == value) {
                return true;
            }
            stack.pop();
        }
        return false;
    }
};
int main() {
    std::stack<int> intStack;
```

```
    intStack.push(12);
    intStack.push(66);
    intStack.push(35);
    std::stack<std::string> stringStack;
    stringStack.push("java");
    stringStack.push("c++");
    stringStack.push("python");
    StackChecker<int> checker1;          //类模板的实例,用于检查 int 型的栈
    StackChecker<std::string> checker2; //类模板的实例,用于检查 std::string 型的栈
    int m = 66;
    std::string str= "java";
    if (checker1.isValueInStack(intStack, m)) {
       std::cout << m << "是 intStack 中的数据。" << std::endl;
    }
    else {
        std::cout << m << "不是 intStack 中的数据。" << std::endl;
    }
    if (checker2.isValueInStack(stringStack, str)) {
       std::cout << str << "是 stringStack 中的数据。" << std::endl;
    }
    else {
        std::cout << str << "不是 stringStack 中的数据。" << std::endl;
    }
    str= "C#";
    if (checker2.isValueInStack(stringStack, str)) {
       std::cout << str << "是 stringStack 中的数据。" << std::endl;
    }
    else {
        std::cout << str << "不是 stringStack 中的数据。" << std::endl;
    }
    return 0;
}
```

A.3 std::string 类

std::string 是 C++标准库的一部分,本教材较为频繁地使用 std::string,这里有必要把分散在许多例子中的关于 std::string 的知识点总结一下便于读者查阅。另外 C++ 11 新增的 std::to_string 函数非常有用,也有必要介绍给读者。

std::string 是作为一个类来实现的,可以通过创建 std::string 类的对象并使用 std::string 类提供的各种函数处理字符串数据。

(1) 创建字符串对象。

用 std::string 创建字符串对象的两种方法如下:

- 直接赋值初始化,例如:

```
std::string str1 = "Hello, World!";
```

str1 对象中的数据是"Hello, World!"。

- 可以使用 char 数组创建字符串对象,例如:

```
char charArray[] = "Hello,World!";                //要保证数组的最后一个字符是\0
std::string str2(charArray);                      // str2 是"Hello,World!"
```

(2) 字符串的拼接。

使用+=操作符拼接字符串,例如:

```
std::string str1 = "Hello, ";
std::string str2 = "World!";
std::string str = str1 + str2;        //使用 + 操作符进行字符串拼接,str 对象是"Hello,World!"
```

(3) 获取字符串长度。

使用 size()函数获得字符串的长度(字符串中字符的个数),例如:

```
std::string str = "Hello";
int length = str.size();                  // length 是 5
```

(4) 获取子串。

使用 substr()函数获得字符串的子串,例如:

```
std::string str = "HelloWorld!";                    //索引从 0 开始
std::string sub = str.substr(5, 5);                 //从索引 5 开始截取 5 个字符,sub 是"World"
```

(5) 查找子串。

使用 find()函数查找某个子串的位置,例如:

```
std::string str = "HelloWorld!";
size_t found = str.find("World");                          // found 是 5
```

当 find()函数未找到子串时返回 std::string::npos(不是负数),std::string::npos 是 std::string 类的一个静态成员常量。

还可以使用 find(size_t pos,std::string sub)从 pos 位置开始查找子串 sub。

(6) 字符串与基本数据类型的相互转化。

- 使用 to_string()函数将 int、float 等数字型数据转换为字符串,例如:

```
float num = 3.1415926f;;
std::string str = std::to_string(num);
```

- 使用 stoi()函数将数字构成的字符串转换为 int,例如:

```
std::string str = "985";
int num = std::stoi(str);
```

- 使用 stof()函数将数字构成的字符串转换为 float,例如:

```
std::string str = "3.14";
float floatValue = std::stof(str);
```

- 使用 stod()函数将数字构成的字符串转换为 double,例如:

```
std::string str = "3.1415926";
double doubleValue = std::stod(str);
```

(7) 替换字符。

使用 replace()函数替换指定范围内的字符,例如:

```
std::string str = "HelloWorld!";
str.replace(5, 5, "HappyNewYear");                 //从索引 5 开始的 5 个字符替换为"HappyNewYear"
```

(8) 判断字符相等。

使用"=="判断两个 std::string 是否相同,即含有相同的字符序列,例如:

```
std::string str1 = "Hello";
std::string str2 = "Hello";
bool isEqual = str1 == str2
```

(9) 分解字符串中的单词。

使用 std::stringstream 流分解出字符串中的单词,例如:

```
std::string str = "Hello World How Are You";
std::stringstream ss(str);
std::string word;
while (ss >> word) {                    //ss 流用空格做分隔标记把读取的单词存放在 word 中

}
```

例 A-3 使用 std::string 提供的函数分解字符串中的单词。

本例 string.cpp 使用 std::string 提供的函数分解字符串中的单词,效果如图 A.3 所示。

```
Boys like apple flavored ice cream, girls like milk flavored ice cream
首次出现cream的位置(索引位置从0开始): 29
ice 出现的次数: 2
替换后的字符串: Boys love apple flavored ice cream, girls love milk flavored ice cream
替换后的字符串: Boys love apple flavored ice cream  girls love milk flavored ice cream
单词:
Boys |love |apple |flavored |ice |cream |girls |love |milk |flavored |ice |cream |
```

图 A.3　分解字符串中的单词

string.cpp

```
#include <iostream>
#include <string>
#include <sstream>
int main() {
    std::string str =
     "Boys like apple flavored ice cream, girls like milk flavored ice cream";
    std::cout << str << std::endl;
    size_t pos = str.find("cream");
    std::cout << "首次出现 cream 的位置(索引位置从 0 开始): " << pos << std::endl;
    // 输出 str 中一共出现了几个 ice
    pos = 0;
    int count = 0;
    while ((pos = str.find("ice", pos)) != std::string::npos) {
        ++count;
        pos += 3;                          // 移动到上一个匹配的位置之后
    }
    std::cout << "ice 出现的次数: " << count << std::endl;
    // 把 str 中的 like 替换成 love
    size_t found = str.find("like");
    while (found != std::string::npos) {
        str.replace(found, 4, "love");
        found = str.find("like", found + 1);
    }
    std::cout << "替换后的字符串: " << str << std::endl;
    found = str.find(",");                 //查找逗号
    while (found != std::string::npos) {
        str.replace(found, 1, " ");        //逗号替换为空格
        found = str.find(",", found + 1);
    }
    std::cout << "替换后的字符串: " << str << std::endl;
    std::stringstream ss(str);
    std::string word;
    std::cout << "单词:" << std::endl;
    while (ss >> word) {
      std::cout << word <<" |";
    }
    return 0;
}
```

参考文献

[1] Ccormen T H，Leiserson C E. 算法导论[M]. 潘金贵，顾铁成，李成法，等译. 北京：机械工业出版社，2006.

[2] Nicolai M. Josuttis. C++标准库教程（影印版）[M]. 北京：清华大学出版社，2006.

[3] 钱能. C++程序设计教程（第3版）通用版[M]. 北京：清华大学出版社，2019.

[4] 耿祥义，张跃平. C程序设计基础[M]. 2版. 北京：清华大学出版社，2021.

质检5